Hans Fricke | Unterwegs im blauen Universum

Hans Fricke

Unterwegs im blauen Universum

Galiani Berlin

Für Jürgen Schauer,
Horst Bust & meine Frau Simone Fricke

1 Frühe Jahre am Roten Meer

Der Kinofilm *Abenteuer im Roten Meer* des unvergessenen Hans Hass aus den 50er-Jahren war es, der meine Lebenslinie bestimmen sollte. Ich war 11 Jahre alt. Das, was ich dort sah, war ein Traum für mich: einzutauchen ins nasse Universum mit künstlichen Flossen an den Füßen und einem riesigen Zyklopenauge vor dem Gesicht.

Auf der Xarifa-Expedition von Hans Hass war ein junger Wiener Doktor dabei, Irenäus Eibl-Eibesfeldt, den sie Renki nannten. Natürlich konnte ich nicht ahnen, dass Renki später ein geschätzter, warmherziger Kollege und Freund von mir werden würde.

Damals lebte ich in der DDR und als jemand, der hinter dem Eisernen Vorhang aufgewachsen war, wuchs in mir die Sehnsucht, auch einmal in einem Korallenriff zu tauchen und Fische zu beobachten wie dieser junge Doktor aus Wien. Mit 18 Jahren flüchtete ich deshalb in den Westen. Dafür verließ ich alles, das Elternhaus, meine Freunde und die Tauchgründe an der Alten Elbe in der Nähe von Magdeburg.

Aus diesem Neuanfang wurden in den letzten sechs Dekaden 10 000 aufregende Stunden als beobachtender Biologe in Ozeanen, Meeren, Seen, Flüssen, gefluteten Bergwerken, Höhlen und tiefen Brunnen. Und immer war ich auf der Suche nach Leben, neugierig zu erfahren, wer dort unten wohnte – eine aufregende Entdeckungsreise, ein Abenteuer der ganz anderen Art.

Ich fand dort unten auch vieles, was uns als *Homo sapiens* betraf, Zeugnisse unserer eigenen Welt, unserer Vergangenheit: Historisches, aber auch Zeitgenössisches, und ich entdeckte dabei so manches, was ich mit meiner sozialistischen Schulausbildung nicht verstand. Dinge, die unsere eigene Geschichte betrafen, das, woran wir zu glauben hatten, wie Gesellschaften kommen und gehen, im weitesten Sinne: unsere Zeitgeschichte und Politik – da hatte ich viele Mängel.

Kein Wunder also, dass ich nach einem abgeschlossenen Biologiestudium in Berlin, an dessen Ende ein Doktortitel vor meinem Namen stand, aus Neugier noch einmal in München zur Universität zurückkehrte und für zwei Semester Politik studierte. Aber mich hielt es nicht lange in den Vorlesungssälen, denn das Biologenherz forderte sein Recht – ich wollte immer wieder ans Rote Meer.

Schon in früher Jugend war ich zur Tat geschritten, und zwar mit einem Doppelrohrschnorchel aus volkseigener Produktion der DDR, versehen mit einem Tischtennisball am oberen Ende, der das Überfluten der Schnorchelröhren verhindern sollte. Eine einfache Technik, eine Art evolutionäre Vorstufe moderner Atemregler. Leonardo da Vinci hätte seine Freude daran gehabt. Das Ganze erinnerte an ein Hirschgeweih und genau so ging es auch in die taucherische Umgangssprache ein.

Zusammen mit meinem alten Jugendfreund Horst hatte ich einen Feuerlöscher zweckentfremdet und seine 7-Liter-Druckflasche mit einer Motorradpumpe und unter ziemlichem Muskelaufwand auf stolze 14 bar gefüllt – immerhin fast 100 Liter Luft. Vorm Abtauchen öffnete ich das Flaschenventil. Wenn es über mir am Tischtennisball blubberte, waren die Schnorchel-

Das »Hirschgeweih«, Schnorchel aus der DDR.
Aus einer Feuerlöscher-Druckflasche strömt Luft
in Schläuche und Schnorchel. Ein Tischtennisball
oben am Hirschgeweih dient als Ventil.

röhren und der dicke Gasmaskenfaltenschlauch für einen oder zwei sparsame Atemzüge luftgefüllt. Vier bis fünf Minuten blieb ich so unter Wasser. Viele Tauchgänge konnten wir damit allerdings nicht machen, denn es kostete zu viel Zeit und Energie, die Schnorchel zu füllen.

Horst baute deshalb eine großvolumige Pumpe: Angeschlossen war ein Gartenschlauch, der einen Luftsack auf dem Rücken des Tauchers füllte. Damit ließ es sich bequem tauchen und einmal erreichte ich in einem kalten Steinbruchsee sogar 19 Meter Tiefe. Da der Luftsack ein erhebliches Volumen hatte und der Wasserdruck auf ihm lastete, benötigten wir ein Rückschlagventil. Wir benutzten dazu eine flache Gummischeibe aus dem Filtersystem einer Kriegsgasmaske. Unter dem zunehmenden Druck zerriss die Scheibe einmal, und ich war in Sekundenschnelle ohne Luft, sie entwich hörbar schnell durch den Gartenschlauch nach oben. Und da ich für den Luftsack auf meinem Rücken Bleigewichte hatte mitnehmen müssen, zogen mich diese in 19 Metern Tiefe weiter nach unten. Ich geriet in Panik und mein doch noch kurzes Leben zog innerlich an mir vorbei. Ich durfte nicht sterben und dachte an meine Familie und besonders an meine Mutter. An den Steinen der Wand zog ich mich aufwärts bis ich – fast bewusstlos – in drei Metern Tiefe von meinen Freunden in Empfang genommen wurde. Heute befindet sich diese selbst gebaute Pumpe im Deutschen Museum in München.

Das Rote Meer, vorgestellt durch Hans Hass, wurde mein Sehnsuchtsort. Geld hatte ich keines, und so radelte ich 1962 fast bis an die Grenze des Sudan und verlor dabei in der Sommerhitze Ägyptens fast 11 Kilo Gewicht. Wie die Kamele dort an der Küste hatte ich wenig zu essen und damit den gleichen Ernährungszustand.

Viele Jahre später traf ich mein Idol Hans Hass in einem kuscheligen Restaurant in der Nähe des Stephansdoms in Wien –

wir unterhielten uns über die Bedeutung von Träumen. Und im Laufe der Jahre entstanden zahlreiche Kontakte zu vielen Persönlichkeiten des Tauchsports und der Unterwasserforschungswelt: Hans Hass, Jacques Cousteau, Jacques Piccard, Sylvia Earle, Krov Menuhin, Henri Delauze und viele weitere. Auch Lotte Hass und Leni Riefenstahl lernte ich kennen.

Leni, die begnadete wie umstrittene Filmemacherin Adolf Hitlers, die noch im Alter von 100 Jahren tauchte, wurde durch puren Zufall meine Nachbarin in Pöcking am Starnberger See. Und da wir schon bei der Zahl 100 sind: Da war auch Jacques Mayol, der erste Mensch, der die 100-Meter-Grenze per Luftanhalten unterschritt – ein historischer Apnoe-Tauchgang. Heute, in unserem rekordsüchtigen Zeitalter, wird weit über das Doppelte erreicht, aber auch die Zahl der tödlichen Unfälle ist gestiegen.

Im Auftrag des Bayrischen Rundfunks sollte ich Mayols historische Tat unter Wasser filmen. Damals wusste man nicht, ob der Brustkorb Mayols nicht kollabieren würde, denn er tauchte ja mit dem Druck der Oberfläche ab. Es war also ein physiologisches, aber auch ein physikalisches Experiment. Ich sollte mit ganz normaler Pressluft den Rekordversuch filmen, aber lehnte aus Sicherheitsgründen ab. Wahrscheinlich ist das der Grund, warum ich noch am Leben bin. Dafür verbrachte ich in der Cafeteria des Bayrischen Rundfunks einige großartige Stunden mit einem ungewöhnlichen Menschen und erfuhr vieles über sein Credo als »Homo aquaticus«. Mayol meinte, dass unser stark entwickeltes Unterhautfettgewebe zeige, dass wir früher einmal im flachen Meer gelebt hätten. Ein Jammer, dass Mayol so früh freiwillig aus seinem Leben schied.

Doch zurück zum Roten Meer. Einige Wochen vor meiner ersten Reise dorthin war ich noch einmal zum Zahnarzt gegangen. Eine Röntgenaufnahme ergab, dass die Zahnwurzeln meines gesamten Unterkiefers verbogen waren und sich Entzündungsherde gebildet hatten. Ich sei Zahnkraftler, behauptete der Arzt. Ein Backenzahn musste unbedingt halbiert werden, damit die andere, noch nicht verbogene Hälfte gerettet werden konnte.

Als ich nach der Operation die Universitätsklinik verließ, glaubte ich, dass der schwerste Teil der gesamten Reise wohl schon überstanden war. Ich musste auch ein guter Patient gewesen sein, denn noch nie hatte sich ein Zahnarzt bei mir für meine Geduld bedankt. Wenn ich in der Wüste Zahnschmerzen bekäme, könne ich den Restzahn einfach selbst herausziehen, bekam ich als gut gemeinten Ratschlag mit auf den Weg.

Der Weg zum Roten Meer wurde ein langer. Das mit fast 80 Kilo beladene Zweirad zu bewegen, bedeutete einen erheblichen Kraftaufwand, und ich benutzte deshalb neben meiner eigenen Muskelkraft auch alle nur verfügbaren Transportmittel: LKWs, Busse und Bahnen, Schiffe und anderes, was gewillt war, das merkwürdig beladene Gefährt aufzunehmen.

Die Küste des ägyptischen Roten Meeres war damals militärisches Sperrgebiet – anfangs wusste ich gar nicht, ob ich überhaupt Zugang erhalten würde. Im Automobilclub in der Qasr El Nil-Straße in Kairo fiel mir ein Stein vom Herzen: Die Küste war seit einigen Wochen freigegeben worden und ohne Erlaubnis befahrbar. Ich erhielt eine Landkarte der Wüstenstraßen am Roten Meer: Bis Sochna 189 Kilometer, bis Ras Gharib 369, bis Hurghada 529, bis Kosseir 714 Kilometer und dann war die Straße in Richtung Mersa Alam zu Ende. Ich hatte 700 Kilometer Weg vor mir, das schien mir nicht viel zu sein, wenn man europäische Maßstäbe anlegte, aber es war Wüstengebiet. Am 6. August 1962 stand ich endlich der rauen Wirklichkeit gegenüber. Ich war am Golf von Suez, in der Wüste, am Rande eines Gebirges. Ich schleppte jetzt stets viel Gepäck mit mir herum: Zeltutensilien, Tauchausrüstungen, Unterwasserkamera, ein Karton

Filme, Trinkwasserbehälter, Konserven, Medikamente und Werkzeuge, kurzum alles, was ich auch im Ernstfall für einen Wüstenaufenthalt und Taucherei benötigte.

Es hatte schon merkwürdig ausgesehen, als ich voll beladen durch die Straßen von Athen oder Kairo geradelt war. Die meisten Verkehrsteilnehmer waren sehr rücksichtsvoll mit mir, aber trotzdem schwitzte ich, wenn ich mich durch das regellose Gewühl dieser verkehrsmäßig berüchtigten Städte hindurch schwindelte. Aufatmen konnte ich erst, als die letzten Häuser Kairos am Wüstenhorizont verschwanden – ich war am Beginn einer Reise ins Ungewisse.

In Suez, auf einer glatten Asphaltstraße, hatte ich dann das Stadtleben verlassen und fuhr in Richtung Meer. Viele Schiffe lagen dort auf Außenreede und warteten darauf, mit einem Konvoi durch den Suezkanal geschleppt zu werden. Ein recht einträgliches Geschäft. Ein Schiff von 10 000 Tonnen musste damals für eine Durchfahrt 46 000 DM zahlen. Heute sind die Kosten für eine Durchfahrt auf exorbitante 600 000 bis 700 000 $ gestiegen.

Als ich Sochna endlich erreichte, versperrte ein Schlagbaum den Weg. Ich musste wohl oder übel absteigen und wurde von zwei Soldaten umringt. Meinen Reisepass wollten sie sehen, der tief in meinem Gepäck versteckt war. Ich hielt ihnen das nächste greifbare Schriftstück hin. Als sie den Text von rechts nach links lasen, betonte ich, dass ich ein »Almani«, ein Deutscher, sei. »Almani kullu quies«, Deutsche sind gut, antworteten sie und öffneten den Schlagbaum. Ohne weitere Schwierigkeiten entließen mich diese beiden freundlichen Soldaten.

Ich verließ Sochna, und die eigentliche Felsenwüste lag vor mir. Die geteerte Schotterstraße wurde steiniger und führte in schmalen Serpentinen an den Berghängen vorbei. Oft schlug das Rad durch sein Gewicht hart in Schlaglöchern auf, und ich fürchtete um seine Speichen.

Der Golf von Suez enthüllte in seiner wunderbaren azurblauen Farbe und Klarheit alles, was dort im flachen Wasser lag. Nah am Ufer, nur wenige Meter vor mir, war es gelb von den durchschimmernden hellen Kieselsteinen. Alsbald ging es langsam in ein sattes Grün über und schließlich da, wo das tiefe Wasser begann, war die Zone des Blaus in vielfältigen Abstufungen. Dort lag das Korallenriff, mein Ziel. In der Ferne, über der öligen, weichen Oberfläche des Meeres sprangen Delfine grazil in die Höhe und tauchten wieder ein. Ich hielt Ausschau nach einer Haifischflosse, doch vergebens.

Ein ziemlicher Hunger plagte mich. Es war nicht richtig gewesen, gleich am ersten Tag 70 Kilometer in dieser Hitze zu radeln. Als die Straße ein Stück in das Gebirge einbog, stieg ich ab. Meine Sandalen versanken in dem rötlich-braunen Staub, der vor mir in einer kleinen Ebene lag. Die Hitze reflektierte vom Boden und legte sich schwer auf meinen Atem. In diesem Moment glaubte ich, dass ich die Gegend nicht lange ertragen würde.

Ich ließ das Fahrrad stehen und lief zum Ufer zurück, fand eine geeignete Stelle für mein Zelt, geschützt hinter einem großen Stein. Drei Mal musste ich die 300 Meter zu meinem Rad zurücklegen, um das schwere Gepäck in Sicherheit zu bringen. Dann sprang ich mit Sandalen und Klamotten ins warme Wasser, blieb einige Minuten darin liegen und versuchte an nichts zu denken, was mir anfangs auch gelang. Obwohl das Wasser im Flachen bestimmt 32 bis 35 Grad Celsius hatte, war ich doch gut erfrischt und hüpfte sogar aus Übermut über die Steine und versuchte einen Handstand zu machen. Das Zelt stand nur knappe sechs Meter vom Wasser entfernt. Hätte ich nicht meine Kameras bei mir gehabt, hätte ich gerne auf das Zelt verzichtet. Drinnen war es brütend heiß und es diente mir eigentlich nur als Schutz vor dem unangenehmen Staub, der trotzdem im Nu in alle Ritzen kroch. Ich trottete den Spülsaum entlang und fand Strandgut aller Art, was meinem Eremitendasein nützlich sein konnte. Eine dänische Margarinekiste wurde zur Speisekammer, ein Hühnergatter nahm ich für einen noch nicht definierten Zweck mit. Aus Kistenbrettern einer unbekannten Nation entstand ein kleiner Tisch und meine Behausung wurde langsam wohnlich.

Dann fand ich auf einem glitschigen Stein eine noch nicht aufgeweichte Speisekarte eines englischen Passagierdampfers. Das Wasser lief mir beim Lesen im Mund zusammen. Brennender Hunger machte sich jetzt bemerkbar, ich hatte am Morgen nur eine glitschige Birne gegessen.

Mein Weg führte von der Küste weg und führte mich in ein schmales Wadi, ein ausgetrocknetes Flussbett, aufwärts. Hier wälzten sich mächtige Steinhalden das Tal hinab, dem Meer entgegen. Hoch oben lag das Galala-Plateau. Nach etwa einem Kilometer schaute ich zurück und hatte einen selten schönen Ausblick auf den Golf von Suez. In diesem Augenblick ahnte ich nicht, dass mich in den folgenden Jahrzehnten über 40 Forschungsreisen hierherführen und mich zu einem Meeresforscher machen würden.

Wie großartig dieser landschaftliche Gegensatz war: Die Wüste endete direkt am Wasser, es öffnete sich neben der Ödnis ein paradiesischer Lebensraum – das war das Rote Meer. Hier allerdings, in meiner jetzigen Umgebung, wuchs nichts, nur ab und zu ein niedriger, fast runder Strauch von *Zilla spinosa*. Jetzt im Hochsommer waren die einzelnen Äste vertrocknet. An der Außenseite saßen kleine spitze Dornen und verliehen der Pflanze etwas Igelhaftes.

Kamel und Drahtesel – zwei Lastentiere in der Wüste.

Die Felsen strahlten mit dem hereinbrechenden Abend eine ungemütliche Hitze aus. Die Haut auf meinem Rücken spannte sehr. Ich hatte vergessen, ein Hemd anzuziehen und war sowieso, da kein Mensch sichtbar war, meist splitternackt herumspaziert. Ein gewaltiger Sonnenbrand war wohl im Anmarsch. Wenn ich jetzt mit meinen Sandalen über den groben steinigen Boden schritt, hallte es weit und breit, als ob ich über tönenden Untergrund liefe.

Mein Blick ging zu den höchsten Stellen des Galala-Plateaus, dann schaute ich weiter über den Rand des Wadis hinaus. Einige Berghänge lagen bereits im Schatten und das Rot des Sandsteins in den Tälern wurde immer wärmer. Die unheimliche Stille inmitten der Felsen bedrückte mich etwas. Ich war es nicht mehr gewohnt, keine lauten Stimmen, keine Schreie, Rufe oder Autogehupe zu vernehmen. Nicht einmal das Rauschen des Meeres drang bei der jetzt einsetzenden Flut herauf. Einerseits beunruhigte mich das Schweigen etwas, andererseits war es eine Entspannung für meine strapazierten Ohren.

Ich sah lange auf die Berge ringsum. Erst mein Durst zwang mich zur Rückkehr. Als ich mein Camp wieder erreichte, entdeckte ich Tierspuren. Ein Fennek, der Wüstenfuchs, hatte mich besucht und ziemliche Unordnung im Zelt verursacht. Sicher hatte er nach etwas Fressbarem gesucht, was ich ebenfalls in diesem Moment tat. Auch merkte ich, dass mein Kopf heißer und heißer wurde, Schüttelfrost überkam mich. An Schlaf war nicht zu denken, unruhig wälzte ich mich auf der Luftmatratze.

Der Orion ging schon im Osten auf, als ich endlich doch gegen drei Uhr einschlief. In der Nacht fiel die Temperatur auf 35 Grad Celsius. Ich war noch ganz benommen, als auf der anderen Seite des Suez-Golfes wieder die Sonne erschien. Massen von Fliegen krochen über mein Gesicht, kitzelten mich und trieben mich ohne Pardon aus dem Schlafsack.

Mein zweiter Wüstentag begann mit einem erfrischenden Tauchgang. Angetrieben durch die rhythmischen Schläge meiner Schwimmflossen, glitt ich durch einen fabelhaften Garten, dem Garten Eden unter den Wellen. Eine seltsame farbige Geisterhand reckte ihre Finger in das Wasser, über und über von winzigen Polypen überwuchert, die gierig ihre kleinen Fangarme ins Wasser streckten. Das ist eine seltsame Welt, die schweigt und doch so voller Leben ist. Überall schwirrte und krabbelte es in den Korallen. Ich sah Schulen von kleinen silbrigen Fischen, die in gleichmäßiger Formation durch das Riff eilten. Eine große Makrele war hinter ihnen her. Einige Doktorfische flitzten durch die Korallenblöcke vor mir, in wunderbarer Harmonie von Körperform und Bewegungen. Warum musste die Natur diese Tiere mit solchen extremen Farben ausstatten, wozu dienten sie? Das fragte ich mich und begriff gleichzeitig, wie wenig ich doch vom Leben in den Korallenriffen verstand.

Ich hielt mich an einer Koralle fest, doch die Lunge forderte ihr Recht. Langsam stieß ich mich vom Boden ab und trieb der Oberfläche entgegen. Ich sah gerade noch einen koboldigen Pfauenaugenbarsch, der neugierig aus seinem Korallenbau hervorlugte, möglicherweise den Kopf schüttelte und dabei wohl dachte: Ob der Angst vor mir hat? Ich genoss diese Augenblicke, dem Treiben einfach als naiver, unvoreingenommener Beobachter zu folgen.

Auf dem Rückweg zum Ufer überfiel mich ein grässlicher Kälteschauer, obwohl das Wasser 31 Grad warm war. Als ich schließlich an Land stieg, war ich total erschöpft. Kurz vor Sonnenuntergang brachte mich warme Nestlé-Kondensmilch wieder auf die Füße. Doch mein Kopf war glühend heiß und hämmerte wie ein aufgezogener Automat. Ich hatte Fieber und überlegte, ob es überhaupt Sinn machte, jetzt mein Thermometer zu bemühen und für fünf Minuten in der Achselhöhle zu halten. Die Hand am Kopf sagte genug. Schließlich griff ich doch zum Thermometer und maß stattliche 40 Grad. Im Stillen musste ich mir ein Kompliment machen, denn ich fühlte mich noch relativ munter. Ich bildete mir sogar ein, dass das Thermometer vielleicht nicht in Ordnung sei. Nur meine Gedanken gingen etwas durcheinander.

Im Westen verfärbte sich der Himmel, die Nacht brach bald an. Wieder ging ein Wüstentag zu Ende. Ich saß auf einem Stein und bemerkte am Ende einer schmalen Bucht zwei Männer. Zuerst glaubte ich, es sei eine Halluzination, denn in den letzten beiden Tagen hatte ich keine Menschenseele hier gesehen. Doch jetzt kamen beide auf mich zu. Mir war nicht wohl dabei, in der Nacht unbekannten Besuch zu bekommen. Vorsichtshalber versteckte ich meinen Pass, mein Geld und andere Wertsachen draußen unter Steinen.

Als sie auf Rufweite waren, grüßte ich sie freundlich mit »Salam aleikum«. Sie dankten ebenso freundlich und amüsierten sich wahrscheinlich über meinen fremdartigen Dialekt. Ein breites Grinsen ging über ihre schwarzen Gesichter. Sie trugen zerrissene Khaki-Hosen und braune Hemden, aber keine Waffen. Der eine hatte ein gutmütiges, breites Gesicht, der andere war pockennarbig. Er lächelte auch, aber sein Lächeln gefiel mir nicht. Zu den stationierten Wüstensoldaten gehörten sie nicht, denn die trugen andere Uniformen und waren bewaffnet. Sie fragten mich, woher ich käme und wo mein Lager sei. Kurze Zeit später verabschiedeten sie sich.

Trotz meines angeschlagenen Zustandes folgte ich ihnen heimlich. Der Mond war gerade hinter den Bergen aufgegangen, sodass ich ein wenig Licht hatte. Traumwandlerisch bewegten sich die beiden zwischen den Steinhalden. Sie kannten die Gegend anscheinend. Ich schlich ihnen in gebückter Haltung nach. Plötzlich bogen sie rechts ab und liefen in ein Wadi hinein. Mir war etwas unheimlich zumute bei dem Gedanken, dass sie nicht die Einzigen sein könnten, die hier irgendwo in der Felswildnis hausten. Etwa fünfzig Meter waren sie jetzt vor mir. Gestern bei der Untersuchung dieses Wadis hatte ich noch geglaubt, der Einzige zu sein, der hier kampierte. In Kairo hatte man mich davor gewarnt, in dem Gebirge zu übernachten, weil kein Militär die im Inneren gelegenen Gebirgstäler kontrollierte.

Es sah so aus, als wüssten sie gerade nicht, was sie tun sollten. Der eine zeigte mit der Hand geradeaus, während der andere anscheinend für eine Abkürzung war und einen steilen, im Fels eingeschnittenen Weg bestieg. Als sie in der Mitte des Felsabschnittes angelangt waren, begann ich von unten den Aufstieg. Doch da rutschte ich auf dem lockeren Hangboden aus und eine Steinlawine rollte unter lautem Getöse abwärts.

Die sonst von tiefem Schweigen eingehüllten Wände des Wadi wurden zu Lautverstärkern. Ich hielt Ausschau nach meinen beiden Besuchern, doch sie waren spurlos verschwunden, wie vom Erdboden verschluckt. Wie gerne hätte ich jetzt gewusst, ob auch sie – wie ich – zitternd vor Schreck und Angst irgendwo dort oben in einer Felsnische kauerten. Vielleicht war es gut für mich, dass ich den beiden so beigebracht hatte, dass jemand sie verfolgte. Ich jedenfalls verzichtete auf weitere Abenteuer.

Fast einen Kilometer war ich ihnen gefolgt und fühlte mich elend und ausgelaugt. Als ich mein Camp erreichte, sah ich, dass eine Kiste an einem anderen Ort lag. Als ich ein Streichholz anzündete und das Zelt untersuchte, bemerkte ich Chaos in meinen Sachen. Ein Überfall hatte stattgefunden. Gott sei Dank hatte ich Geld und wichtige Papiere vorher draußen versteckt. Eine Schachtel mit Filmen war aufgebrochen und meine Vorräte an Konserven und Medikamenten durchwühlt. Offenbar hatten die Diebe etwas ganz Bestimmtes gesucht.

Nicht zu wissen, wer es gewesen war und was sie gesucht hatten, ängstigte mich sehr. Schüttelfrost überfiel mich und ziemlich kraftlos legte ich mich draußen in einiger Entfernung in den Sand. Ich war in meinen Schlafsack gekrochen und drehte mich von einer Seite auf die andere, weil mein ganzer Körper vom Sonnenbrand schmerzte. Das Liegen wurde zur Qual. Meine Gedanken kreisten wirr umher, und ich wünschte, ich wäre in diesem Augenblick nicht so hilflos und allein dieser wilden Gegend überlassen.

Die großen, abgebrochenen Felsbrocken um mich herum nahmen plötzlich menschliche Gestalt an. Überall sah ich verzerrte schwarze Gesichter, die mich pausenlos anbrüllten. Sie schauten vom Himmel auf mich herab, saßen überall auf den Felsen und tanzten über dem Zeltdach, immer das gleiche Gesicht nur tausendfach vervielfältigt. Ich hielt es nicht mehr aus und schälte mich ruckartig aus dem Schlafsack, als ob ich sie dadurch vertreiben könnte. So tappte ich dann zum Zelt und kramte aus der Medikamentenschachtel Chinin gegen das Fieber und nahm eine Beruhigungstablette. Draußen vor dem Zelt fiel ich dann endlich in einen tiefen erholsamen Schlaf.

Die Fliegen weckten mich erst wieder, als der glutrote Sonnenball hinter den Bergen des Sinai auf der anderen Seite des Golfes aufstieg und seine heiße Tagesarbeit begann. Gott sei Dank, es war wieder hell! Wie erfrischend und köstlich war das Wasser, als ich für einige Minuten hineinstieg. Schnell rollte ich das Zelt zusammen, suchte alle Sachen aus den Verstecken heraus und wunderte mich nur, dass ich nach dieser Nacht alles wiederfand. Als ich auf das Rad stieg, war ich zwar immer noch matt, aber doch glücklich, diese Nächte überstanden zu haben. Die Sonne stand erst eine Handbreit über dem Horizont. Nur mühsam kam ich voran, genoss aber den kühlen Atem des jungfräulichen Morgens.

Eine berauschend bizarre rote Landschaft lag rechts von mir. Nur aus Stein und Sand geformt und überwölbt von einem unendlichen, blauen Himmel. Das war das Rotland, das bereits die Pharaonen gekannt hatten, das die Römer gelockt hatte und das nun im 21. Jahrhundert, fast 2000 Jahre später, wohl bald zu einer gewöhnlichen, ausgebeuteten Touristenlandschaft mutieren würde.

Linkerhand lag der Golf. In Tausenden kleinen, metallisch glänzenden Lichtpunkten spiegelte sich die Sonne. Breite, mit Steinen vollgepfropfte Wadis quollen aus dem Gebirge heraus und verliefen sich unten an der Küste, manchmal reichte das Gebirge bis ans Ufer. Dann wurde die Straße vom Fels eingezwängt und schlängelte sich an der äußersten Kante um den Berg herum. Eine neue Bucht tat sich dahinter auf, schöner als die vorhergehende.

Nach zwanzig oder dreißig Kilometern sollte laut meiner Karte ein Leuchtturm zu sehen sein: der Leuchtturm von Abu Darag. Durst zwang mich, den letzten Rest fauligen Wassers aus meinem Wassersack zu trinken. Mir wurde übel. Ich hatte danach nur noch den Wunsch, abzusteigen, auszuruhen und zu trinken. Zwei Stunden fuhr ich so dahin und nur der Gedanke an frisches, kaltes Wasser hielt mich aufrecht. War ich an dem Leuchtturm vielleicht schon vorbeigefahren? Manchmal bog die Straße nach rechts in Richtung des Gebirges ab. Doch plötzlich stand der Leuchtturm greifbar nah auf einem Sandsteinfelsen vor mir. Neue Kraft beseelte mich bei diesem Anblick.

Vor mir unter einem Portal stand ein Mann in sauberen Shorts, der Chef des Leuchtturms und Kapitän der Marine-Sendestation. Wir gingen in einen blitzsauberen Raum, und er reichte mir eisgekühltes Wasser. Mit jedem Schluck wachte ich mehr auf. Mein Gegenüber lächelte etwas und lud mich zu einem warmen Tee ein, um meinen geplagten Magen zu beruhigen.

Draußen, im Schatten des Leuchtturms, legte ich mich nieder und schlief sofort ein. Der Schlaf tat mir gut nach der letzten anstrengenden Nacht. Am Spätnachmittag weckte mich lautes Gelächter. Um mich herum standen neben dem Chef zwei andere fremde Personen vom benachbarten Leuchtturm Zafarana, 42 Kilometer weiter im Süden. Mit einem Eimer Wasser wollten sie mich wecken. Am Spätnachmittag verließ ich Abu Darag und wollte so lange fahren, bis es dunkel wurde, um dann irgendwo in der Wüste zu schlafen.

Hinter dem Sandsteinfelsen, dem Sockel des Leuchtturms, lag eine große Ebene. Das Fahren am Abend machte Spaß, obwohl es immer noch sehr warm war. Irgendwann bog die Straße vom Meer ab. Je mehr ich vom Wasser wegkam, umso wärmer wurde es wieder. Die Ferne war jetzt aschgrau und der Vordergrund, besonders die höher gelegenen Hügel, dunkelrot.

Über mir tauchten die ersten Sterne auf. Noch sehr schwach, aber doch schon erkennbar. Im Westen erkannte ich den Stern Arktur im Bootes. Sein starkes Licht durchdrang selbst den besonders hellen Westhimmel, der noch unter dem Einfluss der gerade verschwundenen Sonnenscheibe stand. Vor mir lag ein weites Tal. Mit ziemlicher Geschwindigkeit raste ich in die Dunkelheit. Es war gefährlich, denn die schweren Öl-Laster hinterließen tagsüber im aufgeweichten Teer tiefe Rillen, in die ich nicht hineingeraten durfte.

Eine halbe Stunde verging. Es war beängstigend, mit 40 Stundenkilometer die Täler fast unkontrolliert hinabzurollen. Das Gewicht des Gepäcks schob so stark, dass ich kaum bremsen konnte. Außerdem bedrückten mich die Einsamkeit und Stille. Weit hinten am Horizont entdeckte ich einen flackernden Lichtpunkt, den Leuchtturm von Zafarana – mein neues Ziel.

Gerade fuhr ich einen Hang aufwärts, als ich plötzlich in meiner Nähe Stimmen vernahm. Ein Schuss zerriss die Nacht. Das

Geschoss schlug zwei Meter neben mir in den Sand ein. Ich war entsetzt und vergaß selbst das Treten. Nach der Schrecksekunde drehte ich mich um und sah – kaum hundert Meter entfernt – zwei Gestalten, die auf mich zuliefen. Mir wurde die Situation gar nicht richtig klar, ich wusste nur: jetzt ganz schnell weg. Ich trat so kräftig es nur ging in die Pedale. Ich hatte Angst vor einem zweiten Schuss, der vielleicht sein Ziel nicht verfehlte.

Glücklicherweise erreichte ich nach einigen Metern die Anhöhe des Hügels und raste außer Sichtweite das Tal hinab. Meine Beine zitterten und auch auf den Magen war mir der Schreck geschlagen. Nach einigen Kilometern hielt ich schließlich an und setzte mich auf einen Stein, um den Albtraum zu verarbeiten.

Nun saß ich hier, allein, des Nachts in der Wüste, zitterte, weil vor wenigen Minuten auf mich geschossen worden war. Ich musste fast ein wenig lachen und dachte an meine Freunde in Berlin, die sich jetzt vielleicht gerade darüber amüsierten, wie der umtriebige Hans auf die stupide Idee gekommen war, das Rote Meer per Fahrrad zu bereisen.

Als ich wieder auf dem Rad saß, hatte ich mich gut erholt. Es gab nur zwei Arten von Menschen, die auf mich geschossen haben könnten: Haschisch-Schmuggler oder eine Wüstenpatrouille. Da ich ohne Licht fuhr, hatten sie vermutlich angenommen, dass das seltsame Fahrzeug etwas zu verbergen hatte. Ich glaubte nicht, dass sie das Rad in der Dunkelheit erkannt hatten.

Nach zwanzig Minuten erreichte ich einen Schlagbaum. Der wachhabende Soldat fiel fast aus allen Wolken, als er mich und das Rad aus der Finsternis auftauchen sah. Ich ließ mich gleich beim nächsten Offizier melden und berichtete den Vorfall. Er schaute mich von oben herab an und glaubte mir natürlich nicht. Um diese Zeit sei keine Streife in der dortigen Gegend eingesetzt.

Die Soldaten waren eigentlich alle sehr freundlich und hilfsbereit. Nur kam ihnen mein plötzliches Auftauchen aus der Wüste, noch dazu ohne Licht, nicht ganz geheuer vor. Zwei Funker des Leuchtturms brachten mich schließlich auf die Station – es war schon Mitternacht. Großes Palaver und verschmitzte Gesichter, als ich mein Rad in den dunklen Vorhof des Leuchtturms schob. Beim Abschied am nächsten Morgen wurde ich mit dem Kapitän des Leuchtturms, der mir kaum bis zu den Schultern reichte, draußen fotografiert. Er erzählte mir dann auch, dass bei ihm schon mehrmals ein Diplomat mit seiner Frau übernachtet habe. Er verbringe immer seine Ferien hier und sei jedes Jahr neu verheiratet, sagte der Kapitän zwinkernd und dachte wohl das Gleiche wie ich, nämlich dass dieser Diplomat wohl durch und durch Junggeselle war.

Auf meinem Weg in den Süden traf ich auf Gemsa, einer Halbinsel, auf eine alte noch aktive Schwefelmine. Nur wenige Menschen lebten hier, einige Fischer und die Minenarbeiter. In der Nähe fand ich eine verlassene Siedlung, die erste Shell-Niederlassung auf ägyptischem Boden aus den Jahren vor dem Ersten Weltkrieg, heute ein totes Stück Land. Überall Ruinen und verfallene Mauern. Leere Fensteröffnungen starrten mich an und gaben den Blick frei in die Räume dahinter. Der Putz hing stellenweise noch an den Wänden. Haufen von alten Konservendosen und Flaschen lagen am Boden, ein Tummelplatz für Käfer und Skorpione.

Über eine verfallene Treppe gelangte ich auf die Terrasse einer alten Villa. Auch hier Totenstille in den Räumen. In einer Ecke lagen die ausgedörrten Knochen eines Vogels. Als ich einen aufhob, hielt ich Staub in den Händen. Keine Bomben hatten diese Häuser zerstört, sondern nur Hitze, Wind und Sonne. Etwas weiter entfernt entdeckte ich einen alten Mineneingang – ein mannshohes schwarzes Loch, das in den Berg führte. Fischer nannten den Ort Dschebel Um Sed, den Berg des Öles.

Nichtsahnend und neugierig trat ich, geblendet durch die Sonne, in die gähnende Finsternis. Die Luft hatte einen penetranten

Erdölgeruch. Es sickerte aus den schwarzen Wänden. Plötzlich glitt ich aus und fiel der Länge nach hin. Zu meinem Entsetzen merkte ich, dass ich langsam einen Abhang hinabrutschte und dabei immer schneller wurde. Ich wollte schreien vor Angst, aber brachte keinen Ton heraus. Blind ruderte ich mit den Armen und erwischte dabei einen großen Stein, an dem ich mich festklammerte. Auf dem Bauch kroch ich dem hellen Eingang entgegen und warf dann, wieder in Sicherheit, einen Stein in die Finsternis. Nach Sekunden hörte ich, wie er in eine zähe Flüssigkeit fiel. Ich wagte kaum daran zu denken, dass ich beinahe ins ewig Schwarze abgestürzt wäre – für immer spurlos vom Erdboden verschwunden. Ich war nach diesem Erlebnis glücklich und wie neu geboren, es war wie ein gewonnenes zweites Leben.

Später klärte mich der Direktor der Mine auf, dass hier die Römer senkrechte Schächte gegraben hatten, um so das Erdöl zu sammeln. Mir lief bei seinen Worten ein eisiger Schauer über den Rücken, und noch Jahre später litt ich unter Albträumen, wenn nachts von draußen ein einsamer Lichtstrahl in mein Zimmer fiel.

Auf meinem weiteren Weg in den Süden wurden mir die Wüstenkilometer langsam zur Qual. Ich fuhr jetzt nur noch wenige Stunden nach Sonnenaufgang, da die Hitze tagsüber unerträglich wurde. Immer dieser wahnsinnige Durst und das kilometerlange, schnurgerade Band der klebrigen, steinigen Schotterstraße. Die Beine wurden zu Maschinen. Das Denken hatte ich sowieso schon eingestellt. Einmal verlor ich beim Trinken in voller Fahrt die Kontrolle über das Rad und stürzte. Einige Meter weiter landete ich mit einem aufgeschlagenen Bein im Sand. Doch das merkte ich gar nicht, lachte nur hysterisch, blieb liegen und trank weiter. Nur trinken, trinken, trinken.

Die Korallenriffe des Roten Meeres gehören zu den nördlichsten Riffen der Welt – ein Lebensraum der ökologischen Superlative.

Aber trotzdem hatte ich täglich wunderbare Abwechslung, wenn ich aus der Einsamkeit der Wüste innerhalb weniger Minuten in eine quirlige bunte Welt versetzt wurde, die das völlige Gegenteil war und zudem auch etwas Abkühlung versprach – beim Abtauchen ins Riff. Ich konnte mich nicht sattsehen, wenn ich das geschäftige Treiben der unzähligen Fische beobachtete, die in Scharen nervös über die Riffplatten eilten. Aus meiner »Vogelperspektive« glaubte ich kleine Häuser, Dome mit faszinierenden Kuppeln und filigranen Ornamenten zu erblicken. Von einer leichten Strömung erfasst, war ich einmal plötzlich am Ende des Riffs. Eine stärkere Strömung setzte ein und zog mich nach draußen ins offene Meer. Unter mir wurde es konturlos dunkelblau. Ich versuchte unter Wasser der Strömung entgegenzuschwimmen: auftauchen, Luft holen und wieder runter. Nach geraumer Zeit sah ich die Konturen des Riffs wieder und schwamm in das ruhige Wasser einer stillen Bucht.

Meine Fahrradexpedition am Roten Meer war ein jugendliches Abenteuer, bei dem viele Schutzengel Wache standen. So etwas gelingt nur mit jugendlicher Neugier, Elan und einer Menge Leichtsinn. Ich unterschätzte völlig die Dehydrierung meines Körpers und die Vernachlässigung der Nahrungsaufnahme, Unterzuckerung ereilte mich fast täglich. Aber vielleicht war es eben diese Haltung, die mich antrieb und auch immer wieder aus brenzligen Situationen rettete.

Danach fuhr ich jedes Jahr ans Rote Meer, beim nächsten Mal jedoch motorisiert mit einem Quickly NSU-Moped, das damals mit dem Motto »Nicht mehr laufen, Quickly kaufen« beworben wurde. 2386 Kilometer legte ich damit zurück. Danach ging es mit meiner Motorisierung aufwärts – Freunde des Unterwasserclubs Berlin luden mich ein, mit ihnen im Auto ans Rote Meer zu fahren. Später wurde es ein eigener VW Käfer, dann ein Landrover und schließlich wurde ich sogar Testfahrer eines gesponserten Mercedes-Geländewagens.

Ich besuchte regelmäßig meine alten Camps und Tauchgebiete und lernte viele Riffbewohner persönlich kennen – etwa ein Paar kleiner Schwarzspitzenhaie, die beide über fünf Jahre in der gleichen Bucht anzutreffen waren, oder einen dicken grünen Papageifisch, der sich stets über der gleichen Hirnkoralle von einem Putzerfisch bedienen ließ. Später kam ich in der Bucht von Dasched El Daba den nachtaktiven Gorgonenhäuptern mit ihren 200 000 Armverzweigungen auf die Spur. Sie sahen wie gewaltige Farne aus und filterten mit ihren Armen Plankton aus der Strömung. Sie wurden letztlich zu meinen Doktoratstieren, aber eher aus Verlegenheit, weil ich meine Universitätszeit endlich beenden wollte.

Ich hatte vom Tanz der Putzerfische gelesen, die anderen Fischen Parasiten absammeln und verpilzte Hautreste entfernen. Sie führen heftige Tänze vor ihren Kunden auf und signalisieren so ihre guten Absichten. Mit den Putzerfischen machte ich mein erstes Verhaltensexperiment, und ich ahnte damals nicht, dass ich dabei meiner Bestimmung begegnete. Ich bastelte einen Zitronenfisch und malte ihn mit Ölfarbe an. Würde der Putzer vor meiner Holzattrappe tanzen? Fiel er auf den Betrug rein? Es gelang, den Putzer hinters Licht zu führen, und ich war sehr stolz auf meinen Versuch. Er führte seinen Tanz auf, schwamm dann aber beleidigt von dannen, denn auf der wasserdichten Ölfarben-Oberfläche der Attrappe war keine Ernte zu machen. Heute weiß ich, dass die Interpretation dieser Versuche nicht leicht ist – mittlerweile würde ich sie anders machen.

Im Sommer 1963 traf ich in Hurghada eine archäologische Expedition der Karls-Universität Prag, die nach Hinterlassenschaften der Römer Ausschau hielt. Professor Zaba und sein Kollege Milan Hlinomaz luden mich ein, einen antiken Tempel in den

Bergen zu suchen. Milan war eigentlich Doktor der Ökonomie und hatte eines Tages gemerkt, dass es ihn in die Wildnis zog. Das war ganz nach meinem Geschmack und zwischen uns stimmte die Chemie, wir wurden sehr schnell enge Freunde.

Durch Milan wurde ich ohne großes geschichtliches Hintergrundwissen zu einem »Viertelarchäologen« und begann nach der Rückkehr aus der Wüste, den Spuren der Römer auf der versandeten Via Hadriana zu folgen. Ich fand in der Tat den vergessenen Hafen Myos Hormos und weiter im Süden Qusseir al-Quadim. Mit dem Moped wagte ich mich gar in die Berge zum Mons Claudianus, einer römischen Siedlung, wo früher gewaltige Porphyrsäulen von über 20 Metern Länge aus dem Fels gemeißelt worden waren, und ich fragte mich, wie diese Säulen damals abtransportiert wurden.

Was ich zu diesem Zeitpunkt nicht wusste, war, dass ich einen Verehrer hatte, der mir unsichtbar mit seinem Motorrad folgte – Friedrich Wünnenberg. Friedrich hatte einen Vortrag von mir in Berlin besucht, wo ich über meine geplante Reise im Sommer 1965 berichtete. So lernte ich ihn kennen. Er war groß, sprach wenig und hatte einen würzigen trockenen Humor, den er mit ihm typischen Kopfbewegungen unterstrich. Beim Trinken hielt er das Glas mit der ganzen Hand umspannt, den Arm dabei immer etwas vom Körper abgespreizt.

Friedrich hatte eine umfangreiche Literatursammlung zu allen antiken Stätten in der östlichen Wüste Ägyptens, Archäologie war sein Hobby. Er wusste, dass ich mit der Quickly den antiken Mons Claudianus gefunden hatte, gemeinsame Interessen verbanden uns. Im Frühjahr 1965 planten wir dann eine gemeinsame Reise ans Rote Meer.

Wie jedes Jahr war ich im Wintersemester 1964/65 von Geldsorgen geplagt und wusste nicht, wie ich die nächste Reise finanzieren sollte. Ich war zwar inzwischen ein routinierter Zeitungsverkäufer geworden und verdiente an den Wochenenden in Restaurants, Kneipen, Bordellen und Spielhöllen zwischen Stuttgarter Platz, Savignyplatz und Kurfürstendamm mehr Geld als mein monatliches Universitätsstipendium einbrachte, doch die Reisekosten waren auch ziemlich gestiegen.

Da erreichten mich ein mysteriöser Brief und ein Scheck von einer »Gesellschaft zur Förderung meeresbiologischer Forschungsfahrten«, unterzeichnet von einem Dr. Ahlers, Bremen-Walle, Inschaallahstraße 10. Ich hatte noch nie von einer derartigen Gesellschaft gehört, aber war froh um das Geld und bedankte mich in einem Brief – jedoch kam er zurück, Gesellschaft und Straße unbekannt. Mir blieb das anonym zugesandte Geld lange ein Rätsel.

Am 8. September 1965 brachen Friedrich und ich nach Sharm El Luli auf, eine zauberhafte kleine Bucht weit im Süden von Ägypten, wo wir tauchen wollten. Friedrich kannte den Ort. Von hier aus wollten wir die Smaragdmine und einen Tempel von Kleopatra am Dschebel Sikat im Wadi Gemal suchen. Am Abend lagen wir entspannt im warmen Sand. Friedrich stopfte seine Pfeife, blinzelte und schaute in den Mond. Wir schwiegen beide. Die Plejaden gingen im Osten auf, als wir in unsere Schlafsäcke krochen. Am nächsten Morgen beluden wir das Motorrad, ich hatte Karte, Kompass, Wassersack und Konserven auf meinem Rücken und für die nächsten Stunden wurde ein festgeschnallter Reserve-Benzinkanister hinter Friedrich meine harte Sitzgelegenheit. Die Morgenfrische lag noch über dem Boden, als wir in das Wadi Gemal einbogen.

Die Sonne erschien am Horizont, und geheimnisvoll leuchteten die Berge, unsere Berge. Wir kamen ihnen näher und näher, sie waren schwarz und rot, mattrot im aufsteigenden Licht. Einige Antilopen kreuzten unseren Weg, ihre weißen Schwänze leuchteten. Dann standen wir am Bab des Wadis, seinem Eingang. Ich musste oft absteigen, weil der weiche Boden unter uns nachgab. Nach einer Stunde machten wir Rast.

Friedrich war abgespannt und müde. Beim Kontrollieren seines Motorrads stellte er fest, dass sich die Batterie langsam entlud – die Lichtmaschine war nicht in Ordnung. Wir mussten auf der Stelle umkehren, so kurz vor dem Ziel. Bei der Ausfahrt in die Küstenebene entledigten wir uns der vollen Wassersäcke, ließen das kostbare Nass über unsere Köpfe laufen. Ein königliches Gefühl. Aber doch schämten wir uns ein wenig, denn Wasser war in dieser Gegend ein rares Gut.

Bald würden wir wieder nach Berlin zurückkehren, und wir dachten an unsere Zukunft, überlegten, wann wir wieder einmal hierherkommen könnten. Ich wollte im nächsten Jahr nach Florida gehen, um am Cape Haze Marine Laboratory in Sarasota zu lernen, wie man ein Meeresforscher wird. Friedrich dagegen wollte sein Vordiplom in Maschinenbau machen. Da sagte er mehrmals Inschaallah, »so Allah will«, auf Arabisch. Mich durchfuhr es wie ein Blitz – die »Inschaallahstraße« in Bremen. Ich wollte Friedrich am Ende dieser Reise in Berlin fragen, ob seine Eltern mir das Geld hatten zukommen lassen. Doch im Wadi Gemal machte ich abends das letzte Foto von ihm. Einen Tag später lebte er nicht mehr.

Wie schön war dieser Abend. Die schmale Mondsichel am Himmel, die Wüste, das Meer und die Sterne über uns, wie schön war unser Leben, dieses Leben hier, diese Wildnis. Ich kämpfte gegen meine innere Erregung an, es kochte in mir wie in einem Vulkan. Wieder stopfte Friedrich seine Pfeife. Er war ein guter Gefährte und wäre er ein Mädchen gewesen, hätte ich ihm in diesem Moment ein Liebesgeständnis gemacht.

Er sprach an diesem Abend das erste Mal über sich und seine Eltern, die er hoch verehrte. Ich merkte immer mehr, dass ich es mit einem ganz besonderen Menschen zu tun hatte. Ich freute mich auf Berlin, denn ich hatte einen guten Freund gefunden. Wir sprachen über Dinge, die weit entfernt von unseren sonstigen Gesprächen waren. Friedrich liebte Plato, Philosophie, in ihm steckte ein guter Humanist. Auf der Rückfahrt zu unserem Camp entdeckten wir in der Bucht von Um Rush den VW Bus unserer Freunde aus Berlin. Sie hatten einen Dugong gesehen, eine Seekuh, die vermeintliche Seesirene. Friedrich war begeistert und baute sofort seine kleine Kamera ins Unterwassergehäuse ein. Ich war schon ins Wasser gesprungen, als aus dem blauen Hintergrund ein massiger Körper mit grazilen Bewegungen durchs Wasser auf mich zu sauste, vor seiner Schnauze ein Schwarm Pilotfische.

Jeder Muskel in meinem Körper vibrierte, denn mir war bewusst, wie selten dieser Augenblick war. Nur wenige Menschen haben dieses urtümliche Tier je unter Wasser gesehen. Kaum zwei Meter neben mir schwamm der Dugong im Kreis. Sein Körper wippte im Takt der mächtigen horizontalen Schwanzflosse. Ich versuchte, ihn zu berühren. Elegant wich er aus und verschwand im blauen Dunst. Mir fiel Friedrich wieder ein. Warum war er noch nicht im Wasser? Da kam er schon angeschwommen, und ich sprudelte heraus. Der Dugong war hier, und ich hoffte nur, dass er bald wiederkommen möge, damit ihn auch Friedrich sah. Er reichte mir seine Kamera:»Komm, nimm sie, du hast mehr Freude am Fotografieren als ich.« Das sagte er und tauchte dann ab, 25 bis 28 Meter tief. Verweilte am Grund, schwamm über den Grund – er war ein guter Taucher. Woher hatte er nur die Luft? Ich verspürte so etwas wie Ehrfurcht vor ihm.

Da tauchte er auf. Aber kaum hatte er die Oberfläche erreicht, ließ er sich in lebloser Haltung wieder hinuntertreiben. Ein Teufelskerl. Wo nahm er nur die Luft her? Zwei Meter tief, drei, fünf, sieben. Immer noch hatte er die gleiche Haltung. Fast aufrecht stand er im Wasser, die Arme etwas nach vorne gespreizt. Ich begann misstrauisch zu werden. Da war etwas nicht in Ordnung. Friedrich trieb in gleicher Haltung immer weiter abwärts. Nein! Mein Gehirn kämpfte gegen diesen bösen Gedanken. Das gab es nicht, so etwas war unmöglich – es durfte nicht sein. Leblos, gelähmt, keiner Bewegung fähig, trieb ich an der Oberfläche. Das Böse lag hier, war unter mir, direkt vor mir. Ich ließ die Kamera fallen, holte tief Luft und tauchte ab. Mein Herz raste. Fünf Meter, zehn Meter, dann konnte ich nicht mehr. Meine Brust schien zu bersten. Helfen wollte ich, doch das Wasser war zu tief. Friedrich sank zum Grund, 30 Meter unter mir, fiel zur Seite und bewegte sich noch einmal. Dann war Ruhe.

Meine Berliner Freunde tauchten mit Atemgerät und bargen Friedrich. Ich nahm ihn dicht unter der Oberfläche in Empfang. Sein Blick ging starr an mir vorbei ins Leere, die Seele war weg – das war ein Toter, den ich in den Armen hielt. Ich dachte an diesen letzten Morgen, an die letzten schönen Wüstentage, an seine Eltern.

Die Flut setzte gerade ein, und wir schleppten Friedrich über das breite Riffdach. Zwei Stunden kämpften wir mit Wiederbelebungsversuchen um sein Leben, aber es war umsonst. Wir fuhren schließlich nach Kosseir ins Krankenhaus. Ein etwas arroganter junger Arzt sagte nur:»He is dead, it was the will of God.« Aufgebahrt lag Friedrich in einer kleinen Kapelle, eine fremde Frau heulte laut.

Er wurde in Kairo beerdigt und da keiner wusste, welcher Religion er angehörte, hielten Moslems und Christen gemeinsam die Totenmesse ab. Eine evangelische Schwester des Deutschen Hauses, in dem ich in Kairo gewohnt hatte, war anwesend. Sie hatte gehört, dass ein deutscher Student am Roten Meer verunglückt war und glaubte daher, mich im Sarg zu wissen.

Am 16. Oktober flog ich nach Hamburg zu Friedrichs Eltern. Sein Vater, Doktor Wünnenberg, holte mich ab. Ich sagte:»Herr Doktor, ich danke Ihnen für das, was Sie mir im letzten Jahr zukommen ließen.«»Was meinen Sie Herr Fricke?«, fragte er. Ich erwähnte die»Gesellschaft zur Förderung meeresbiologischer Forschungsfahrten«.»Ach so, nein, nein, das Geld bekamen Sie nicht von mir, es war von Friedrich. Er hatte eine abgöttische Freude daran, anderen eine Freude zu bereiten. Deshalb der etwas seltsame Weg. Er wusste, dass Sie es sonst nicht angenommen hätten. Er hat Sie sehr verehrt.«

Nach Friedrichs Tod besuchte ich nie wieder die Küste des Roten Meeres im Osten Ägyptens. 53 Jahre sind seitdem vergangen. Dort hat sich alles verändert; so touristisch und zugebaut wie es heute ist, würde ich vermutlich nichts mehr wiedererkennen – die schöne Wildnis ist sicher verschwunden.

Bei unserem Camp in Disched El Daba entdeckte ich damals in 42 Metern Tiefe etwas, das mich zum Roten Meer zurückführte und später gar eine neue Lebensphase einleiten sollte. Es waren schlanke Aale, nur fingerdick, die wie in einem Garten in großen Scharen und in selbst gebauten Röhren auf sandigen Böden siedelten. Hans Hass nannte sie Röhrenaale, Konrad Lorenz sagte Spargelaale zu ihnen und im Englischen hießen sie »garden eels«.

Es war das einzige stationäre Wirbeltier im gesamten Tierreich, und ich wollte wissen, was diese Tiere zu dieser außergewöhnlichen Lebensweise bewog. Ich wusste, dass der deutsche Unterwasserfotograf Ludwig Sillner sie im flachen Wasser von nur 4 Metern entdeckt hatte – eine neue Art, die seinen Namen trug: *Gorgasia sillneri*.

Eine Schwierigkeit gab es bei ihrer Untersuchung: Sie lebten in Israel vor dem Aqua Sport Diving Center, ich musste also in dieses Land, dem Todfeind meiner ägyptischen Freunde. Ich hatte ein ägyptisches Kinderbuch gefunden, darin das Bild eines ertrinkenden israelischen Kindes. Es trug eine Uhr mit einem Zifferblatt, das den Magen David, den Judenstern, zeigte. Ein abscheuliches Bild, ich verstand die Welt nicht mehr und wie man ethische und moralische Grenzen so weit überschreiten konnte. Auch blieb mir unverständlich, dass viele Ägypter in Gesprächen stolz verkündeten, Hitler sei ein guter Mann gewesen, er habe die verhassten Engländer angegriffen und viele Juden getötet. Immer habe ich dagegen protestiert, doch nie Gehör gefunden. Ein schlechtes Gewissen plagte mich dort während der ganzen Zeit.

Dann sperrte der ägyptische Präsident Gamal Abdel Nasser die Straße von Tiran für die israelische Schifffahrt. Das wurde zum Auslöser für den Sechstagekrieg, ein Blitzkrieg, der vom 5. bis zum 10. Juni 1967 dauerte und mit einem Sieg Israels und der Annexion der Sinai-Halbinsel endete. Ich konnte nicht ahnen, dass dieser Krieg meine Eintrittskarte für jahrelange Forschungen werden sollte, die 1969 in Eilat am Ende des Golfes von Akaba und entlang der Sinaiküsten begannen. Aber erst musste ich das Handwerk der Meeresbiologie erlernen, weswegen es mich drei Jahre zuvor nach Amerika verschlug.

2 Ein Sommer in Florida

Bevor ich in die USA ging, hatte ich im Riff zwar viel gesehen, doch fehlte mir ein wissenschaftlicher Zugang zu allem – ich war mehr oder weniger ein Naturalist, ein Hobby-Biologe. Ich hatte keine Anleitung erfahrener Wissenschaftler, keine Lehrer, und war ein Amateur. Die kleinen Experimente mit dem Putzerfisch und seinen Kunden hatten mir zwar sehr viel Freude bereitet und Einblicke verschafft, aber zufrieden war ich nicht. Auch an der Universität hatte ich bisher nicht gelernt, wie ein Experiment von A bis Z durchdacht und organisiert wurde. Ein Experiment war weiter nichts als eine Frage an die Natur: Schrittweise Veränderung von Außenbedingungen konnten eine Antwort darauf geben, was für ein Tier wichtig oder unwichtig ist. Das konnte man aber nur erfahren, wenn man das Tier vorher lange und genau genug beobachtet hatte.

Zu diesem Zeitpunkt hatte ich einiges über Konrad Lorenz gelesen, der mir mit seiner Denkweise entgegenkam. Ich nahm mir vor, Lorenz in seinem Institut in Seewiesen nahe München zu besuchen.

An einem nebligen Novembertag kam ich dort an. Da stand er, der berühmte Tierprofessor, auf seiner Gänsewiese und rief mit

Inbrunst »Komm, komm« in den grauen Nachmittagshimmel. Die Gänse kamen wirklich und landeten vor ihm auf der Wiese. Nur wer dieses Schauspiel selbst einmal miterleben durfte, versteht, welch einen gewaltigen Eindruck der weißhaarige Mensch und die Vögel damals auf mich machten. Der Höhepunkt aber folgte eine Stunde später. Gleich kämen sie in Abflugstimmung, meinte Lorenz und rannte mit schlagenden Armen in Richtung seines Hauses. Und tatsächlich, dass Federvolk hob gemeinsam ab. Plötzlich warf sich Lorenz auf den nassen Boden. Die Gänse flogen über ihn hinweg, drehten draußen über dem See eine Ehrenrunde und landeten schließlich auf dem Wasser.

Nur sehr zaghaft wagte ich zu fragen, wozu der Sturz ins nasse Gras wohl gut sei. Lorenz antwortete knapp, dass er es satthabe, täglich mit 400 Gänsen zu Fuß ins Institut zu marschieren. Deshalb animiere er sie zum Fliegen. Dies war meine erste persönliche Begegnung mit Lorenzianischer Ethologie, seiner Verhaltensforschung.

Kurze Zeit später saßen wir beim Tee vor dem großen Aquarium in seinem Arbeitszimmer. Ich muss gestehen, dass diese Stunde und die Jahre danach im Kreis von Konrad Lorenz und seinen Mitarbeitern mein Weltbild stark prägten – das Weltbild des Unterwassermenschen, der ich damals bereits war und der ich auch heute noch bin. Spontan verwarf ich meine Pläne, in Berlin eine Doktorarbeit über die Ultrastruktur eines Schneckenherzens zu schreiben. Mein Herz gehörte den lebenden Tieren, besonders den Fischen im Korallenriff, und die hatte ich damals bereits Hunderte von Stunden im Meer selbst beobachtet.

Ich spürte die Lust des großen Forschers, über alles Lebendige zu sprechen, alles, was sich dort im Aquarium tummelte: Es wurde ein Streifzug quer durch das Tierreich – und eine sehr eigenwillige Einführung in die Allgemeine Biologie. Dazu gehörte auch das gezielte Scheißen der Papageifische. Diese schaben mit ihrem papageiartigen Schnäbeln die Korallenoberflächen ab und nehmen dabei eine Menge Korallenkalk auf, den sie in einer weißen Wolke nach draußen befördern – und das mehrmals am Tag. Mir war von Anfang an sympathisch, dass Lorenz das Wort »scheißen« so locker in den Mund nahm. Mir fiel aber auch etwas auf, was ich damals noch nicht ganz verstand.

Lorenz hielt einen langen Monolog über das Quantifizieren: Tonband und Mikrofon seien die wichtigsten Hilfsmittel des Verhaltensforschers. Ich bin von Haus aus Pragmatiker und hatte damals als Werkstudent bei Siemens-Ingenieuren in Berlin im Hochspannungsprüffeld gearbeitet. Messen und Statistik zählten dort zum Handwerk, über das keine großen Worte zu verlieren waren. Auch hatte ich in Berlin im Nebenfach Experimentalphysik studiert, wo das Messen ebenfalls selbstverständlich war.

Die Seewiesener sprachen mir verdächtig oft über das Zauberwort »zählen« und kompensierten damit wohl das Dilemma der Verhaltensforschung, im Kreis anderer Naturwissenschaften nicht ganz ernst genommen zu werden. Diese Inferiorität gibt es leider auch heute noch, obwohl die Ethologie jetzt durchaus einen soliden Stand in der Wissenschaft hat; auch dank der Nobelpreise ihrer drei Väter: von Frisch, Lorenz und Tinbergen.

Wir saßen damals in seinem Arbeitszimmer und Lorenz stellte mich auf die Probe. Was war das da für ein Fisch, der im freien Wasser des Aquariums schwamm? Ich kannte ihn nicht. Dem Äußeren und seinem Verhalten nach müsste es eine Grundel sein, sagte ich. Grundeln sind aber gewöhnlich bodenbewohnende Fische, dieser hier war aber ein Freiwasserfisch. Aber ich hatte die »Grundelhaftigkeit«, die Gestalt erkannt – und das war dann auch richtig. Lorenz freute sich darüber, denn Gestaltwahrnehmung spielte bei ihm eine große Rolle.

Viele amüsante Aquarienstunden mit ständigem Querdenken und Vergleichen innerhalb der Tierwelt lehrten mich später zu verstehen, was Lorenz mit Gestaltwahrnehmung meinte. Dass geduldiges Zusehen und Erkennen durchaus wichtige Wissenschaftsmethoden sind, lässt sich den Mechanisten hoch oben in der Rangordnung heutiger Biologie, die sich mit den Mechanismen des Verhaltens beschäftigen, aber nicht nach dem »Wozu?« fragen, leider schlecht schmackhaft machen.

Ich verstand, dass jedes sinnvolle Experiment in freier Wildbahn ohne vorheriges geduldiges Beobachten und Erkennen der »Gestalt« nicht möglich war. Der Reiz eines Tierexperiments unter möglichst ungestörten Bedingungen besteht darin, durch eine gezielte Frage an die Natur eine eindeutige Antwort von ihr zu erhalten; der Beobachter kann selbst testen, ob er die »Gestalt« richtig gesehen hat, jedes Mal steht er unerbittlich auf dem Prüfstand der Natur. Dies ist für mich ein äußerst lustbetonter Vorgang. Heute ist es fast ein bisschen unschicklich zuzugeben, dass Wissenschaft auch lustvoll und spielerisch sein kann. Wenn ein Feldexperiment geglückt war, sagte ich später oft im Stillen zu mir selbst: »Siehst du, mein Lorenz hatte wieder einmal recht«, wobei ich »mein Lorenz« als Synonym für Gestaltwahrnehmung verwende.

Nach meinem ersten Lorenz-Besuch auf der trüben Novemberwiese war ich begeistert von der freien Atmosphäre dieser einzigartigen Forschungsstelle. Auch den Hausherrn mochte ich, mitsamt seinen Ansichten, und die Prüfung vor seinem Aquarium hatte ich offenbar erfolgreich bestanden. Allerdings wollte ich doch noch mehr Institutionen »testen«, um Einblicke in die Meeresforschung zu erhalten.

Ich hatte Eugenie Clarks Buch *The Lady with the Spear* gelesen, ihre Abenteuer mit Fischen im Roten Meer. Doktor Clark war zwischenzeitlich Direktorin des Cape Haze Marine Laboratory in

Sarasota in Florida geworden. Ich hatte ihr einen Brief geschrieben und darum gebeten, sie besuchen zu dürfen. Im März 1966 stand ich schließlich vor dem flachen Gebäude am Ende der schmalen Insel Siesta Key an den Ufern des Golfes von Mexiko. Als erster ausländischer Student wurde ich herzlich empfangen und fühlte mich sofort wohl. In der Nähe vom Point of Rocks fand ich eine billige Unterkunft und die Administration des Institutes kaufte mir sogar eine Harley Davidson, nicht das schwere Motorrad, sondern ein kleines Moped gleichen Namens, sodass ich leicht vom Festland über eine schmale Brücke das Institut erreichen konnte.

Wenige Tage nach meiner Ankunft fuhr ich auf dem Sandweg schliddernd zum Labor, als ein Jaguar E mit überhöhter Geschwindigkeit frontal auf mich zukam. Ein Sprung in die Sanddüne verhütete ein Unheil, nichts war passiert. Eine attraktive, sympathische Frau mit langen schwarzen Haaren stieg aus dem edlen Auto, meine erste Begegnung mit Eugenie Clark.»You are Hans from Germany«, sagte sie lächelnd. Sie sah das Moped, für dessen Kauf sie wahrscheinlich ihr Okay gegeben hatte. Ich sollte »Genie« zu ihr sagen, so wie sie von allen Mitarbeitern genannt wurde. Es dauerte nur wenige Minuten, und wir sprachen schon über die Fische des Roten Meeres.

Ich wurde dem Haifischprojekt zugeordnet und fuhr mit Scotty, dem Kapitän des kleinen Schiffs, jeden Morgen hinaus auf den Golf. Ich musste tiefgefrorene Fische auf einen Fleischerhaken aufspießen. Der Haken war am Ende einer Kette, die mit einem dicken Seil verbunden war. Einige Hundert Meter Seil und Fischköder versenkte ich dann ins warme Wasser des Golfes, um es tags darauf wieder an Bord zu ziehen.

26 000 Kilogramm Hai fingen wir so in fünf Monaten. Darunter waren die Könige der Haiwelt: Hammerhaie von bis zu fünf Metern Länge, Zitronen- und Tigerhaie und einmal sogar ein drei

Meter langer Weißer Hai, der sich vermutlich in das warme Golfwasser verirrt hatte. Unser langes Fangseil wurde ziemlich durcheinander gewirbelt.

Wenn Scotty und ich die Haie an Bord zogen und die Tiere in ihrem Todeskampf mit ihren gewaltigen Kiefern zu schnappen begannen, war Vorsicht geboten. Einmal rutschte ich auf dem nassen Boden aus und geriet vor das Maul eines Zitronenhais. Gott sei Dank hatte er Nachsicht und verschmähte meinen Fuß. An Land wurden die Haie sorgfältig vermessen und gewogen, ihr Bauch aufgeschlitzt und die gigantische Leber entfernt. Ich musste sie in kilogrammschwere Stücke zerlegen. Sie wurden nach Washington geschickt und dienten der Suche nach einem

Stoff, der angeblich Herzinfarkte verhindern sollte. Jedenfalls war das Zerstückeln der Haileber wegen des Geruchs ein ziemlich unappetitlicher Vorgang, den ich nicht so gern mochte.

Sommergäste reisten an. Unter ihnen war Bill Tavolga aus New York, ein international anerkannter Experte für Bioakustik, mit dem ich mich gut verstand. Er untersuchte in Sarasota das Gehör der Fische. Dazu hatte er ein kleines, zweigeteiltes Becken mitgebracht, in der Mitte eine wasserdurchlässige Trennwand. In die rechte Seite des Beckens setzte er seinen Versuchsfisch. Über einen Lautsprecher spielte er ihm einen Ton bestimmter Frequenz vor. Der Fisch bekam einen schwachen Stromstoß und musste lernen, beim Hören des Tons über die Trennwand zu springen, um nicht geschockt zu werden. Auf diese Weise konnte Tavolga feststellen, wann das Hören einsetzte und wann es aufhörte. Eine elegante Methode, obwohl mir das Fischlein doch leidtat.

Der große deutsche Zoologe Karl von Frisch hatte schon 1923 durch Dressurversuche entdeckt, dass Fische hören können. Seine Studie *Ein Zwergwels, der kommt, wenn man ihm pfeift* wurde auch durch seinen netten Titel weltbekannt. Karl von Frisch

Haie bekommen keinen Herzinfarkt – ein Stoff in der Leber soll die Ursache sein. Die Leber für die Forschung zu entfernen, war nicht appetitlich.

erhielt für seine Aufschlüsselung der Bienensprache zusammen mit Konrad Lorenz und Nikolaas Tinbergen 1972 den Nobelpreis. Ein Zoologe beeindruckte mich sehr: Mike Salmon, der die kuriosen Winkerkrabben studierte, die in den Sümpfen Floridas leben. Die Männchen haben eine überdimensionierte Schere, mit der sie winken, um Weibchen anzulocken. Die Weibchen testen viele Männchen, bevor sie ihre letzte Wahl treffen – sehr menschlich, dachte ich mir. Mit Mike fuhr ich kreuz und quer durch Floridas Everglades und sah den Winkerkrabben zu. Die Art des Winkens war unterschiedlich, und Mike lehrte mich, dass die verschiedenen winkenden Liebesgrüße ein Artmerkmal waren. Dann testete er mich.»Welche Art ist das?«, fragte er und zeigte auf ein fleißig winkendes Männchen.»*Uca pugilator*«, war meine Antwort.»Nein«, sagte Mike,»beobachte diesen einen Scherenabschlag, den hat *pugilator* nicht.« In der Tat, es stimmte – Mike hatte eine neue Art entdeckt.

Die Kodirektorin von Genie Clark, Sylvia Earle, eine Meeresbotanikerin von der Yale University, war sehr fleißig. Sie wurde eine berühmte Frau und initiierte zusammen mit dem US-Präsidenten Barack Obama die»Blue Mission«, die weltweite Etablierung von Meeresschutzgebieten. Mit ihr habe ich bis heute, nach über 52 Jahren, noch Kontakt.

Sylvia arbeitete an einem Kompendium aller marinen Pflanzen des Golfes von Mexiko und tauchte viel. Oft begleitete ich sie, und einmal tauchten wir vor Tampa. Das Wasser war trübe, und wir hatten kaum einen Meter Sicht. Schnell verlor ich Sylvia aus den Augen. Ich verspürte eine Bewegung im Wasser und Sekunden später sah ich sehr nahe die eiskalten, schlitzförmigen Augen eines großen Zitronenhais. Zitronenhaie zählen zu den»man eaters« und haben deshalb keinen guten Ruf. Der Hai drehte eine Runde, und als er wieder neben mir war, blitzte ich ihn mit meiner Unterwasserkamera an. Geblendet und in Panik flüchtete er, aber ich hatte große Sorge, dass er jetzt vielleicht auf Sylvia treffen könnte. Glücklicherweise passierte das nicht. Einmal begleitete ich Sylvia zu einer Tauchreise nach Key West, der Heimat von Hemingway ganz im Süden der Florida Keys. Hier biss ein Barrakuda in den Reflektor meines Unterwasserblitzes. Noch heute erinnert sie mich bei jedem Rendezvous an dieses kuriose Ereignis.

Im Cape Haze stand mir ein großes Becken mit fließendem Meerwasser zur Verfügung. Draußen im Golf hatte ich oft Gorgonenhäupter, auf englisch »basket stars«, gesehen, die ich schon im Roten Meer an einem verlassenen Pier in Dished El Daba nachts regelmäßig beobachtet hatte. Ich setzte sie in mein Becken und konnte sie so in Gefangenschaft studieren. Gorgonenhäupter sind ziemlich ungewöhnliche Schlangensterne und gehören mit den filigranen Federsternen, den Seegurken, Seesternen und Seeigeln zum Tierstamm der Echinodermen, den Stachelhäutern. Ich hatte bald eine ziemlich große Sammlung von ihnen und merkte, dass alle großen Tiere Weibchen waren, große Männchen gab es nicht. Da ich keine kleinen Weibchen fand, mussten sie alle zunächst als Männchen geboren werden und dann ihr Geschlecht wechseln. Jahre später entdeckte ich auch an dem berühmten Nemo, dem Seeanemonenfisch, einen sozial kontrollierten Geschlechtswechsel von Männchen zu Weibchen, aber dazu mehr im fünften Kapitel.

Schade, dass ich in Sarasota noch ein unbedarfter Naturalist war und die Bedeutung meiner Beobachtungen nicht deuten konnte. Ich bemerkte zum Beispiel, dass auf der Oberseite einiger der gewöhnlich fünfarmigen Weibchen ein kleines Tier saß. Ein Zwergmännchen? Heute wäre es eine Kleinigkeit, mit molekulargenetischen Methoden den Nachweis zu führen, ob wirklich ein Zwergmännchen auf dem Weibchen saß. Aber damals hätte

mich ein vierarmiges Weibchen in meinem Becken schon stutzig
machen müssen, sie trug ein kleines Tier, ebenfalls vierarmig, auf
ihrem »Rücken«. Die vier Arme, dieser genetische Unfall, war ein
so seltenes Ereignis – unmöglich hätte ein vierarmiges Jungtier
einen ebenso vierarmigen Erwachsenen finden können. Die Mutter hatte also ihr eigenes Kind huckepack transportiert – klassi-
sche Brutpflege, nur erkannte ich das damals nicht. Der Vorgang
kam mir trotzdem nicht ganz geheuer vor, also steckte ich beide
Tiere in Formalin. Heute sind sie in der Sammlung des Sencken-
berg Museums in Frankfurt zu besichtigen.

Und noch etwas Aufregendes geschah mit den Gorgonenhäuptern: Im Labor hielt ich sie im Aquarium und plötzlich fingen ein paar der Gefangenen an, sich selbst aufzufressen. Auto-
phagie nennt man das. Es sah kurios aus, wenn die gefiederten
Arme oben den Körper aufrissen und die »Beute« unten wieder
in den eigenen Mund schoben. Natürlich war das ein Gefangen-
schafts-Artefakt, ihnen fehlte ihre planktonische Nahrung.

In Miami traf ich auch Art Myrberg, einen Altseewiesener, der bei
Konrad Lorenz gearbeitet hatte und ihn hoch verehrte. Art war
ein Vulkan und sprühte stets vor Begeisterung. An Korallenbarschen hatte er gerade entdeckt, dass es Fische gibt, die sich am
Ton individuell erkennen. Draußen im tiefen Wasser des Golfes
spielte er unter Wasser unterschiedliche Töne ab, um zu erfahren, welche Lautart und Frequenz Haie anlockte. Unregelmäßige
tiefe Töne waren besonders attraktiv für Haie. Ein Taucher an der
Oberfläche führte Protokoll, auch ich beteiligte mich und starrte
für einige Stunden nach unten, in das kristallklare, konturlose
Wasser des offenen Atlantiks.

In Miami Beach im mondänen Golden Sand Hotel nahm ich
an einem Kongress der »American Society of Ichthyologists and
Herpetologists« teil, mein erster wissenschaftlicher Kongress. Ich

wollte nur einmal sehen, wer eventuell meine späteren Kollegen waren und wie sie sich verhielten. Ich wusste, dass Botaniker im Feld mit ihren Botanisiertrommeln nicht so mein Fall waren. Gab es diesen Menschentyp auch unter den Zoologen? Ich konnte drei distinguierte Gruppen ausmachen. Einmal die klar denkenden und tonangebenden Alphas, so wie Bill Tavolga, dann die »Normalos« und schließlich eine Gruppe von merkwürdigen Käuzen. Durch nachlässige Kleidung und durch ihr schrulliges Wesen fielen sie auf, liefen draußen geschäftig mit Gläsern, Keschern und Plastikbeuteln umher und waren mit gewichtigen Mienen immer heftig erregt. Sie waren nicht unsympathisch, aber ich wollte trotzdem nichts mit ihnen zu tun haben. Ich hatte mein Biologiestudium in Berlin fast beendet, dachte an Konrad Lorenz und an meine wissenschaftliche Zukunft, und schrieb ihm einen Brief. Die Antwort kam schnell. Fast väterlich klärte er mich auf, dass Doktorarbeiten in der Verhaltensforschung lange dauerten. Gerne könnte ich aber an den plakatfarbigen Schmetterlingsfischen arbeiten, an denen er gerade seine Hypothese zur Staubarkeit von Aggression und zur Bedeutung der extremen Farbigkeit dieser Fische testete.

Sein Weltbestseller *King Salomons Ring* war gerade erschienen, in dem er den Ursprung der Aggression und den innerartlichen, also den auf Artgenossen gerichteten Kampftrieb von Tier und Mensch zu erklären versuchte. Das Buch wurde damals zu einem beliebten Partythema unter Studenten aller Fachrichtungen. Lorenz fügte auch hinzu, dass er für mich ein Stipendium und eine Unterkunft im Institut besorgen würde. Eine bessere Nachricht konnte es für mich nicht geben, ich freute mich auf die Zeit in Seewiesen.

Meine letzten Wochen in Sarasota sollte ich im Beachhouse von Eric von Schmidt, dem Autor, Liedermacher, Maler und begnadeten Bluessänger, verbringen. Bob Dylan und Joan Baez gehörten

Sylvia Earle ist die bekannteste Meeresbiologin in den USA.
Sie hat mit Barack Obama die »Blue Mission« initiiert und beide
stellten 30 % des Weltmeeres unter Schutz. Mit ihr arbeitete
und tauchte ich viel in Florida.

zu seinem Kreis. Als es in Sarasota heiß wurde, zog Erics Familie jedes Jahr gen Norden und feierte den Abschied mit zahlreichen Freunden. Aus allen Ecken des Landes kamen sie herbei. Ich war eingeladen und sollte danach das Beachhouse während seiner Abwesenheit bewachen.

Als ich eintraf, sang gerade eine bildschöne Schwarzhaarige mit dem Baby eines Freundes auf dem Arm einen improvisierten Blues. Ein Kristall glitzerte in ihrem Bauchnabel, und ich fragte mich, wie der wohl befestigt war. Ich war sehr hungrig und aß Kartoffelchips in ziemlichen Mengen und wusste nicht, dass sie mit LSD getränkt waren. Ein Horrortrip folgte, und als ich mich draußen am Strand in den warmen Sand legte, begann ein Szenario, das ich nicht noch einmal erleben will. Nie wieder in meinem Leben rührte ich Rauschgift an. Später erfuhr ich, dass die junge Joan Baez die grandiose Sängerin war.

Bei meinem Abschied vom Cape Haze Laboratorium war ich nicht ganz zufrieden mit meinen Lernerfahrungen, hatte aber doch mitbekommen, wie draußen in der Welt Wissenschaft betrieben wurde. Dies war ja mein ursprüngliches Ziel gewesen. Als sich das Flugzeug in die Luft erhob und Florida unter mir lag, Wolkenfelder, Seen und Meer vorbeizogen, da fühlte ich mich glücklich. Doch in New York tauchte ich wieder in die große, weite Welt ein: Ernste, teilnahmslose und gewöhnliche Gesichter rannten an mir vorbei. Sofort vermisste ich Florida, den Hauch seiner feuchten, warmen Nächte, das Schwirren der Moskitos. Ich roch das Parfüm einer Sommerliebe an meinem Pullover und sah ihren feinen Mund mit dem verschmitzten Lächeln vor mir.

Sieben Jahre später kehrte ich nach einem Taucheinsatz in Bermuda noch einmal nach Sarasota zurück. Ich hatte in der Zwischenzeit eine bildschöne, junge Bernerin geheiratet. Simone bereiste später mit mir die Welt und wurde Teil meines marinen

Zigeunerlebens. Das Cape Haze Laboratory hieß jetzt Mote Marine Laboratory und machte einen guten und modernen Eindruck auf mich.

Eine junge Reporterin, Chris Chubbuck, fragte mich, wie ich jetzt, nach all den Jahren, die Veränderungen in Sarasota und das Laboratorium fände. Sie stellte zwischendurch das Mikrofon ab und lachte mit einer angenehmen, rauchigen Stimme. »Du sagst ja nur schöne gute Dinge«, sagte sie. Zunächst verstand ich ihre Reaktion nicht.

Zwei Wochen später kehrte ich nach München zurück. Als ich die *Süddeutsche Zeitung* aufschlug, sah ich überraschenderweise ein Foto von Chris, und die Überschrift entsetzte mich. Da stand: »TV Ansagerin begeht Selbstmord vor der Kamera.« Chris war Moderatorin des lokalen Fernsehsenders WXLT-TV gewesen und hatte sich bitter beklagt: »Gemäß der Devise dieses Senders, immer als Erster eine Nachricht zu bringen, werden Sie jetzt wieder einmal etwas aus erster Hand erleben – einen Selbstmordversuch«, sagte sie, nahm einen Revolver und schoss sich vor laufender Kamera in den Kopf. Über das Motiv der Tat herrschte Unklarheit.

Chris hatte mir nach unserem Interview gestanden, dass sie ihren Job nicht mehr liebte. Sie als »newsman« musste täglich billige Reportagen für das *Sarasota Digest* produzieren – für wenig Geld und mit primitiven Mitteln. Sie hasste diese Art von Reportagen, politische Aussagen waren verboten, denn der konservative Süden war daran nicht interessiert. Ich merkte, dass diese fähige, junge Journalistin in dieser Walt-Disney-Ferienlandschaft, inmitten dieses schrecklichen Tourismus, über ihrem Job, über ihrem Leben, über ihrem Land verzweifelte. Über dem Zwang der Fernsehstation, billige News zu produzieren und nur über »shit and dirt«, wie sie sagte, zu berichten. Sie steckte in einer tiefen Depression und Berufskrise. Die Tausenden amerikanischen

Fernsehzuschauer würden ihren Tod nicht begreifen: die Provokation, die Entblößung des amerikanischen Fernsehens. Jetzt verstand ich auch, weshalb sie bei unserem Interview das Mikrofon zeitweilig abgestellt hatte. Sie hatte mein Schönreden der Vergangenheit satt – sie wollte kritische Aussagen.

Insgesamt erfüllte mein Aufenthalt in Florida dennoch seinen Zweck. Vielen Wissenschaftlern hatte ich über die Schulter gesehen. Ich hatte die Unterwasserwelt des Golfes von Mexiko kennengelernt, ich war auf den Bermudas, den Bahamas, an der Ostküste Floridas bis tief in den Süden von Key West getaucht. Jetzt lag es an mir, die erworbenen Einsichten und den Zugewinn an Wissen einzusetzen.

3 Graugans und Fisch

Nach meiner Rückkehr aus Florida betrat ich wieder eine neue
Welt, denn ich begann im Juni meine Doktorandenzeit in Seewiesen, saß inmitten eines schönen Landes, grüne Bäume um mich
herum, Heuduft und Waldgeruch, dörfliche Einsamkeit. Nachts,
wenn meine Lampe brannte, schwirrten große Nachtschmetter-
linge durchs geöffnete Fenster. Vom institutsnahen Esssee quak-
ten Frösche. Ich arbeitete mit den Fischen in den Aquarien von
Konrad Lorenz, träumte von Fischen, alles war Fisch, meine
ganze damalige geistige Welt.

Oft fuhr ich mit dem Chef nach München zum Aquarienhänd-
ler Werner. Dort kauften wir regelmäßig plakatfarbige Schmetterlingsfische, die Lorenz erstaunlich lange hielt. Er legte aber auch
eine Art Morbidarium, eine Liste gestorbener Fische mit zauber-
haften Skizzen seiner Pfleglinge an. Ich kannte die meisten von
ihnen aus ihren weit entfernten Lebensräumen.

Dass sich diese plakatfarbigen Fische im Aquarium bevorzugt
mit ihren Artgenossen »prügelten«, sich also stießen, bissen und
manchmal auch anschrien, war mir nicht neu. Lorenz sagte, die
Farbe der Fische sei der Auslöser für diese innerartliche Aggression. Ich hatte im Korallenriff aber auch sehr unspektakulär aus-

sehende graue Arten wie die Teufel kämpfen gesehen. Es musste also noch andere Gründe für die Plakatfarben der Schmetterlingsfische geben, als der von Lorenz vermutete. Doch welche waren das? Ich ahnte, dass in der Umwelt der Fische, in ihrer Ökologie, eine Antwort lag.

Alle Schmetterlingsfische waren bodenbewohnende, sogenannte benthische Arten. Ein im Freiwasser in großen Schwärmen schwimmender Hering brauchte keine Aggression. Er hatte nichts zu verteidigen. Lorenz gab mir seine auf Tonband gesprochenen Protokolle zur Auswertung. Als Werkstudent bei Siemens hatte ich in meinen Semesterferien von Ingenieuren gelernt, wie man zu messen und Protokolle anzufertigen hatte – doch jetzt hatte ich Schwierigkeiten. Bei den Lorenz-Protokollen gab es nichts Handfestes zum Auswerten – es war eine wunderbare Poesie mit präzisen Verhaltensbeschreibungen. Eine völlig andere Methode wissenschaftlicher Arbeit!

Konrad Lorenz hatte großen Einfluss auf meine Wahrnehmung der Unterwasserwelt.

Viele Stunden saß ich mit meinem Doktorvater vor seinen Aquarien und begriff, dass Konrad Lorenz ein einzigartiger Tierbeobachter war.

Später las ich, dass er über 3000 Tierarten zu Hause gehalten haben soll. Experimentelle Methodik konnte ich freilich nicht von ihm lernen, dafür aber eine besondere Sichtweise auf alles Lebendige. Im Grunde hatte ich das schon vorher bei meinen amateurhaften naturalistischen Beobachtungen getan: in die Haut eines Schuppentieres zu schlüpfen und nachzusehen, was wohl gut oder schlecht für das Individuum sein mochte.

Seewiesen war damals ein Eldorado der Wissenschaft. Sein

charismatischer Direktor lockte namhafte Gäste aller Fachrichtungen an, nicht nur Biologen. Einmal kam ich weit nach Mitternacht aus München und musste unbedingt noch etwas essen. Da trat in die Gemeinschaftsküche des Institutes ein relativ kleiner Mann mit Wiener Dialekt ein. Er öffnete seinen Lodenmantel, holte fünf geschälte Kartoffeln aus der Seitentasche und begann zu kochen. Ich fragte neugierig nach dem Grund seiner nächtlichen Kochumtriebe. Er führe das Leben einer Spitzmaus, antwortete er, leide an Hypoglykämie und müsse deshalb in kurzen Abständen Kohlenhydrate zu sich nehmen. Er erzählte mir außerdem, er könne jetzt an den Seitenketten des Hämoglobins feststellen, an welchen Blutkrankheiten ein Patient leide. Das Hämoglobinmolekül war seine Welt. Ich wusste nur, dass für die Struktur-Aufdeckung des Hämoglobinmoleküls ein Professor Perutz aus Oxford den Nobelpreis bekommen hatte. Weil ich seinen Ausführungen nicht ganz folgen konnte, sagte ich freimütig, dass ich wohl nicht der richtige Gesprächspartner für ihn sei und er besser mit dem Herrn Perutz aus Oxford reden solle. Der sei er!, war die bescheidene Antwort.

Ein anderer Gast des gleichen wissenschaftlichen Kalibers war Hilary Koprowski vom Wistar Institute in Philadelphia, ebenfalls ein Gast von Lorenz. Wir waren Zimmernachbarn im Verwaltungsgebäude in Seewiesen. Nie erfuhr ich so recht, was er eigentlich machte, außer dass er Direktor des Wistar Institutes war. Ich hatte es ganz gern, dass er mich als angehenden Jungakademiker unter seine Fittiche nehmen wollte.

Erst später erfuhr ich, dass Hilary Entdecker der Polio-Schluckimpfung war. Im Selbstversuch hatte er den ersten Schluck einer wässrigen Probe von in Mäusehirnen gezüchteten Polio-Antikörpern genommen. Eine Million Kinder hatte er danach in Afrika geimpft. Das wäre ganz im Sinne von Alfred Nobel preiswürdig gewesen. Hilary wusste aber nicht, dass in afrikanischen Affenhirnen, die er zur Herstellung der Antikörper benutzte, auch der Aidsvirus schlummerte, der damals noch nicht bekannt war. So trug er durch seine Arbeit auch zur Verbreitung von Aids bei – eine tragische Verquickung unglücklicher Umstände. Ein englischer Boulevard-Journalist unterstellte ihm später, den Aidsvirus absichtlich hergestellt zu haben, um die schwarze Rasse Afrikas auszulöschen. Die wissenschaftliche Gemeinschaft hat danach Gott sei Dank in einer großen Kampagne und auf faire Weise Hilarys Ehre gerettet.

Er war ein hochgebildeter Mann, der sich wie kein anderer in Musik und Kunstgeschichte auskannte und sogar mit den Philadelphia Symphonikern das Silvesterkonzert dirigierte. Dekaden nach unserer ersten Begegnung wollte ich Hilary wiedersehen und googelte ihn. Er war leider, 96-jährig, unlängst gestorben.

Mit den Aquarienbeobachtungen an den plakatfarbigen Schmetterlingsfischen kam ich in Seewiesen nicht so recht voran und wusste, dass ich nur draußen im Korallenriff eine richtige Antwort finden konnte – aber das konnte noch Jahre dauern. Ich wollte allerdings auch mein Studium in Berlin in irgendeiner Weise offiziell abschließen.

Da kam mir die Idee, alle meine Beobachtungen an den Gorgonenhäuptern zusammenzutragen und damit in Berlin vielleicht ein Diplom zu bekommen. Ich hatte zweifellos Neues und Berichtenswertes an den Tieren entdeckt, aber ob es zu einem akademischen Diplom reichen würde, wusste ich nicht, deshalb berichtete ich Lorenz davon.

Er schrieb mir einen beglückend freundlichen Brief: »Es ist schwer zu raten, ob Sie Ihrer Neigung folgend Korallenfische oder, um schnell fertig zu werden, das Gorgonenhaupt untersuchen sollen. Um Ihnen den Entschluss zu erleichtern, möchte ich Ihnen nur sagen, dass ich Sie auch nach Ihrem Doktorat sehr gern als Arbeitsgast in meinem Institut aufnehmen würde! Es würde

allerdings auch möglich sein, für Sie Fortbildungsmittel zu bean-
tragen, sodass die Finanzen keinen Zwang auf einen möglichst
schnellen Abschluss Ihrer Doktorarbeit ausüben würden.«

Ich war Lorenz für seine großzügigen Worte überaus dankbar. Aber doch entschied ich mich für die Gorgonenhäupter. Ich
kehrte dafür nach Berlin zurück und stürzte mich in die Abfas-
sung eines Gorgonenhaupt-Manuskripts. Als ich es fertig hatte
und es meinem hochverehrten Lehrer, Professor Günther an der
Freien Universität, übergab, hatte ich fast ein schlechtes Gewissen. Er las es über Nacht.

Am nächsten Tag stand ich mit fürchterlichem Herzklopfen
vor seiner Tür, und Günther sagte:»Herr Fricke, wir drücken alle
Augen zu, Sie bekommen dafür den Doktor.« Wäre er eine junge
Frau gewesen, hätte ich ihn umarmt und geküsst. Überglück-
lich telegrafierte ich am nächsten Tag meinen Eltern in der DDR:
»Bin Doktor geworden.« Da schaute die ältere, nette Postbeam-
tin mich an. Ich war braun gebrannt, trug weiße Jeans und mein
Lieblings-T-Shirt mit einem Fisch und der englischen Aufschrift
»Friend of Fishes« vorn auf der Brust. Sie sagte nur:»Na Kleener,
det hätt ick dir ja nun jar nich zujetraut.«

Es war Frühjahr 1968 und die Studentenunruhen waren in vollem Gange. Ich hatte früher in einem Heim des Roten Kreuzes
mit Rudi Dutschke gewohnt, der zur gleichen Zeit wie ich die
DDR verlassen hatte. Beide mussten wir das Abitur nachmachen.
Rudi war ein überaus angenehmer Zimmernachbar, der Sport
studieren wollte. Als Chef der Außerparlamentarischen Opposi-
tion ging er später in die Politik und wurde Ende April auf offener
Straße niedergeschossen.

Später lernte ich im Studentendorf der Freien Universität auch
Gaston Salvatore kennen, die rechte Hand von Dutschke. Wir
wohnten auf dem gleichen Flur, und Gaston lehrte mich in der

gemeinsamen Küche bis spät in die Nacht hinein die Theorie gesellschaftlicher Umbrüche, Sozioökonomie, berichtete aber auch über die südamerikanischen Guerillas und deren Klassenkampf gegen die Obrigkeit. Sein Onkel Allende sah in ihm den Nachfolger auf dem chilenischen Präsidentenstuhl.

Die Studentenrevolte eskalierte. Ich wurde wie viele meiner Kommilitonen ein sporadischer Rebell und machte den Sturm auf das Springer-Hochhaus mit. Allerdings gefiel mir die zunehmende Radikalisierung nicht, auch dass wir Buttersäure aus dem chemischen Institut in die Mannschaftswagen der Polizei warfen. »Klatsch, klatsch, Knüppelchen, Schütz (der damalige Polizeipräsident von Berlin), der wünscht sich Krüppelchen«, intonierten wir und trugen damit nicht unbedingt zur Befriedung der Polizei bei.

Ich war eigentlich ganz froh, im darauffolgenden Jahr wieder ans Rote Meer zu fahren, an den Golf von Akaba. Ich musste raus zu den Korallenriffen! Eilat in Israel war jetzt mein Ziel. Es sollte meine taucherische Heimat für viele Dekaden werden. Mein wissenschaftliches Leben begann.

Israel empfing mich als ein offenes Land mit vielen freundlichen Menschen, und ich fühlte mich recht wohl. Doch etwas störte mich: Sprach ich mit Gleichaltrigen, berichteten einige stolz, dass sie im Sechstagekrieg im Sinai ganze Haufen von Schuhen gefunden hatten, weil die Ägypter im Sand barfuß schneller weglaufen konnten. Arroganz und Herrenmenschen-Denken sprach aus ihren Worten. Einer sagte gar: »We kill them all.« Das waren keine guten Voraussetzungen für einen dauerhaften Frieden zwischen beiden Ländern. Ich dachte dabei an die ebenso freundlichen wie hilfsbereiten Ägypter, denen ich begegnet war.

Vor dem Aqua Sport Diving Center, acht Kilometer südlich von Eilat, lag der sogenannte Japanische Garten, ein Korallenriff, ideal für meine Studien. Zur Orientierung schwamm ich zunächst bis in 30 Meter Tiefe kreuz und quer durchs Riff und notierte die Schmetterlingsfische, wie groß sie waren, ob sie einzeln, paarweise oder in kleinen Gruppen schwammen. In 42 Tagen protokollierte ich 217 Begegnungen mit den Plakatfarbigen – die Kleinen schwammen einzeln, die Großen durchweg paarweise und selten in kleinen Gruppen. Sieben Arten gab es im Revier. Ich hatte die ersten Hinweise über das soziale Zusammenleben der Plakatfarbigen und konnte sie mit Zahlen belegen. Gab es vielleicht Unterschiede in verschiedenen Riffzonen, in der flachen Lagune, an der Riffkante und draußen auf den sandigen Ebenen mit den großen Korallenblöcken? Um das herauszufinden, schwamm ich in gleicher Tiefe lange Strecken und schrieb jeden Schmetterlingsfisch zehn Meter rechts und links des Weges auf. Es änderte sich nichts an meiner Beobachtung, dass die Erwachsenen überall in Paaren schwammen. Das war eine erste wichtige Erkenntnis für mich. Dekaden später wurden diese Zählungen zu einem wichtigen Indiz für den Zustand eines geplagten Lebensraumes.

Jetzt wollte ich wissen, was die Fische eigentlich fressen. Fischforscher schauen sich dafür den Mageninhalt an, Tausende Fische haben das bisher mit ihrem Leben bezahlen müssen. Ich aber konnte unmöglich zu einem Killer der Plakatfarbigen werden und machte es anders. Ich schwamm einem einzelnen Fisch für eine Stunde hinterher und zählte aus, wie oft und an was er fraß. Daraus wurden 36 Stunden, in denen ich als erwachsener Mann einem kleinen Fisch folgte. Und Erstaunliches kam dabei heraus. Jeder war auf seine Art ein Spezialist. Einer fraß nur Korallenpolypen der Steinkorallen; er wird uns später im Kapitel 18 noch einmal begegnen. Ein anderer nibbelte nur an Weichkorallen, und schließlich gab es den opportunistischen Allesfresser, der auch der häufigste Schmetterlingsfisch war. Er schaffte es sogar, Plankton zu fressen. Seinen schnellen Schnappbewegungen nach der flüchtigen, winzigen Beute konnte ich jedoch nicht zählen. Ich sah aber, dass ich es mehr oder weniger mit Fischen verschiedener Berufe zu tun hatte. Auch das war eine wichtige Einsicht.

Ich hatte Zahlen in der Hand, denen ich jetzt statistische Fragen stellen konnte. Statistik entwickelte sich später unter Biologen zu einem inflationären Muss, mit dem sie eine gewisse Sauberkeit ihrer Arbeit dokumentierten und später die Gutachter ihrer Arbeit beeindruckten. Allerdings hatte ich während meiner Universitätszeit durch Jürgen Jakobs in München gelernt, dass die Voraussetzungen für die Anwendung solcher Tests nicht leicht zu finden sind. Ebenso war aber auch unzweifelhaft klar, dass wissenschaftliche Ergebnisse erst dann aussagekräftig sind, wenn nachgewiesen ist, dass sie nicht auf Zufall beruhen.

Nun dehnte ich meine Plakatfarben-Studien auf viele Riffe an der Ostküste des Sinais aus. Konrad Lorenz spendierte mir eine Forschungsreise in den Westlichen Indischen Ozean. Auf den Riffdächern und an ihren Kanten schwamm ich lange Strecken, sogenannte Transsekts, und schrieb jeden Fisch auf, der mein Gesichtsfeld kreuzte. Ich hätte ein Diplom in Langstreckenschwimmen verdient. Und hier im Westlichen Indischen Ozean wurde mir die Bedeutung der Plakatfarben endlich bewusst.

Vor Eilat traf ich nur 8 Chaetodon-Arten an, vor der Komoreninsel Mayotte 14, vor Anjouan 15 und in Madagaskar maximal 20 Arten. Ich hatte jetzt Zahlen von einigen Tausend Begegnungen protokolliert. Alle diese Arten konnten sich durch ihre nahe Verwandtschaft kreuzen und Hybride bilden. Unterschiedliche Art-Plakatierung könnte helfen, Fortpflanzungs-Fehltritte zu vermeiden.

Und in der Tat fand ich – zwar sehr selten, aber immerhin – Hybride und immer nur solche, die farblich einer anderen Art ähnlich sahen. Die Hybridbildung fand auch nur bei solchen Arten statt, die im Revier selten waren. Evolutionsforschern ist das keine Unbekannte. Wenn sich ein Genpool von einem anderen unterscheiden will, so sollte er sich anders uniformieren. Forscher nennen so etwas »character displacement«. Offenbar plakatierten die Plakatfarbigen zusätzlich auch ihren Beruf.

Konrad Lorenz hatte in der Tat richtig gesehen, als er die wunderschönen plakativen Farben der Riff-Fische als soziale Signale deutete, die innerartliche Aggression auslösen und damit der Verteilung der Individuen über ihren Lebensraum dienen. Meine Beobachtungen addierten zu diesem Wissen, dass sie unter dem Selektionsdruck entstanden, der durch die Nähe zahlreicher anderer verwandter Arten ausgelöst wurde. Die Farbe war also ein Unterscheidungscharakter der Arten, um Kreuzungen und Fehlverpaarungen zu vermeiden, gewissermaßen eine Hybridisationsbarriere.

Aber eines störte mich noch. Ich hatte unzweifelhafte Belege, dass die Plakatfarbigen durchweg dauermonogam waren – und zwar statistisch hoch signifikant, so würde es ein heutiger Jungbiologe sagen. Ich hatte das Gefühl, den Stein der Weisen noch nicht gefunden zu haben. Ich schlug deshalb den riesigen Aktendeckel zu, der alle meine Beobachtungen sammelte und beschriftete ihn mit »Hassliebe«. Für Jahre versackte er in meiner Bibliothek, und wie ich einer befriedigenden Lösung doch noch näher kam, berichte ich in einem späteren Kapitel.

Zehn Jahre sollte es dauern, bis ich meine Arbeiten an den plakatfarbigen Schmetterlingsfischen veröffentlichte, und ich freute mich sehr, dass Konrad Lorenz sie noch kurz vor seinem Tod zu lesen bekam.

Lorenz' Nachfolger wurde sein Assistent Wolfgang Wickler. Viele Jahre sollten wir zusammenarbeiten. Sein legendärer, mittäglicher »Wickler Kaffee« wurde zu einer Lehrstunde in Zoologie, für jeden am Institut ein großer intellektueller Gewinn. Wolfgang Wickler ließ jeden von uns an seinem gigantischen Detailwissen in der Biologie teilhaben, und ich vermisste die Zwiegespräche mit ihm sehr, als seine Seewiesener Abteilung geschlossen wurde und die Max-Planck-Gesellschaft mir großzügig Räumlichkeiten in Tutzing zur Verfügung stellte.

4 Schuppentiere – weder stumm noch dumm

In Dished El Daba, auf der ägyptischen Seite des Roten Meeres, hatte ich einige Röhrenaale in 42 Metern Tiefe gefangen. Sie einmal längere Zeit unter Wasser zu studieren, war für mich seitdem ein Ziel. In meiner israelischen Doktorandenzeit beobachtete ich deshalb – gewissermaßen außerplanmäßig neben meinen Lorenzianischen Plakatfarbigen – diese agilen und nur fingerdicken Aale, deren Verhalten noch ein Buch mit sieben Siegeln war. Man wusste nur, dass sie sich bei Gefahr schnell rückwärts in ihre Röhren, in denen sie verankert waren, zurückzogen. Sie lebten auf offenen Sandböden, waren zahlreichen Fressfeinden ausgesetzt und ernährten sich von Plankton, das durch Strömungen herangetrieben wurde – eigentlich die Domäne vieler wirbelloser Tiere.

Die Röhrenaale waren etwas ganz Besonderes. Vor dem Aqua Sport Diving Center in Eilat lebten sie in nur vier bis zwölf Metern Tiefe, und das war die richtige Tauchtiefe für mich, um sie ohne lange Dekompressionszeiten eines Gerätetauchers stundenlang anschauen zu können. Ich schritt auch sofort zur Tat und beobachtete sie eine Woche lang alle zwei Stunden, und das Tag und Nacht. Es war anstrengend und einige Male schlief ich unter der

Dusche des Tauchcenters ein. Aber nach einer Woche wusste ich bereits sehr gut über ihr tägliches Leben Bescheid.

Nachts saßen sie in ihren Röhren. Kurz vor Sonnenaufgang kamen die ersten Köpfe dann heraus, die Aale schlängelten sich fast mit ganzer Körperlänge aus ihren untersandigen Verstecken und begannen, wie ordentliche Hausfrauen, den allmorgendlichen Hausputz, indem sie mit der Rückenflosse undulierten, um den in ihre Röhren gefallenen Sand zu beseitigen. Die Länge ihres Körperteils, der herausragte, nahm ich als Gradmesser für ihre Aktivität. Nach fraßloser Nacht meldete sich früh großer Hunger – und alle Aale der Kolonie kamen so weit wie möglich aus ihren Verstecken. Das war ein sehr beeindruckender Anblick. Mittags waren sie satt und lugten nur träge aus ihren Röhren. Einige schliefen vermutlich in ihren Röhren und waren nicht zu sehen, kamen gegen Abend aber noch einmal weit heraus. An einem Tag waren die Aale jedoch tagsüber nicht erschienen, und ich ärgerte mich schon, die Tauchausrüstung umsonst angelegt zu haben. Das Riftvalley der Arava-Wüste vor Eilat hatte ein Erdbeben erlebt und so wusste ich nun auch, dass diese Aale ideale Erdbebenanzeiger waren. Sie müssen die schwachen seismischen Erschütterungen wahrgenommen haben.

In dieser anstrengenden Woche sah ich aber auch, dass die Aale mit den unterschiedlich starken Gezeitenströmen ihre Körperstellung veränderten. Bei schwachen Strömungen schnappten sie in alle Himmelsrichtungen nach Plankton, bei starker Strömung war ihr Körper sichelförmig konkav eingebogen und der Kopf schaute nur nach vorn. Ich wollte auch wissen, ob die Röhren senkrecht nach unten gegraben waren und wie sie eigentlich verliefen. Mein Freund Sebastian Holzberg aus München hatte ein sehr spezielles Aquarium gebaut, zwei dicht beieinander stehende Plexiglasscheiben, die wir mit kleinen Glasperlen füllten. Wir setzten gefangene Aale hinein und filmten im Gegenlicht ihr

Die scheuen Röhrenaale sind die einzigen festsitzenden Wirbeltiere.
Ich lernte sie in- und auswendig kennen.

Eingraben. Sie schlängelten sich mit kurzen Stößen in die Glasperlenschicht und viele – aber keineswegs alle – gruben dicht unter der Oberfläche.

Dieses Wissen brachte mir einige Essenseinladungen ein. Bei der Wette ging es darum, wer so einen Aal mit der Hand fangen könnte. Die meisten buddelten erfolglos, tief in den Sand unterhalb des Röhreneingangs. Ich griff kurzerhand einen Meter neben dem Röhreneingang in den Sand, verriet aber niemandem mein Wissen. Vorher hatte ich mich durch einen Blick in die Röhre vergewissert, in welcher Richtung sich der Aal eingegraben hatte – meistens war ich erfolgreich.

Ich hatte in der Zwischenzeit alle Aal-Löcher kartografiert und ihre Durchmesser bestimmt. Da fiel mir plötzlich auf, dass viele Aale paarweise standen – immer ein großes neben einem kleinen Loch. Und es waren in der Tat Männchen und Weibchen, in den großen Löchern saßen die Männchen von fast einem Meter Länge. Jetzt hatte ich auch eine grobe Idee von ihrer sozialen Organisation. Im späten Frühjahr merkte ich außerdem, dass die großen Männchen begannen, sich gegenseitig zu verprügeln: Sie standen sich oft breitseits und für Minuten mit ihren gertenschlanken Körpern gegenüber, fuchtelten wild mit ihren Miniaturbrustflossen, und der Gewinner biss den Verlierer schließlich in den Kopf – anschließend nickte er, wohl um seine Überlegenheit zu bekräftigen. Das sah wirklich kurios aus und oft musste ich dabei unter Wasser lachen, was nicht ganz ungefährlich war, weil man dabei das Mundstück des Tauchgerätes leicht verlieren konnte.

Und eines Morgens war es dann so weit. Ich wurde zum ersten Mal Augenzeuge, wie die Aale Sex hatten. Das kleinere Weibchen hatte sich etwa drei Zentimeter neben dem Männchen positioniert und es ganz zart umschlungen. Ich fing ein Paar und sah, dass große Eier aus dem Bauch des Weibchens quollen und zu

Boden fielen. Das Männchen litt durch die Nähe aggressiver anderer Männchen. Während des Laichvorgangs und umschlungen von seinem Weibchen, musste er sich gegen andere Männchen verteidigen. Das passierte sehr häufig. Ein lustvoller Vorgang – mal vermenschlicht gesagt – war das sicherlich nicht, zeigte er doch, welche Konkurrenz unter den Männchen um die Weibchen herrschte.

Ich war sehr überrascht, eine komplizierte Koloniestruktur unter den Röhrenaalen zu finden. Sie war der benthischen Lebensweise dieser merkwürdigen Aale geschuldet und sicher ganz anders als die unseres heimischen *Anguilla*-Aales, dem ich später in der Sargassosee und im Pazifik nachforschte.

Und noch eine Frage interessierte mich brennend: Wenn den Aalen ihre Nahrung entgegenströmt, wann schnappen sie dann zu? Mein Freund Amatzia Genin, der spätere Direktor des Interuniversity Laboratory in Eilat, beschäftigte sich schon lange mit der Frage, wie Planktonfresser ihre Nahrung anvisieren und zuschnappen. Das klingt zunächst trivial, aber das ist es keineswegs.

Ich lernte, dass die Fische denselben Trick wie das Militär anwenden. Flaksoldaten wissen, dass sie beim Zielen auf ein feindliches Flugzeug keinen Erfolg haben, wenn sie das Flugzeug direkt anpeilen. Ihr Geschoss hat eine bestimmte Flugzeit, und das Flugzeug hat sich dabei auch ein Stück weiter bewegt. So lernen die Soldaten, ihren Zielpunkt *vor* das fliegende Objekt zu richten. Amatzia entdeckte, dass es freischwimmende Planktonfresser ebenso taten. Sie mussten berechnen, wann die Beute schnappgerecht eintraf, um erfolgreich zu sein.

Die Röhrenaale machten es wahrscheinlich bei starker Strömung auch so. Eine Schülerin Amatzias, Alexandra Krizman, hat die Strömungsphysik der Röhrenaale untersucht, den Widerstand durch Strömung und die Wirkung hydrodynamischer Kräfte auf deren Körper. Alexandra fotografierte die Aale dreieinhalb

Minuten lang alle zehn Sekunden von der Seite und selbst bei neunfacher Wassergeschwindigkeit fraßen sie noch. Dabei entdeckte sie, dass die Aale selbst bei starker Strömung durch ihre sichelförmige konkave Körperhaltung weiter fressen und dabei das höhere Nahrungsangebot nutzen – eine fantastische Anpassung. War die Strömung sehr schwach oder gar nicht vorhanden, standen sie wie ein Blumenstrauß in der Vase und schnappten in alle Richtungen. Anders bei starker Strömung, denn dabei fliegt das Planktonteil sehr viel schneller heran und vorbei.

Diese komplizierte Physik und besonders der richtig »berechnete« Zeitpunkt des Zuschnappens ist vermutlich genetisch nicht vorprogrammiert – es musste ein kognitiver Prozess, eine Leistung des Gehirns, sein. Diese Aale waren nicht dumm und keineswegs kleine Roboter, die automatisch funktionierten.

Dass Fischgehirne zu überaus komplizierten Leistungen fähig sind, lehrte mich schließlich Nemo, der Seeanemonenfisch *Amphiprion,* den ich über vier Jahre hinweg in Eilat beobachtete. *Amphiprion* lebt für viele Jahre in dauerhaften Paaren mit den größeren Weibchen als dominantem Part dieser Fischehe. So entdeckte ich, dass der Fisch als Männchen geboren wird und schließlich sein Geschlecht zum Weibchen wechselt. Bringt man also zwei Männchen zusammen, setzt es zunächst heftige Prügel, und der Dominante wird zum Weibchen. Das kann sehr schnell gehen, innerhalb von zwei Wochen etwa.

Vor meiner Erkenntnis wunderte ich mich immer, dass die zwangsverpaarten Männchen innerhalb kurzer Zeit friedlich miteinander waren. Der Verdacht kam also auf, dass sie sich schnell individuell erkennen und das ließ sich leicht testen. Bot ich einem Partner in einem Wahlversuch einen völlig Fremden gegen einen für 10 Minuten zwangsverpaarten Partner, so griff er nur den Fremden an – er musste den Zehnminutenpartner erkannt haben.

Jetzt wollte ich wissen, wie lange er sich an den Zwangsverpaarten erinnern konnte: eine Stunde, einen Tag, eine Woche lang oder gar noch nach einem Monat? Ja, das Ergebnis war eindeutig: Nach einem Monat griff der Partner nur den Fremden, nicht aber seinen Zehnminuten-Zwangspartner an, er hatte sich an ihn erinnert. Chapeau, du kleines Amphiprionhirn!

Ein Feldforscher aber gibt sich mit einem Ergebnis meist nicht zufrieden, also testete ich das Amphiprionhirn weiter. Ich siedelte ein Amphiprionpaar in einer anderen weit entfernten Anemone an. Nach einem Jahr transportierte ich beide Partner in die Nähe ihrer Heimatanemone zurück und entließ sie einzeln, aber an einer Position, von der aus sie die Anemone nicht sehen konnten. Um sie zu finden, mussten sie sich an Landmarken aus der Umgebung erinnern!

Männchen wie Weibchen schwammen schnurstracks auf dem kürzesten Weg zu ihrer Anemone. Noch nach einem Jahr also erinnerten sich die Fische aufgrund von Landmarken an ihre alte Heimat. Ich hatte die Wege beider Partner in eine Karte eingetragen. Zur Kontrolle entließ ich einen fremden, nicht ortskundigen *Amphiprion* an der gleichen Startposition und zeichnete ebenfalls seinen Schwimmweg auf. Unsicher wippte er auf und ab. Er fand die Anemone nicht, und seine Unsicherheitssignale machten einen Zackenbarsch aufmerksam, der ihn in Sekundenschnelle fraß.

Diese einfachen Experimente zeigten mir, dass *Amphiprion* ein ungewöhnlich gutes Gedächtnis hat. Jetzt wollte ich aber auch wissen, an welchen Merkmalen der Partner erkannt wird. Meine Frau Simone zog ihm ein kleines Mäntelchen an und verdeckte so die Zeichnungsmuster des Partners. Jetzt bestand nur die Möglichkeit, dass der Partner durch Laute erkannt wurde – *Amphiprion* ist nämlich ein sehr tonbegabter und gesprächiger Fisch.

Mir tat es fast leid, als ich den Mantelfisch in die Anemone zu seinem Partner zurücksetzte. Er wurde vehement angegriffen, gebissen und mit einer Kaskade von Togg-Togg-Lauten beschimpft. Zeichnungsmuster mussten es also sein, an denen sich die Partner erkennen. Aber welche genau? Betrachtet man mehrere *Amphiprions*, erkennt man sehr schnell, dass ein großer weißer Streifen hinter den Kiemen eine große Variabilität aufweist.

»Nemo« im Schaumstoffmantel – so testeten wir das individuelle Erkennen der *Amphiprions*. Der Streifen hinter dem Kopf ist das persönliche Markenzeichen.

Ein Schnellversuch bewies es. Wir narkotisierten zwei *Amphiprions*, einen Fremden und den Partner. Wir nahmen die Betäubten in die Hand und ließen nur den Kopf mit dem Streifen herausgucken. Boten wir gleichzeitig beide Fische in einem Wahlversuch, wurde nur der Fremde angegriffen, nicht jedoch der Kopf mit dem Streifen des Partners. Auch nach einem Seitenwechsel der Hände änderte sich nichts.

Ich verfeinerte den Versuch mit nur einem Fisch: In weichen Schaumstoff schnitt ich einen Schlitz hinein und schob den Kopf des narkotisierten Partners zunächst so hindurch, dass man die individuellen Streifenmuster nicht sah. Als ich schließlich den Schaumstoff mit dem Narkosefisch vor die Anemone setzte, attackierte der Partner den herausschauenden Kopf vehement, sodass ich den Versuch aus Mitleid für den Narkotisierten abbrach. Dann schob ich den Kopf weiter heraus, sodass man den Streifen sah, und etwas ungemein Bewegendes geschah. Sein Counterpart war aufgeregt und sauste mit erhöhter Geschwindigkeit mehrmals um das Fisch-Schaumstoff-Gebilde, doch er biss den Partner nicht, er hatte ihn erkannt.

Das aufregendste Experiment mit *Amphiprion* führte mich schließlich in Sphären, die eigentlich nicht in die Welt der Fische gehören – es ging um empathisches Verhalten, darum, zu wissen, was ein Anderer denkt und fühlt. Ich habe vielen Kollegen und auch Psychologen von den Ergebnissen erzählt und stieß bei allen auf großes Interesse, aber ein klares Ja oder Nein auf die Frage, ob Fische empathisch seien, traute sich keiner zu geben – Fische dürfen so etwas nicht haben. Empathie ist die alleinige Domäne des Menschen und der höheren Wirbeltiere: der Affen, Elefanten und vielleicht noch einiger domestizierter Haustiere.

Ich hatte wieder einen Paarpartner narkotisiert und legte den Bewegungslosen dicht vor die Heimat-Anemone. Der Partner war aufgeregt und tat etwas, das ich nicht erwartet hatte. Er schwamm verhalten auf den still seitlich daliegenden Partner zu und versuchte, ihn mit dem Kopf aufzurichten. Hatte er erkannt, dass die Lage seines Partners unnatürlich und falsch war? Wollte er ihm helfen? Die Reaktion überraschte mich sehr. Als ich einen narkotisierten Fremden an die gleiche Stelle legte, gewissermaßen zur Kontrolle, wurde dieser böse attackiert, an den Flossen gepackt und hin- und hergerissen. Ich stoppte ihn, weil mir der Angegriffene leidtat. Und ich muss außerdem erwähnen, dass nicht alle *Amphiprions* auf ihren bekannten narkotisierten Partner so reagierten. Die Gründe dafür kenne ich nicht.

Die Interpretation des Verhaltens, ob es sich nun um Empathie handelt oder nicht, ist Ansichtssache. Mein Lehrer Professor Ulrich in Berlin würde dazu seinen oft wiederholten Spruch aufsagen: »Wie will ich nachweisen, ob es der Biene unter dem Flügel juckt.« Ebenso unmöglich ist es für Neurobiologen nachzuweisen, wie sich aus biochemischen Laufwegen von Spikes in den Nervenbahnen und Anhäufungen von elektrischen Gehirnsignalen subjektiv Erfahrungen wie Liebe, Hass, Demut, Großkotz und anderes generieren.

Trotz allem: Im Fischvolk gibt es noch viel Unerwartetes zu entdecken. Ein weiteres Beispiel ist ihr Werkzeuggebrauch. Natürlich sind den Fischen dabei Grenzen gesetzt – sie haben keine Beine und keine Arme, nur ihren Kopf und das Maul. Man kann nicht erwarten, dass sie wie Schimpansen mit einem präparierten Stock auf Jagd nach versteckter Beute gehen oder wie Dohlen mit hergestellten und wiederverwendbaren Stöckchen ihre Nahrung suchen.

Und doch fand ich Werkzeuge: Einige Riff-Fische hatten eine besondere Vorliebe für die großen stachligen *Diadema*-Seeigel.

Mit trickreichen Techniken versuchten sie, an die weniger mit Stacheln besetzte Unterseite des Seeigels zu kommen. Einige Drückerfische bliesen dafür den Seeigel einfach um und bissen ihn dann in diese ungefährliche Mundseite, um an seine schmackhaften Innereien zu kommen. Andere knabberten die Stacheln einzeln ab, zogen den Seeigel an den Stachelstümpfen aus den Verstecken ins Freiwasser und ließen ihn fallen. Beim Hinuntertrudeln zum Boden bissen sie zu.

Einige Lippfische hatten wieder eine andere Technik. Sie umkreisten den Seeigel und suchten eine Stelle, wo sie zwischen den Stacheln auf den Seeigelkörper zustoßen konnten und nahmen den ganzen Seeigel ins Maul. Jetzt hatten sie nur ein Problem: Aus dem Maul ragte ein fast zehn Zentimeter langes Stachelbündel heraus. Und als ich einem dieser Lippfische folgte, machte ich eine erstaunliche Entdeckung. Er schwamm nach Hause, in sein Territorium, wo er an einem Korallenblock durch seitliche Kopfschläge die Stacheln zertrümmerte. Andere Stacheln lagen bereits am Boden, also hatte er diese Stelle schon früher benutzt – er hatte gewissermaßen einen Amboss zu Hause, wo er seine Seeigelbeute durch die seitlichen Kopfschläge zerkleinerte.

Ich fand im Japanischen Garten mehrere Stellen mit abgebrochenen Seeigelstacheln – das hieß, dass die Zerkleinerungstechnik hier ein gängiges Verfahren war. Zwei Arten waren die Hauptverdächtigen unter den Seeigelkillern mit Kopfschlagtechnik: *Cheilinus trilobatus* und der größere *Coris aygula*. Kürzlich entdeckte ich eine Publikation, in der ein australischer Forscher die Kopfschlagtechnik ebenfalls beschreibt. Es muss ein globales Verhalten der großen Lippfische sein.

Dann sah ich eines Tages einem *Cheilinus* zu, wie er einen Stein umwarf und einen darunter liegenden Schlangenstern erbeutete. Die spinnenartigen, langen Arme des Schlangensterns hingen aus seinem Maul heraus. Auch die kürzte er durch einen gezielten Seitwärtsschlag des Kopfes. Die Seeigelkiller sollten mir den Blick schärfen für die kognitiven Leistungen der Fische, und ich verliebte mich in einen großen blauen Drückerfisch, *Pseudobalistes fuscus*. Es begann damit, dass ich im Japanischen Garten in Eilat einen Fuscus beobachtete, der ganz gezielt einen Seeigel aus einem Versteck befreite und dabei in geordneter Weise – so wie ich es als *Homo sapiens* auch getan hätte – durch Wegtragen aller möglichen Hindernisse freilegte. Das war so überraschend für mich, weil dadurch ganz deutlich klar wurde, dass dieser Fisch Einblick in die räumliche Situation hatte. Konrad Lorenz würde dazu auf akademisch sagen, er habe eine zentralnervöse Repräsentanz des Raumes.

Fuscus wurde mein Freund, und ich nannte ihn nach einer anderen Gattung der Drückerfische liebevoll Odonus. Er war immer da, wenn ich in sein Revier schwamm, und forderte seinen Obolus. Taucher fütterten ihn gern und natürlich war mir klar, dass er jeden vorbeischwimmenden Taucher anbettelte. Die schwarzen Anzüge mit den gelben Flaschen auf dem Rücken, die ununterbrochen Blasen ausspuckten, waren das beste Signal, diesem merkwürdigen, gar nicht fischigen und noch dazu ungefährlichen Wesen hinterherzuschwimmen. Vermutlich war ich aber doch der Einzige, der ihn jedes Mal mit einem Seeigel belohnte. Dass Odonus mich von anderen Tauchern unterscheiden konnte, bezweifelte ich, unsere Freundschaft ging also einseitig von mir aus.

Sein räumliches Vorstellungsvermögen stellte ich als Erstes auf den Prüfstand. Ich hatte einen großen sechseckigen Stern mit fluoreszierender roter Farbe angemalt, ein Gegenstand, den

Die räumliche Wahrnehmung ist für ein Tier keine Selbstverständlichkeit. Odonus löst spielend räumliche Probleme.

er in seinem 10- bis 15-jährigen Fischleben garantiert niemals gesehen hatte. Ich nahm eine flache Glasschale mit einem Seitenrand von vielleicht 10 Zentimetern Höhe und zeigte Odonus, der mich bereits umkreiste, einen Seeigel, den ich hineingelegt hatte. Dann bedeckte ich das Gefäß mit dem leuchtenden Stern, der jetzt gewissermaßen als Hindernis fungierte. Odonus schwamm näher heran, betrachtete die Situation, biss ohne zu zögern in eine Spitze des Sterns und zog ihn blitzschnell zur Seite. Das alles passierte innerhalb von Sekunden. So viel Entschiedenheit hatte ich nicht erwartet!

Doch jetzt kam der ultimative Test. Ich nahm nun einen anderen Glaszylinder gleichen Durchmessers, aber mit sehr hohem Rand und wiederholte den Versuch. Der Stern war nun kein offensichtliches Hindernis mehr; er schwebte gewissermaßen hoch oben über dem Seeigel. Und Odonus tat das, was ich erwartet hatte: Er kam näher, sah den Seeigel und blies ihn vehement an. Des Glaszylinders wegen natürlich erfolglos. Odonus wurde sauer, seine Blaseattacken intensiver, kürzer und häufiger. Er verfärbte sich gräulich und da wusste ich: Jetzt war er hoch aggressiv. Odonus hatte die Probe glänzend bestanden. Seine Reaktion zeigte, dass er die Situation »Hindernis/Seeigel« räumlich durchdacht und sie in der von mir vorhergesehenen Weise gemeistert hatte. Mit dem Glaszylinder hatte ich ihn freilich reingelegt. Konrad Lorenz hatte wieder einmal recht, dachte ich.

Jetzt wollte ich Odonus' Emotionen näher kennenlernen. Erkannte er sich vielleicht selbst? Dann müsste er sich vor seinem eigenen Spiegelbild friedlich verhalten. Ich klapperte in Eilat einige Hotels ab und konnte mich schließlich vor lauter Spiegeln kaum retten. Überall gab es sie, weil die Hotels sich vor dem neuen Touristenansturm ihrer fleckigen alten Spiegel entledigten. Mir waren die Flecken egal und Odonus sicherlich auch. Er wurde jedenfalls halb verrückt, als er sich sah. Odonus erkannte sich nicht. Sein Spiegelbild erregte ihn zu wildesten Angriffen und dabei rutschte er an den Rand des Spiegels. Weg war sein Feind! Sofort suchte er ihn hinter dem Spiegel, mittlerweile wieder hoch aggressiv und grau geworden.

Ich wollte ihn länger vor dem Spiegel haben und platzierte deshalb einen Seeigel davor. Aus Respekt vor dem in Rage geratenen Odonus, nahm ich meinen Schnorchel und stupste den Seeigel in eine geeignete Position, den Arm weit ausgestreckt. Das war dem Fisch trotzdem zu viel. Er stürzte sich auf mich und trieb den Experimentator in die Flucht. Wer die Zähne von Odonus einmal gesehen hat, kann verstehen, weshalb ich das Weite suchte. Ein englischer Taucher erzählte mir einmal, dass er nach einem Biss ins Krankenhaus musste.

Jetzt wollte ich wissen, wie Odonus reagiert, wenn man vor seinen Augen einen Seeigel versteckt. Ich zeigte ihm den Seeigel, legte ihn in einen Kochtopf und schloss diesen mit einem Deckel. Weg war der Seeigel – unsichtbar. Souverän kam Odonus näher, verweilte drei Minuten, kreiste um den Topf und hob nach mehrmaligen Versuchen schließlich den Deckel ab.

Bernhard Grzimek hatte schon früher Versuche mit vergrabener Beute mit Hunden, Wölfen und Pferden gemacht, um deren Erinnerungsvermögen zu testen. Das Pferd blieb nur 6 Sekunden vor Ort, der Hund jedoch 63 Minuten. Grzimek schloss daraus: Sind Tiere es gewohnt, Beute oder Gegenstände zu verstecken und Ortsgedächtnis dafür zu entwickeln, schneiden sie besser ab. Es wundert nicht, dass ein Pferd als Weidegänger, der Futter niemals versteckt, schneller aufgibt als ein Hund.

Das Erinnerungsvermögen ist also an die Lebensweise angepasst. Der Versuch zeigte aber auch, dass solche Vergleiche zwischen Tieren unsinnig sind und keine Aussage darüber erlauben, ob sie dumm oder klug sind. Die dreiminütige Erinnerung von Odonus sagte lediglich aus, dass er generell nach versteckter Nahrung sucht. Ich hatte an Odonus während seines Problemlöseverhaltens einige gezielte Handlungsabfolgen mit einem Zeitschreiber verfolgt. Das reichte vom Blasen gegen das Gefäß, über versuchtes Stachelknabbern, Beißen in den Gefäßrand, Abheben des Deckels bis zum finalen Tötungsbiss.

Das war vor 43 Jahren, und was ich damals niederschrieb und veröffentlichte, würde man mittlerweile als Algorithmen bezeichnen – heute ein fast inflationär auftauchender Begriff, der von dem israelischen Historiker Yuval Noah Harari in seinem sensationellen Buch *Homo deus* als *die* Methode des Erkennens in allen Bereichen unseres täglichen Lebens und in unserer eigenen menschlichen Evolution beschrieben wird.

Odonus' Problemlöseverhalten publizierte ich in der *Zeitschrift für Tierpsychologie* unter dem Titel »Lösen einfacher Probleme bei einem Fisch«. Die Arbeit war auf Deutsch geschrieben und keiner las sie. Das Dilemma bestand darin, dass sich englischsprachige Kollegen kaum um ausländische Literatur bemühten.

In *Nature* habe ich das bezüglich der Fischliteratur angeprangert. »Sind etwa alle Publikationen in Holländisch, Deutsch, Französisch, Japanisch oder Russisch (alle mit einer englischen Zusammenfassung) unter Standard? Etwa die Arbeit des Nobelpreisträgers Karl von Frisch über das Hören der Fische? Es gibt viele Arbeiten dieses Kalibers in der nicht-englischen Fachliteratur.«

R. M. Yerkes hatte schon 1937 bei Untersuchungen an Gorillas ähnliche Handlungsanweisungen wie ich an Odonus beschrieben. Er teilte sie in mehrere Schritte und, wobei mich der vierte besonders interessierte: »Im Fall des Nichterfolgs Versuch neuer Methoden. Der Wechsel zur neuen Methode ist plötzlich.« Yerkes hatte also Gorillas Algorithmen beschrieben und ich fragte mich: Stimmte der vierte Schritt wirklich?

Ich hatte Odonus darauf trainiert, den knallroten Stern vom Glas zu werfen, um an den Seeigel zu kommen. Das war innerhalb kürzester Zeit gelungen: Dann aber nahm ich den Stern und warf ihn vor Odonus ins Riff – und etwas Seltsames geschah: Odonus biss in den Stern, warf ihn um, sah keinen Seeigel – und abermals hebelte er den am Boden liegenden Stern um. Das tat er 27 Mal hintereinander. Ich war so überrascht, dass ich ihm schließlich den Stern aus Mitleid wegnahm. Allerdings spielten auch – ich will es ehrlich gestehen – finanzielle Überlegungen eine Rolle, denn ich filmte den Vorgang mit teurem 16-mm-Filmmaterial.

Ich wiederholte das Experiment später mit anderen Fuscus und hatte das gleiche Ergebnis. Kritiker könnten sagen, die Fische taten es aus Spieltrieb. Ich halte dagegen, dass Odonus bei seiner Seeigelsuche kein Pardon kennt und sicher nicht zum Spielen aufgelegt ist. Jetzt interessierte mich noch, ob bei Unterbrechung eines Schrittes in der Handlungsabfolge der Schritt so oft wiederholt wird, bis das Endziel erreicht ist. Bedeutete das

Verhalten von Odonus, dass erst das Ergebnis eines Schrittes erfolgreich sein musste, bevor er den nächsten tat? Ich selbst würde, wie ich mich kenne, nach einem oder zwei Schritten aufhören und hätte gelernt, dass Fortfahren zwecklos ist. Nicht so Odonus. Algorithmusforscher könnten das sicher erklären.

Odonus steht bei seiner Nahrungssuche vor komplizierten Aufgaben, und ich war stets voller Bewunderung, wie zielstrebig er arbeitete, um an einen versteckten Seeigel zu kommen. Er hat im Laufe der Evolution spezielle Fähigkeiten entwickelt, um die Probleme zu lösen, denen er täglich ausgesetzt ist. Bei komplexen Problemen reichten die einfachen angeborenen Methoden nicht mehr. Er brauchte flexible Lösungen – und die wollte ich kennenlernen.

Der Kochtopfversuch gab mir erste Hinweise für die sogenannte Objektpermanenz; der im Topf verschwundene Seeigel blieb für ihn weiterhin existent, obwohl er ihn nicht mehr sah. Aus einem großen schwarzen Plastikrohr von 15 Zentimetern Durchmesser baute ich eine Reihe identischer Behälter, die ich mit einem runden Deckel verschließen konnte. Odonus lernte schnell, dass er nach Beseitigung des Deckels darunter einen schmackhaften Seeigel fand.

Ich machte jetzt den bekannten Hütchenversuch und bot ihm zwei identisch aussehende Behälter. Vor seinen Augen verschwand ein Seeigel in einem der Behälter. Dann verschob ich – einmal schnell, einmal langsam – ihre Seiten. War ich schnell, konnte Odonus nicht folgen und machte Fehler. War ich langsam, folgte er meinen Bewegungen akkurat, wählte richtig und belohnte sich danach mit seiner Lieblingsbeute. Hunde, Katzen und Schweine scheitern bei solchen Versuchen.

Der große Entwicklungspsychologe Jean Piaget entdeckte, dass Objektpermanenz beim Menschen keineswegs angeboren ist, sondern im Verlaufe der kognitiven Entwicklung eines Kindes erworben wird. Das sah ich auch bei einem Versuch mit meiner zwanzig Monate alten Enkelin Theresa. Ihr hatte ich die gleichen Behälter wie Odonus zur Wahl gestellt, nur dass ein Tennisball den Seeigel ersetzte. Bei schnellen Bewegungen machte auch sie erst Fehler, aber als sie 28 Monate alt war, wählte sie zügig und bei schnellen wie langsamen Bewegungen richtig.

Bei Odonus stellte ich nach meinen vielen Experimenten fest, dass er sich im Verlaufe unserer »Bekanntschaft« in vielen Handlungen durch Anpassung verfeinert hatte. Er war besser koordiniert und benutzte einmal Gelerntes, also Engramme, so, dass seine Bewegungen flüssiger wurden. Er wurde durch mich ein fittes Mitglied seines Ökosystems. Da ich mit einigen *Pseudobalistes fuscus* gearbeitet hatte und dabei sowohl Agile und Explorative als auch Scheue, Zögerliche und ziemlich Schlappe kennengelernt hatte, wusste ich, dass Drückerfische von den mir bekannten Korallenfischen die ausgeprägteste Persönlichkeit haben.

5 Aldabra – im Reich der Elefantenschildkröten

Eine kurze Zeitungsnotiz war es, die mir zu einem zoologischen Abenteuer besonderer Art verhalf. Darin stand, dass auf dem größten unbewohnten Korallenatoll der Welt, auf Aldabra im westlichen Indischen Ozean, ein unberührtes Atoll-Ökosystem existiere. Aldabra ist 34 Kilometer lang und maximal 15 Kilometer breit, liegt 620 Kilometer vor der ostafrikanischen Küste und 400 Kilometer nördlich von Madagaskar. Ich las, dass viele endemische Pflanzen und Tiere dort existieren würden, unter anderem über 150 000 Riesenschildkröten (*Geochelone gigantea*), dann die weltweit größte Kolonie von Fregattvögeln, fluglose Rallen und vieles andere – und ihnen allen drohe der Garaus. Denn 1962 hatte das Britische Verteidigungsministerium den Plan entwickelt, eine viereinhalb Kilometer lange Landebahn für Militärflugzeuge dort zu installieren, und zwei Jahre später mit den USA einen Vertrag für eine 50-jährige Nutzung abgeschlossen. Was diesen Plan vereitelte, war nicht der Aufschrei der Royal Society London, der BBC, der Printmedien oder vieler internationaler Naturschützer, sondern die Entwertung des Britischen Pfundes – eine ökonomische Krise schützte das Atoll.

Die Royal Society übernahm das Zepter und baute eine Station, die am 30. Juni 1971 eröffnet wurde und zu einem Zentrum für die wissenschaftliche Erforschung und den Naturschutz des Atolls werden sollte. Möglichst schnell musste ein vollständiges Inventar der terrestrischen und marinen Fauna und Flora erstellt werden. 1982 wurde Aldabra unter der Schirmherrschaft der Seychelles Island Foundation zum Weltnaturerbe der UNESCO deklariert, die Zukunft des Atolls war gerettet.

Von Aldabra hatte ich zuvor nie etwas gehört und wunderte mich deshalb, vier Jahre nach Eröffnung der Forschungsstation von der Royal Society zu einer denkwürdigen Expedition eingeladen zu werden – sie nannte sich »Intersexenparty«, was leicht missverstanden werden konnte. Es war ein Treffen von Experten, die sich mit der Intersexualität von Korallenfischen beschäftigten. Der Star unter ihnen war Ross Robertson von der Smithsonian Institution in Panama. Er hatte gerade den sozial kontrollierten Geschlechtswechsel des weit bekannten Putzerfisches *Labroides dimidiatus* entdeckt, der oft in kleinen Harems lebt. Der Dominante der Gruppe – der Boss – wird zum Männchen.

Ich hatte beinahe ein schlechtes Gewissen, mich inmitten eines Naturwunders, eines fast unberührten Naturmuseums, eines einmaligen insularen Ökosystems nur mit Fischen zu beschäftigen. Intersexualität von Fischen ließe sich in jedem anderen Korallenriff dieser Welt auch studieren. Doch das Atoll war Evolution in Aktion. Begeistert las ich über die besondere Tier- und Pflanzenwelt, zum Beispiel, dass es auf Aldabra keine Bienen gab. Die Entfernungen vom Festland über den Ozean waren zu weit. Wie konnten da Blüten bestäubt werden? Ein schwarz-weiß gestreifter Käfer (*Mausoleopsis aldabraensis*) übernahm den Job und wurde der professionelle Pollinator.

Kurz vor meiner Abreise spazierte ich mit Alfred Schmitt vom ZDF, einem der Urväter des deutschen Tierfilms, durch den Englischen Garten in München und erzählte am Rande von meiner bevorstehenden Reise. Alfred war begeistert. Er hatte gerade eine Serie über Expeditionsziele aufgelegt und so entstand *Expeditionsziel Atoll Aldabra* fürs Abendprogramm des ZDF – zunächst per Handschlag, den Vertrag machten wir nach meiner Rückkehr. Das löste alle meine Finanzierungsprobleme, denen ich als freiberuflicher Zoologe ständig ausgesetzt war.

Ich war mehr oder weniger ein Außenseiter auf der Intersexenparty. Auch der Papst dieser Sparte, Professor Reinboth von der Universität Mainz, war dabei. Ich wollte *Amphiprion* weiter studieren, der kurze Zeit später als Nemo in Hollywood Berühmtheit erlangte. Im Roten Meer hatte ich den *Amphiprion bicinctus* beobachtet und mich darüber gewundert, dass bei diesem dauermonogamen Fisch das Weibchen immer sehr viel größer als das Männchen war. Große Männchen gab es nicht. Woran lag das?

Aldabra war für mich eine ideale Möglichkeit, diesem alten Verdacht nachzugehen. Ross Robertson und die Putzerfische mit dem durch aggressives Verhalten kontrollierten Geschlechtswechsel konnten die Antwort sein. Nur mit umgekehrten Vorzeichen, denn die Putzerfische wurden als Weibchen geboren und wurden zu Männchen. In der dauermonogamen Partnerschaft der Anemonenfische war das Weibchen aber größer, war sie vielleicht durch die Zahl ihrer Eier für den Fortpflanzungserfolg des Paares verantwortlich? Denn ein kleines Männchen kann mit seinem Samen ja auch große Weibchen befruchten. Gehörten die Nemos überhaupt in die Sparte der Geschlechtswechsler? Werden sie immer als Männchen geboren und wechseln dann zum Weibchen? Als ich zwei Männchen zusammensetzte, prügelten sie sich heftig, und der Sieger wurde dann tatsächlich innerhalb von 19 Tagen zum Weibchen. Das hieß, dass in dieser Gemeinschaft das Weibchen die Hosen anhat – Protandrie heißt diese Form des Geschlechtswechsels vom Männchen zum Weibchen.

Sie ist seltener als der umgekehrte Fall – vom Weibchen zum Männchen, Protogynie –, den Ross Robertson bei dem Putzerfisch entdeckt hatte.

Unweit der Forschungsstation entdeckte ich ein riesiges Anemonenfeld aus 173 Anemonen, das von 74 Fischen besiedelt wurde. Das gab es im Roten Meer nicht. Dort lebte stets ein erwachsenes Paar auf jeder einzelnen Anemone. Gelegentlich waren kleine Jungtiere zugegen, die vehement verprügelt wurden, wenn sie ins Gesichtsfeld der Alten gerieten. Mir tat es stets aufrichtig leid, wenn sie kopfstehend und leidenschaftlich zitterten, ein angeborenes Beschwichtigungssignal aus dem Bereich der Brutfürsorge. Hatte ich hier in Aldabra etwa eine neue Gesellschaftsform unter den Anemonenfischen entdeckt? Dort jedenfalls waren alle Fische gestandene Erwachsene.

Täglich schwamm ich durch den reißenden West-Kanal, der unweit der Station die Insel Picard von der großen Hauptinsel Grande Terre trennte. Ein nicht ganz ungefährliches Unternehmen, denn leicht hätte ich bei einlaufender Flut in die riesige Lagune und bei auslaufendem Wasser ins offene Meer abtreiben können. Haie waren meine beständigen Begleiter, und sie traten stets in Massen auf. Ich liebte diese tägliche sportliche Herausforderung.

Der Atollring von Aldabra wird von einer Reihe von Kanälen durchbrochen. Da strömt es beim Wechsel der Tiden sehr kräftig: bis zu 12 Knoten oder 6 Meter pro Sekunde. Im East Channel tauchte ich einmal bei einlaufender Flut – es wurde ein faszinierender nasser Spaceflug. Mit ziemlicher Geschwindigkeit sauste ich durch den relativ schmalen Kanal, in seiner Mitte gab es Unterwasserdünen mit Prallhang und Abrisskante. Im Schutz des Prallhangs flogen kleine Korallenstöcke über meinen Kopf hinweg in die Lagune. Selbst größere Korallenblöcke kullerten im Bett des ausgewaschenen Unterwassercanyons. Tags darauf tauchte ich

Aldabra ist unbewohnt. Alles muss auf das Atoll geschleppt werden.
Wir fühlten uns als Kolonialisten alten Stils.

auch im Grande Canal und auch das fühlte sich wie ein hyper-schneller Unterwasserflug in die Lagune hinein an, eigentlich un-heimlich. Die Sicht war schlecht und völlig unkontrolliert und hilflos war ich dem Strom ausgesetzt. Die Schildkröten dagegen paddelten mit Leichtigkeit gegen diesen Strom an. Was sind wir Menschen doch für unbeholfene Kreaturen im Wasser!

Der Kanal Passe Femme, der auf meinem täglichen »Arbeits-weg« zu dem Anemonenfeld lag, ließ sich auch nur bei Tiden-wechsel problemlos überqueren. Sehr schnell lernte ich, dass das Anemonenfeld am anderen Ufer in strikte Reviere aufgeteilt war. Ich wählte eine Gruppe von sieben Nemos aus, die ich täg-lich beobachten konnte. Und schnell fand ich auch heraus, dass die Gruppen eine größenabhängige Rangordnung hatten, ange-führt von einem Weibchen, das aggressiv und penetrant jeden zu-rechtwies. Der Zweite im Rang teilte nur nach unten aus, es war das funktionelle Männchen. Ich tat mit diesen Fischen etwas, das ich nur sehr ungern tue: Alle landeten in Alkohol. Sie wurden gewogen, vermessen, ihre Geschlechtsorgane herauspräpariert. Simone untersuchte sie später im MPI in Seewiesen. Dort, un-ter dem Mikroskop, sahen wir es: Auch die Aldabra-Anemonen-fische leben monogam. Es gab ein reifes Paar an der Spitze, doch alle Rangniedrigeren hatten unterentwickelte, unreife Gonaden – sie waren gewissermaßen psychologisch kastriert.

Jetzt verstand ich auch den Vorteil der durch Aggression ge-steuerten Geschlechtsumwandlung. Stirbt das Weibchen, über-nimmt das reife Männchen die Weibchenrolle, und ein unter-gebener, sozial Kastrierter kann sehr schnell in die funktionelle Männchenrolle schlüpfen. Der Fall war interessant und brachte uns zum ersten Mal in die prestigeträchtige Zeitschrift *Nature* – ein Bonbon für jobsuchende Jungakademiker. Außerdem ging der Artikel später in die Lehrbücher der Verhaltensökologie ein – darauf waren wir besonders stolz.

Die Lagune Aldabras ist den Gezeiten ausgesetzt. 6 Meter pro Sekunde strömt es hier, für uns ein täglicher gefährlicher Kampf.

D. R. Stoddart von der Cambridge University hat sich um die Erforschung und den Erhalt dieses einmaligen Atoll-Ökosystems große Verdienste erworben. Er fand heraus, dass dort die größte Kolonie von Riesenschildkröten lebt, die Galapagos mit ihren etwa 3000 Individuen weit in den Schatten stellt. Stoddart wies auch darauf hin, dass kleine Atolle mit weniger Landfläche nur begrenzte Habitate mit wenigen Arten von Pflanzen und Tieren haben. Im Vergleich zu anderen Atollen hat Aldabra eine große Landfläche, sodass besonders die Ornithologen eine Reihe von nur auf Aldabra vorkommenden endemischen Landvögeln nachweisen konnten – 14 Arten sind es.

Da wimmelte es von Namen, die ich als Fischforscher nicht

kannte. Der Drongo (*Dicrurus aldabranus*) oder die Aldabra-Grasmücke (*Nesillas aldabranus*) verrieten schon durch ihren Artnamen ihre Herkunft, wobei Grasmücken auf Aldabra mit nur einem Dutzend Exemplaren Rekordhalter in Sachen Seltenheitswert waren. Auch einen sehr farbenprächtigen Aldabra-Webervogel gab es, und einmal sah ich einen seltenen, kleinen Falken, der sich ausgerechnet an einer kleinen Glattechse, dem Skink, genüsslich tat. Dieser Glattechse war ich in Madagaskar auf der Spur, wo sie in der Gezeitenzone nach jungen Schlammspringern (*Periophthalmus kohlreuteri*) Ausschau hält. Ansonsten lebt sie an Land und geht in der Gezeitenzone nur auf ihren festen Wegen auf Jagd. Bevor die Flut kommt, zieht sich die kleine wasserscheue Echse an Land zurück. Hier auf Aldabra waren besonders die Seevögel ihre großen Feinde.

Ein Vogel machte Aldabra weltberühmt – die Weißkehlralle (*Dryolimnas cuvieri*), der einzige überlebende flugunfähige Vogel auf Inseln des Indischen Ozeans. Fast ausgerottet wurde sie durch uns Menschen und durch die von uns importierten Fressfeinde. Die Ralle für unseren ZDF-Film ins Bild zu bringen, erforderte Geduld. Aber sie ist extrem neugierig und Simone kam auf den Trick, mit zwei Schneckenschalen zu klappern. Flugs erschien die neugierige Ralle aus ihrem Versteck. Noch eleganter war es, die im Duett singenden Partner durch Playbacks mit ihrem eigenen Gesang zu irritieren. Sofort mussten sie nachsehen, wer die Frechheit besaß, in ihrem eigenen Territorium mitzusingen. Jedenfalls bekam ich sie auf diese Weise ins Bild.

Die Ralle erlangte später durch den südafrikanischen Ornithologen Wanless zusätzlich Berühmtheit. Der Forscher sollte die Rallen ganz in der Nähe der Forschungsstation ansiedeln. Er baute eine Umzäunung, um die Rallen vor unliebsamen Räubern zu schützen. Zu seiner großen Überraschung fand er am nächsten Tag eine tote Ratte im Verschlag. Sein Zaun hatte versagt, aber die Ralle hatte mit ihrem spitzen Schnabel den Schädel der Ratte zertrümmert – sie war zur Mörderin geworden. Fraglich ist, ob diese Wehrhaftigkeit das Überleben des flugunfähigen Vogels auf dem Atoll ermöglichte.

Um den ZDF-Film über Aldabra zu drehen, begleiteten wir die Meteorologen Mike und Tim auf ihren Kontrollgängen zum Ablesen der Regenmengen. An einem Dutzend Stellen rund um das Atoll waren Messstellen aufgebaut. Aldabra sollte nämlich in das internationale Netz des World Weather Watch aufgenommen werden.

Die erste Meteorologen-Tour führte uns nach Cinq Cases ganz am östlichen Ende des Atolls. Dort sollte es Süßwassertümpel geben und sogar Flamingos. Kurz vor dem Ziel gerieten wir in einen Mangroven-Dschungel, der die Ränder der riesigen Lagune überwucherte. Harry, ein Seychellois und angestellter Helfer der Station, kannte die verschlungenen Wege durch die Mangrove, in der ich mich hilflos verirrt hätte. Wir hatten unser Boot im Dschungel zurücklassen müssen, das Wasser war zu flach. Eine

Kolonie Tölpel empfing uns lautstark, und beim Waten durch das morastige Wasser quietschte der Schlamm unter unseren Füßen. Große *Cardiosoma*-Krabben sahen uns zu.

Nach einer Stunde erreichten wir unser Ziel, eine provisorische Hütte, ausgerüstet mit dem Notwendigsten zum Überleben. Hier war die Landschaft flach und der Boden ausgemergelt. Dutzende Schildkröten empfingen uns, die an den verdorrten Blättern der *Terminalia*-Bäume kauten. Die dem Meer zugewandte Seite war trocken und blattlos. Windabgewandt gab es grüne Blätter mit duftenden weißen Blüten. Die Blätter waren bis in die Höhe von einem Meter von Schildkröten abgefressen, die jetzt, kurz vor Mittag, faul im Schatten lagen. Silhouetten von *Pandanus*-Palmen und vielen toten Bäumen umgaben uns. Mir gefiel die Szenerie – eine kafkaeske Landschaft.

In Cinq Cases erlebte ich die Riesenschildkröten in einem »stilvollen« urzeitlichen Milieu. In der Forschungsstation und vor unserem Bungalow auf Île Picard begegneten wir ihnen auch täglich. Sie waren dort zutraulich, rannten nicht weg, und doch passten sie nicht ganz in diese menschengemachte Umwelt. Sie waren zu netten friedlichen Mitbewohnern geworden, aber trotzdem eine Art Alien. Ganz anders hier in Cinq Cases – das war ihre eigentliche Heimat, das gefiel mir.

Harry hatte schnell Zelte aufgebaut und briet eine Makrele, die er auf dem Hinweg in der Lagune gefangen hatte. Der Duft weckte die Schattenschläfer, die behände zur improvisierten Küchenstelle eilten. Wir hatten das gleiche Ziel, und plötzlich schrie Simone auf – eine Schildkröte hatte sie in ihre lackierten Zehennägel gebissen.

Am frühen Abend saßen wir beim letzten Licht der untergehenden Sonne und dem Schein einer Lampe im Camp. Es regnete in Strömen. Die archaische Landschaft vor uns war in grauschwarz getaucht und sah so noch wilder und geheimnisvoller

Eine Elefantenschildkröte war durch Zufall in einen Gezeitenpool gefallen
und trieb an der Oberfläche des einlaufenden Gezeitenstromes. Ihr Kopf ragt
stets aus dem Wasser – auf diese Weise kann sie lange Ozeanreisen machen
und besiedelte Aldabra mehrmals von Madagaskar aus.

aus. Die Schildkröten schienen den Regen zu mögen. Sie sind Kaltblüter, haben keine Thermoregulation und leiden bei Tage unter der Hitze, deshalb suchen sie Schattenplätze auf. Der Regen war ihnen eine willkommene Abkühlung und so marschierten sie zahlreich und munter in die vor uns liegende Ebene. Es sah aus, als sei ein Bataillon amerikanischer Stahlhelme mit kurzen Beinen unterwegs. Die letzten Sonnenstrahlen spiegelten sich auf ihren nassen Rückenschildern, ein Anblick aus einer anderen Welt.

Wir begannen, die Umgebung von Cinq Cases zu erkunden. Wir fanden oft tiefe Löcher in dem scharfkantigen korallinen Kalkstein, Champignon genannt. Sie hatten früher das Anlanden auf Aldabra für Seeleute ungemein schwierig gemacht und schützen das Atoll bis heute. Durch Erosion entstanden metertiefe Löcher, tödliche Fallen für die Tierwelt. Ich dachte sogleich an die Schildkröten – und es dauerte nicht lange, bis ich eine verunglückte fand, sie war kopfüber in ein Loch gefallen. Wir zogen ihren Panzer heraus. Kratzer auf ihrem Rückenschild verrieten, dass dieses Tier um sein Leben gekämpft hatte. Doch vergebens, seine Knochen lagen am Boden des Lochs, das Kopfskelett fehlte. Später haben wir noch viele solcher Unglücksopfer gefunden.

Auch die großen Seeschildkröten, die nachts zum Eierlegen an Land gehen, ereilt oft ein ähnliches Schicksal. Einmal konnten wir helfen. Ein riesiges Tier hatte sich auf den spitzen Kalksteinen verfangen, seine Unterseite blutete heftig. Es hatte tiefe Wunden an den Flossen, und seine Augen waren total versandet. Die Seeschildkröte war unfähig, Bewegungen auszuführen. Wir wollten das Tier zum Wasser tragen, doch das war unmöglich, es war zu schwer. Wir drehten es in Rückenlage und zogen es so zum Wasser. Auch wir waren jetzt total erschöpft. Die Schildkröte kroch die letzten Meter allein zum Wasser. Mit unseren besten Wünschen versehen, verschwand sie unter den Wellen.

Manchmal kamen wir in moralische Bedrängnis. Auf Aldabra waren 100 Jahre zuvor Ziegen eingeführt worden, äußerst schöne Tiere mit glattem braunem, schwarzem oder schwarz-weiß gesprenkeltem Fell und mit weißen Streifen am Rücken. Sie werden heutzutage auf Aldabra nicht gern gesehen, denn als zweite große herbivore Art sind sie angeblich Nahrungskonkurrenten der Riesenschildkröten. Wir trafen auf eine Gruppe aus drei Böcken, sechs Geißen und zwei niedlichen Jungtieren. Die Ziegen bemerkten uns und stellten sich plötzlich in dichter Front vor uns auf. Mobbing? 22 Augen starrten uns an, und ein Junges verkroch sich im Unterholz. Langsam zogen wir uns zurück, doch plötzlich hörten wir den Distanzruf einer jungen Ziege. Verstört saß sie unter einem *Pemphis*-Busch, sie war vielleicht 40 Zentimeter groß. Nick, Student aus Cambridge und unser Begleiter, jagte sie heraus. Unter einem kleineren Busch suchte sie abermals Schutz, legte sich nieder und war ganz still. Ich schlich mich näher und stürzte mich auf sie, hielt sie am Hals und den Hinterbeinen fest. Das kleine Wesen schrie herzzerreißend. Nein, dachte ich, die Ziegen sind eine Gefahr für Aldabra, ich müsste sie eigentlich töten. Aber die Klagerufe der kleinen Ziege gewannen die Oberhand und gegen alle naturschützerische Vernunft entließ ich sie aus meinen Armen. Sie hüpfte davon, und man sah es dem kleinen Wesen an, wie sehr es sich über seine Freiheit freute.

Nick verstieß völlig gegen alle naturschützerischen Grundsätze und nahm eine junge Ziege für ein paar Wochen in Pflege. Süße Nestlé-Milch hielt sie am Leben. Später versuchten wir mit allen möglichen Tricks wochenlang die Resozialisierung in ihre Kernfamilie. Es gelang nicht. Sah sie einen Menschen, rannte sie mit fröhlichem Mäh-Mäh auf den Zweibeiner zu. Die Böcke ihrer Familie stießen sie aggressiv zur Seite, auch die Geißen waren nicht freundlich zu ihr. Nur die Geschwister ihrer Familie nahmen sie spielerisch auf. Die kleine Ziege roch schon zu sehr nach Mensch.

Kürzlich, nach über 40 Jahren, fragte ich Nick, der später in New Castle Professor für Ökologie und Herausgeber der Zeitschrift *Environmental Conservation* wurde, was aus seiner kleinen Ziege geworden sei. War sie von den Seychellois geschlachtet und verzehrt worden? Nick wusste es nicht, bekannte aber, dass er heute bedaure, die kleine Ziege aufgenommen zu haben. Vielleicht war sie nur kurzzeitig von ihrer Mutter getrennt worden und es wäre besser gewesen, wenn sie in ihre natürliche Obhut zurückgekehrt wäre.

Bei diesem ersten Besuch in Cinq Cases begann ich, die Riesenschildkröten, die früher als Elefantenschildkröten bezeichnet wurden, intensiver wahrzunehmen. Wenn sie frühmorgens in

dem herrlichen Klima eines tropischen Wintermorgens auf Nahrungssuche gingen, die Luft laut ausstießen, und – wenn man dicht an sie herantrat – ihren Kopf hinter den mächtigen Vorderbeinen verbargen, erkannte ich den besonderen Charakter dieser Tiere. Ihre Nasen waren flach und erlaubten es, durch sie hindurch selbst in flachen Tümpeln zu trinken. Und wenn sie dann ihre langen Hälse vorstreckten und langsam durch die fast vulkanisch aussehende Landschaft stolzierten, sah ich mich in ein vergangenes Weltalter versetzt. Ihre Fossilgeschichte verrät, dass sie einst, außer in Australien und Antarktika, überall auf unserer Erde vorkamen, ab dem 18. Jahrhundert aber eine willkommene Fleischgarantie für Seefahrer darstellten. Nur auf Aldabra und den Galapagos Inseln blieben sie übrig. Und es ist Charles Darwin zu verdanken, dass er schon 1874 ihren Schutz einforderte. So ist es bis heute geblieben.

Sie erreichen ein für Wirbeltiere phänomenales Alter. Adwaita, eine Schildkröte, die aus Aldabra stammte, starb mit 255 Jahren im Calcutta-Zoo; Jonathan lebt angeblich heute noch und ist 187 Jahre alt. Ich selbst staunte, als ich im Jahr 2000 nach 25 Jahren wieder nach Aldabra kam, vor der Forschungsstation ankerte und die urgewaltigen, stöhnenden Laute sich paarender Schildkröten vernahm. Das waren keine Töne aus unserer heutigen Zeit! Sie passen viel eher in eine archaische Welt.

Doch noch etwas fiel mir auf: Ging es ums Fressen, konnten die sonst so behäbigen Riesen erstaunliche Beweglichkeit entwickeln. Sie hielten mit ihren Vorderbeinen Nahrung fest, um besser fressen zu können, oder sie rissen durch schnelle seitliche Kopfbewegungen die Blätter von den Feigenbäumen. Allerdings waren ihre Fraßspuren an den Bäumen niedriger als die ihrer angeblichen Konkurrenten – der Ziegen, die eine Etage höher fraßen und die Feigenbäume ebenso liebten. Die sichtbaren Fraßgrenzen der Schildkröten waren in 60 Zentimetern Höhe über dem Boden, die der Ziegen in 180 Zentimetern. Trotz teilweise gleicher Nahrung unterscheiden sich beide in ihrem Fressverhalten.

Ziegen haben auf vielen ozeanischen Inseln durch Konkurrenz zum Aussterben heimischer Herbivoren geführt, sodass das Aldabra Research Commitee entschied, dass die Ziegen in Aldabra eigentlich eliminiert werden sollten. Jedoch fiel ihnen auch auf, dass die Ziegen – obwohl vor hundert Jahren auf der Insel eingeführt – in ihrer Verbreitung nicht sehr erfolgreich waren.

Der Ökologe Swingland und die Amerikanerin Gould gingen diesem Phänomen nach und entdeckten, dass die Schildkröten bei Weitem zahlreicher waren und dass zwischenartliche Konkurrenz kaum eine Rolle spielte. Aggressive Auseinandersetzungen gab es nicht, beide Arten lebten mehr oder weniger in friedlicher Koexistenz. Die Ziegen waren also bereits ein etabliertes Mitglied des Atoll-Ökosystems geworden, und die Schildkröten hatten sogar einen Vorteil von ihren Mitbewohnern: Sie produzierten an ihren Schlafstellen ziemliche Mengen von Mist und trugen so zur Düngung des Atolls bei. Die Schildkröten andererseits produzieren durch ihren Abbiss der Gräser einen besonders kurzen

Rasen, den Turf, und sie sind schlechte Futterverwerter. Ihre großen Kotballen werden von zahllosen Einsiedlerkrebsen aufgearbeitet – sie ernähren sich davon. Nachts hörten wir es klappern, wenn sie mit ihren kalkigen Gehäusen aneinanderstießen. Ich hörte diese Klapperkonzerte gern. Wichtiger ist jedoch, dass 28 Arten von Gräsern und Kräutern nach Passieren des Schildkrötendarms noch keimfähig sind und die Schildkröten so zur Ausbreitung der Flora beitragen – sowohl innerhalb des Atolls als auch auf einigen anderen Inseln.

Ich ergriff für die Ziegen Partei und las in der Folgezeit gelegentlich die Literatur über sie. Kein Zweifel, Ziegen können für Insel-Ökosysteme zu einer großen Gefahr werden, ihre Zahl muss kontrolliert werden. In Aldabra waren sie aber zu angepassten Mitgliedern geworden und deshalb fand ich die Zielvorgabe für ihre Kontrolle nicht angemessen: Eradication, das heißt Ausrottung. Das klang nach Ziegen-Holocaust, eine Art Ökofaschismus.

Natürlich kann die Kolonisierung von Inseln mit Ziegen nur mit menschlicher Hilfe geschehen. Andere Ankömmlinge benutzen ihre Flügel, schwimmen oder kommen gar mit kleinen Flößen auf Aldabra an. Dass Gould und Swingland nachgewiesen haben, dass innerartliche Konkurrenz eine größere Gefahr für die Schildkröten ist als die zwischenartliche zu den Ziegen, belegt jedoch, dass die Ziegen mittlerweile ein fester Bestandteil der Tierwelt des Atolls sind. Deshalb störte mich die akribische Auflistung der abgeschossenen Tiere, der Kosten für jeden Schuss, der Zeitdauer für jeden erfolgreichen Abschuss, der eingesetzten Gewehre und der Vergleich der Jagdtechniken: gewöhnliche Jagd in 2-Mann-Teams und die »Judas-Methode«, was bedeutete, dass eine mit einem Sender versehene Ziege ihre Gruppenmitglieder unwissentlich vor die Flinte der Jäger in den Tod führte.

Ich selbst hatte ein schlechtes Gewissen, weil ich mit meiner Arbeit über den sozial kontrollierten Geschlechtswechsel der Anemonenfische nichts zum Verständnis dieses einmaligen Naturlaboratoriums beitrug. Doch ein großer Pool, der vor unserem Bungalow zu einer gelegentlichen Abkühlung einlud, half mir schließlich aus der Bredouille. Der Pool war ein vielleicht 50 bis 60 Meter breites natürliches Becken. In dessen Mitte drang bei Flut durch ein ca. anderthalb bis zwei Meter breites Loch unterirdisch Meerwasser ein und füllte das leere Becken. Sobald das Wasser mit der Ebbe erneut wich, bildete sich an der Oberfläche ein großer Wirbel. Das Loch war an seinen Wänden von Algen überwuchert. Es war das Zuhause von drei Garnelenarten: der wunderschönen, großen roten *Ligur uvae*, der durchsichtigen *Palaemon debilis* und der *Periclimenes pholeter*. Die Letztere lebte nur in der Nähe ihres unterseeischen Verlieses und hatte die unangenehme Eigenschaft, mich in Massen zu überfallen, wenn ich in dem Loch tauchen ging. Vertrieb ich sie mit der Hand, wichen sie wohl aus, kehrten aber penetrant zurück und zwickten mich oft.

Wenn ich bei ablaufender Ebbe den Pool besuchte, sah ich öfter den heiligen Ibis *Threskiornis aethiopica abbotti,* den Reiher *Egretta garzetta dimorpha* sowie den Graureiher *Ardea cinerea.* Doch was hatten sie in dem Pool zu suchen? Sie könnten ausgewiesene Fressfeinde der Garnelen sein, und ich musste mehr über ihr Leben erfahren.

Die fast durchsichtige *Palaemon*-Garnele kam mit der einsetzenden Flut in den Pool und trieb mit der Ebbeströmung passiv zurück. Die *Periclimenes* verließ das schützende Loch nie. Die rote, gut sichtbare *Ligur* fand ich dagegen in allen Bereichen des Pools. Einundzwanzig von ihnen hatte ich mit weißer Farbe markiert und machte eine faszinierende Entdeckung: Sie besetzten ein Fressrevier, zu dem sie täglich zurückkehrten und verteidigten es vehement gegen Fremde. Wie machten sie das?

Ich gewann sehr schnell den Eindruck, dass der Wasserstand eine große Rolle für ihre täglichen Aktivitäten spielte und baute einen provisorischen Pegelmesser. Außerdem markierte ich 40 Testflächen á vier Quadratmeter, auf denen ich die fressenden *Ligur*-Garnelen auszählte. Am Tage wagten sie sich nur bei hohen Pegelständen in den offenen Pool, nachts dagegen waren sie auch im flachen Wasser unterwegs. Das war der Schlüssel! Nachts waren weder der heilige Ibis noch die Reiher auf Garnelenjagd und tagsüber konnten sie bei hohem Pegelstand nicht »fischen«. Die von oben unauffälligen *Palaemon*- und *Periclimenes*-Garnelen schützten sich dagegen durch Unsichtbarkeit.

Ich vermutete, dass die *Ligur*-Garnelen ihr Revier mithilfe ihrer großen Antennen fanden. Da sie den gesamten Pool okkupierten, mussten sie sich die Richtung, in der das Loch lag, merken, und das ist kein triviales Problem. Ich machte ein Experiment, das ich eigentlich nur ungern durchführte: Ich entfernte einigen ihre Antennen und ließ die Antennenlosen gegen eine unbehandelte Kontrollgruppe laufen. 12 von 13 Kontrolltieren kehrten in das Loch zurück. Bei den Antennenlosen kehrten nur 4 von 12 zurück, 8 gingen verloren. Die Antennen sind also vermutlich für die Richtungsfindung verantwortlich.

Der tagsüber trockenlaufende Pool schenkte mir noch ein unerwartetes Ereignis, gewissermaßen meinen Beitrag zur Naturgeschichte Aldabras. Eine Schildkröte war in den trocken gelaufenen Pool gefallen und versuchte vergebens, die steilen vielleicht zwei Meter hohen Seitenwände zu erklimmen. Es war aussichtslos, sie musste darauf warten, dass der Pool sich wieder mit Wasser füllte. Ich nutzte die Zeit, das Verhalten des Tieres zu protokollieren, und erstaunt sah ich, dass der große Körper perfekt aufschwamm. Das Tier lag stabil im Wasser und im Vierfüßertakt eines Landwirbeltieres bewegte es sich vorwärts. Es brauchte seinen Kopf gar nicht, wie einen U-Boot-Schnorchel, angestrengt senkrecht nach oben halten. Das Maul schwebte in Höhe des Wasserspiegels. Auf diese Weise konnte das Tier entspannt durch Verdriftung weite Strecken im Meer zurücklegen.

Aldabra war in den vergangenen Millionen Jahren mehrmals unter dem Meeresspiegel verschwunden und wieder aufgetaucht. Der Äquatorialstrom fließt hauptsächlich in westlicher Richtung von Madagaskar und nordöstlich von Afrika. Was lag näher als anzunehmen, dass die Schildkröten entspannt von Madagaskar nach Aldabra gedriftet sind und so immer wieder das Atoll besiedelt haben? Die Reise geht schnell, dauert etwa fünf Tage. Da die Passage von Nahrung im Darm der Tiere im Durchschnitt 27 Tage braucht, werden auch Pflanzen ozeanisch transportiert, sodass die Schildkröten wohl zur floristischen Bereicherung des Atolls beitrugen.

Als wir Aldabra verließen, machte mir Harry ein Abschiedsgeschenk. Er hatte ein perfektes Auge für die im Sand vergrabenen Gelege der Schildkröten. Sie härten den Sand über ihren Eiern, indem sie ihn mit Urin übergießen, und schützen sie so vor Eiräubern. Jedes Nest markierte Harry mit einem Stock, so wusste er, wann und wo die Kleinen das Tageslicht erblicken würden. Ein Junges von vielleicht acht bis zehn Zentimetern Größe schenkte er mir, geboren wurde es 1974. Da zu diesem Zeitpunkt ein begrenzter Handel nach Appendix 2 der CITES Verordnung (Convention on International Trade of Endangered Species) nach dem Washingtoner Artenschutzabkommen möglich war, nahm ich das Geschenk gern an. Das Schildkrötenbaby nannten wir Tortie, und es sollte eine ziemlich anstrengende Reise antreten. Das Aldabra-Versorgungsschiff NORDVAER fuhr uns nämlich 10 Tage lang bei schwerer See nach Réunion und Mauritius. Simone litt unter Seekrankheit, und Tortie schlidderte in der Duschwanne im Takt der Schiffsbewegungen hin und her. Ich mochte das Schiff nicht. Es ging wenige Monate später tatsächlich unter. Auf dem Rückflug nach Europa machten wir auf den Komoren halt und Tortie durfte sich im Steingarten des Hotels in gewohnter atmosphärischer Umgebung erholen. Sie verschwand sofort, aber ich wühlte den Steingarten um und fand sie wieder.

Bei uns zu Hause ging es ihr gut, und doch musste ich an die kleine Ziege von Nick Polunin denken, der Jahre später zugegeben hatte, dass das kleine Zicklein besser in der Obhut der Mama geblieben wäre. Ich hätte Tortie damals ebenfalls in die Freiheit Aldabras zurückgeben sollen. Im Tierpark Hellabrunn in München fand sie aber ein gutes Zuhause. Heute müsste sie 45 Jahre alt sein. Leider kann ich ihren 200. Geburtstag nicht mehr miterleben.

Der Aldabrapool hinter unserem Bungalow hatte mich auf Umwegen der Tierwelt dieses besonderen Ökosystems nähergebracht, sowohl den Garnelen im Wasser und ihren beflügelten Jägern wie auch dem berühmtesten Bewohner des Atolls, der Elefantenschildkröte *Geochelone gigantea*. Unsere wissenschaftliche Studie im Meer zur aggressionsgesteuerten Geschlechtsumwandlung der Anemonenfische war also doch nicht ganz umsonst gewesen.

6 Ein Haus im Meer mit Blick ins Blaue

Die Lorenzianische beobachtende Verhaltensforschung verschlang sehr viel meiner Zeit. Ohne Ausdauer und eine gewisse innere Stabilität war man da fehl am Platz, nervöse Zeitgenossen taugten dafür nicht. Als tauchender Biologe kam bei mir hinzu, dass ich im Vergleich zu meinen terrestrischen Kollegen in der zur Verfügung stehenden Beobachtungszeit benachteiligt war. Kalte Wassertemperaturen und Atemluft, die ich in komprimierter Form immer auf meinem Rücken herumschleppen musste, waren stets ärgerliche Hindernisse. Ich wollte meinen Unterwasseraufenthalt effizienter machen und dachte an ein Unterwasserzelt.

In einer Zeitung las ich, dass eine Ölgesellschaft in der Nordsee mit einer gigantischen Luftblase eine gesamte Ölplattform um 50 Zentimeter anheben wollte, um sie über eine Sandbank schleppen zu können. Sie verwendeten einen beschichteten Trevira-Kunststoff der Firma Dynamit Nobel. Das war der Stoff, den ich brauchte, und ich ging bei Dynamit Nobel betteln – sie waren begeistert. Sie schickten mir das Material sogar kostenlos und vorgefertigt nach Israel.

Ich erzählte einem deutschen Freund, Gerd Helmers, der Chef einer Schiffsreparaturwerkstatt in Eilat war, von meiner Unter-

Handarbeiten am ersten viereckigen Unterwasserhabitat der Geschichte, Schweißen an Land, Verankern im Wasser.

wasserzelt-Idee. Als Maschinenbauingenieur war er für meinen unterseeischen Campingausflug nicht zu begeistern, sondern er wollte sofort Nägel mit Köpfen machen. Während ich zu Hause in Aschering südlich von München Bettelbriefe schrieb, die Industrie darin um technische Hilfe bat und anhand einer Strichliste die Zahl meiner Briefe festhielt – es waren über 200 – tüftelte Gerd in Eilat an einem perfekten Unterwasserhabitat.

So entstand also der Entwurf für NERITIKA, 26 Tonnen schwer und aus Stahl, 6 Meter hoch und ausgerüstet mit allem Komfort eines Erdenbewohners für einen Daueraufenthalt im Wasser, einem fast 700 mal dichteren Medium als Luft – es war ein richtiges Haus. Wir nannten es NERITIKA, weil es in der neritischen Zone des Meeres, also der oberflächennahen Zone, stehen würde. Wir hatten damit vor, den »inneren Raum« unserer Erde zu entdecken. Während der Bauphase hatten wir berühmten Besuch von Weltrang, aber von einem Pionier des »äußeren« Raums: Buzz Aldrin, der zweite Mann auf dem Mond – der gealterte Astropensionär war eine beeindruckende, fitte Person.

Als NERITIKA nach langer Bauzeit schließlich fertig war, bauten wir aus Interesse trotzdem das Unterwasserzelt auf. Wir nannten es Spaßblase und fühlten uns allerdings in unserem stählernen Gehäuse bedeutend wohler. Die besondere Schwierigkeit bei einem Unterwasserzelt ist der notwendige Ballast, der den gewaltigen Auftrieb des Zeltes kompensieren muss – für jeden Kubikmeter Lebensraum brauchten wir eine Tonne Ballast!

In NERITIKA gab es einen Nass- und einen Trockenraum, wo Betten und alle terrestrischen Annehmlichkeiten vorhanden waren. Eine Warmwasserdusche und Abstellmöglichkeiten für unsere nassen Tauchsachen. Sogar eine Toilette hatten wir. Allerdings musste man an ihr fünf verschiedene Ventile in der richtigen Reihenfolge bedienen, ansonsten passierte ein Unglück und der Toiletteninhalt ging auf den Rückweg nach oben.

NERITIKA hatte nach unten zum Meer eine immer offene nasse Tür. Eine Hochdruckleitung verband uns mit dem Festland, sodass wir die Flaschen unserer Tauchgeräte füllen konnten. Ein Quecksilber-Kippschalter im Nassraum warnte uns, wenn mal ein katastrophaler Wassereinbruch ins Haus erfolgen sollte. Dann hätten wir im Trockenraum kleine Tauchgeräte angelegt. Was mir großen Respekt einflößte, war ein 380-Volt-Kabel. Zwar war es durch besondere Schutzschalter abgesichert, aber trotzdem war es mir nicht geheuer. Eine lange Niederdruck-Luftleitung, die früher Milch transportiert hatte, versorgte uns ununterbrochen jede Minute mit 150 Litern atembarer Luft, die unten im Nassraum mit Vehemenz entwich und an einem Abweisblech nach draußen »entsorgt« wurde. Die dabei produzierten Dauergeräusche waren ein ideales Einschlafmittel. Dann wussten wir auch, dass alles in Ordnung war.

Beim Bau gesellte sich Victor Pfaffhauser aus Zürich zu uns, der ein verlässlicher Mitarbeiter und Freund wurde. Und Gerd half mit den Arbeitern seiner Werkstatt. Ihre Kosten setzte er bei den großen Öltankern mit auf die Rechnung. Ich hatte die Arbeitstage von uns allen notiert: Es waren insgesamt 198 ganze und 82 halbe Tage. Ich selbst half beim Schweißen, Bohren und Fräsen mit meinen Erfahrungen in der sozialistischen, metallverarbeitenden Industrie, die ich während der Oberschulzeit nicht ganz freiwillig erworben hatte. 79 ganze und 27 halbe Tage arbeitete ich am »Bau«.

Eine Arbeit machte ich allerdings nicht gerne. Wir mussten eine Plattform für NERITIKA am Riffhang vorbereiten, und dafür mussten wir viele Kubikmeter harten Untergrunds beseitigen. Das ging nur mit einem professionellen Presslufthammer, wie ihn Bauarbeiter benutzen. Die ausströmende Luftmenge schmerzte am ganzen Körper, und ich hielt den Kopf seitwärts, weil der Schmerz auf den Ohren fast nicht auszuhalten war. Fazit: ein dauerhafter Ohrschaden, den ich noch heute spüre.

Als der Rohbau schließlich fertig war, hatten wir kein Geld mehr für den teuren Unterwasseranstrich. Der liebe Gott hatte aber eine Eingebung und sandte uns Henry Ullendorf aus New York, der sein Scheckbuch zückte und für uns auf dem Ballasttank von NERITIKA einen Scheck über 3000 $ ausstellte.

Die Besonderheit NERITIKAs war seine viereckige Form mit den beiden großen, ebenfalls viereckigen Fenstern – ganz unüblich, im Gegensatz zu den großen bekannten Habitaten wie CONSHELF von Cousteau, die staatlichen amerikanischen Habitate HYDROLAB und TEKTITE oder das deutsche Habitat UWL HELGOLAND, alles teure Millionenprojekte. Während diese rundliche Formen hatten, mit dicken druckfesten Wänden und verschließbaren druckfesten Türen, war NERITIKA dünnwandig und verfügte nur über eine vier Millimeter dünne Haut aus Stahlblechen. Sie würden bereits im flachen Wasser durch den Außendruck verbeult werden. Gerd kam deshalb auf die brillante Idee, draußen Versteifungsrippen anzuschweißen, die dem ganzen Gebäude zu großer Festigkeit verhalfen. Das alles führte zu der eigenwilligen viereckigen Form, die es wohl nie wieder in der Familie von Unterwasserhäusern geben wird.

Ein anderer Unterschied war, dass ich NERITIKA als Nichtmillionär und Wissenschaftsstipendiat mit eigenen Mitteln finanzierte und unterhielt. Rolf Gillhausen, Fotochef von *Stern* und *Geo*, hatte mir glücklicherweise einen großzügigen Vorschuss von 10 000 DM zur Verfügung gestellt. Zusätzlich halfen beim Bau Studenten und Freunde aus vielen Ländern: Israel, Amerika, Deutschland, Schweiz, Holland, Australien, Österreich, Italien – es war also in der Tat eine internationale Raumstation des Inner Space, des Inneren Raumes. Aber noch etwas war genial an unserem Unterwasserhaus. In den großen Habitaten konnten die

Aquanauten unter Wasser die druckfeste Tür verschließen und am Boden dekomprimieren. Ihr Blut war mit Gasen übersättigt und würde beim sofortigen Aufstieg an die Wasseroberfläche wie Kohlensäure in einer geöffneten Sektflasche ausperlen – mit katastrophalen Folgen. Der Ausstieg aus dem temporären Aquanautenleben hatte deshalb äußerst streng in bestimmten Schritten und unter langsamer Druckabnahme zu erfolgen.

Wir waren ebenfalls der Gasübersättigung unseres Blutes ausgesetzt und mussten dekomprimieren. Gerd hatte sich deshalb eine Vorrichtung ausgedacht, die NERITIKA an einem Kabel an die Oberfläche führte – das Kabel war verbunden mit dem Ballastbehälter von 12 Tonnen, der am Boden verblieb. Wir schliefen über Nacht in drei Metern Tiefe, der Eingangstiefe unserer nassen Tür, und stiegen am nächsten Morgen aus. Nie hat es dabei Dekompressionsprobleme gegeben. Ein Amerikaner wollte NERITIKA deshalb sogar patentieren lassen – ich hielt unseren Dekompressionsausstieg zwar für interessant, aber nicht für patentwürdig.

Wir sollten aufregende Abenteuer mit der fertigen, tauchbereiten Station erleben, und zwar schon am ersten Tag im Wasser. Gerd hatte die fixe Idee, NERITIKA durch ein kompliziertes System von Luftventilen im Hafen von Eilat gezielt abtauchen zu lassen. Als er aber ein Ventil öffnete, stürzte die Station ab und landete weich in 14 Metern Tiefe. Zwar war nichts geschehen, trotzdem gefiel mir Gerds Vorgehensweise nicht.

Im Hafen hatten sich weit über 400 Zuschauer eingefunden und wollten dem Tauchspektakel zusehen. NERITIKA saß unbeschädigt am Grund des Hafens. Gerd stieg aus der Station aus und verband NERITIKA mit einem großen losen Felsen am Boden. Dann füllte er Luft in einen variablen Ballasttank oben am Dach des Hauses, der extra für solche Tauchmanöver vorgesehen war. Aber dann geschah etwas Unerwartetes. Ein riesiger Luftschwall verließ NERITIKA, die Station sauste aufwärts, riss den Ankerfelsen ab, beschleunigte zur Oberfläche, tauchte dort für einen Meter aus dem Wasser – und sauste abermals zurück in die Tiefe. Die Zuschauer waren begeistert, dachten sie doch, es sei ein ganz normaler Vorgang.

Ich dagegen dachte an Gerd, der in wenigen Sekunden den Druckschwankungen von 14 Metern auf und ab ausgesetzt war. Ich sprang ins Wasser und sah, dass er mit seinem Tauchgerät die Station verließ. Mir wurde bewusst, dass wir mit dem Tauchverhalten NERITIKAs noch keine Erfahrung hatten, aber an diesem Tag sollte es in der Nacht noch schlimmer kommen.

Wir schleppten den Ballasttank und den Wohntrakt im Schritttempo zum Heinz Steinitz Marine Laboratory, dem zukünftigen Standort NERITIKAs. Es war ein wunderbarer Tag, blauer Himmel und spiegelglatte See. »Der liebe Gott hat uns heute doch noch gern«, pflegte ich in solchen Situationen zu sagen. Simone und unsere kleine Tochter Anja saßen vorn auf der ARNONA, die uns zum Abtauchort vor dem Laboratorium schleppte. Ich stand auf dem 4×4 Meter großen Ballasttank, der an der Oberfläche trieb. Viktor kontrollierte tauchend den Schleppzug. Die fast dreistündige Fahrt war ein Vergnügen und am zukünftigen Standort machten wir NERITIKA fest.

Ich sah hinüber nach Jordanien auf der anderen Seite des Golfes und bemerkte über Akaba leichte Schäfchenwolken, die mir Unbehagen einflößten. Eine leichte Brise wehte über dem öligen Wasser. Ein Anruf bei dem Flughafen-Meteorologen ließ Angst in mir aufkommen. Es war 20 Minuten vor Sonnenuntergang, und ein Südsturm war angesagt. Wir konnten das Abtauchmanöver für NERITIKA nicht mehr einleiten, es war zu spät.

Den schweren Ballasttank setzten wir im Flachen auf den Grund, NERITIKA ließen wir an der Oberfläche treiben, festgezurrt an einem schweren Anker mit einer großen Boje. Eine andere Möglichkeit gab es nicht. Aus Sicherheitsgründen hatten wir die Niederdruck-Luftversorgung installiert, um NERITIKA immer mit Auftrieb zu versorgen. Bei schwerem Seegang würde die Station nämlich im Auf und Ab der Wellen Pumpbewegungen machen und dabei Auftrieb verlieren. Das war meine große Sorge – und tatsächlich, um Mitternacht, verschwanden NERITIKA und die große Boje von der Oberfläche, nichts war mehr zu sehen!

Ich tauchte noch in der wellengepeitschten Nacht runter und fand NERITIKA in 15 Metern Tiefe aufrecht, so als sei nichts geschehen. Nur ihre Beine waren fürchterlich eingeknickt, aber hatten den Absturz überlebt. Ich stieg in den Nassraum ein. Die Luft war kühl. Doch dann sah ich die eingeknickte Luftleitung und machte einen folgenschweren Fehler. Ohne nachzudenken löste ich den Knick und wo einst Milch durchfloss, sauste jetzt ein pfeifender Luftstrom fast explosionsartig in den Raum. Acht bar Druck hatten sich in dem Schlauch aufgebaut, entluden sich und ließen den knöchelhohen Wasserspiegel dramatisch schnell sinken. Die Station zitterte – nur raus jetzt, war mein Gedanke.

Kaum war ich draußen, hob das Haus ab. Ein Albtraum in der Nacht! Wie eine Rakete sausten 14 Tonnen aufwärts, und ich wusste, dass sie auch in Sekundenschnelle wieder runter kämen. Das Letzte was ich im schwachen Licht meiner Unterwasserlampe sah, war ein von Luftblasen umspülter Körper. Dann krachte es metallisch in der schwarzen Tiefe hinter mir. Das Ende von NERITIKA. Das Ende unserer großen Hoffnungen. Das Ende unserer monatelangen Arbeit, die Hilfe so vieler Freiwilliger.

Ich spurtete zum Ufer zurück. Simone kam mir entgegen und weinte. Das hatten wir nicht verdient. Es war wie der Tod eines nahestehenden Freundes, ein moralischer Schock für uns alle –

eine tiefe Wunde war entstanden. Noch in der Nacht stiegen Paul, ein holländischer Helfer, und Viktor hinab, um nachzusehen, wo NERITIKA lag. Sie fanden das Wrack in 42 Metern Tiefe am Ende eines langen Sandhanges. Viktor sagte danach: »Ich war fast ruhig. NERITIKA stand da, als ob es so sein musste.«

Zwei deutsche Freunde, Wulf Köhler und Rudolf Gantenbrink, versuchten, mich zu trösten. Schwere Wolken hingen über dem Golf, es gewitterte und regnete in Strömen. Deprimierende Stimmung über den Bergen auf der anderen Seite des Golfes, fast apokalyptisch. Unten in 42 Metern Tiefe waren auch die teuren elektronischen Geräte von Rudolf, die teure AEG Überwachungskamera, Fernsehmonitore, Rekorder und unsere eigenen Foto- und Filmausrüstungen.

Wir gaben nicht auf und schmiedeten Pläne zur Rettung NERITIKAs. Jeder sprach mich an. Wann holen wir das Habitat an die Oberfläche? Eine Welle von Hilfsangeboten kam. Die Arbeiter von Galmarin legten ein Schreiben in eine Ballast-Eisenkiste: »To Hans with love. Wir machen die Reparaturen für euch umsonst.« Zwicka, ein NERITIKA-Freund, schrieb: »I like the work. I come when you need me.« Moshe Jacobi: »It broke my heart when Arik informed me about the accident. I help you again because I saw in my 31 years so ugly things, three wars, friends died. If everybody on this earth would do only a little favour to the other, there would be more peace among us.« Als ich mit dem Hafenmeister den Preis für die geleistete Arbeit des Hafenpersonals aushandelte, sagte Rudolf auf der Stelle, dass er mit 1000 DM dabei sei. Yehuda Cohen, Wissenschaftler am Steinitz Laboratorium, hatte bereits den Admiral der Israelischen Marine informiert und um professionelle Hilfe gebeten. Er gab mir seine Telefonnummer. Als ich anrief, wusste ich nicht so recht, wie ich einen Admiral anzusprechen hatte. Er merkte es wohl und sagte nur kurz: »My name is Yochai, Yochai Ben Nun. Hans, how do you feel?« Er merkte wohl, dass uns allen das Herz blutete. Ich fragte mich, ob wohl ein deutscher Admiral ähnlich Anteil genommen hätte.

Das Oberkommando der Marine stimmte einem Bergeeinsatz eines Spezialkommandos zu. »Am Sonntag werden die Spezialisten für eine Reserveübung einberufen und heben das Habitat möglicherweise am Montag«, so Yochai. Ich zitterte schweigend am Telefon, vor Glück. Rudolf lud Viktor und mich anschließend zu einem Whisky ein: »Auf die Israelische Marine.«

Die Bergung war eigentlich recht einfach. NERITIKA war über ein Stahlkabel über einer Rolle mit einem schweren Lkw verbunden. Hebesäcke an NERITIKA verliehen Auftrieb, sodass der Lkw nur im Schritttempo zum Ufer fahren musste. Die Luft im Haus expandierte und NERITIKA stieg langsam aufwärts. Luftblasen an der Oberfläche zeigten, dass die Bergung glücken würde. Mir wurde erlaubt, mit zwei Marinetauchern den Aufstieg NERITIKAs unter Wasser zu verfolgen. Schön sah es aus, das Gelb unseres Hauses vor dem Blau der Tiefe. Ja, endlich hatten wir den Aufstieg NERITIKAs in unserer Hand. Ich freute mich über diesen Anblick. Lichtstrahlen fielen schräg hinter mir ins Wasser und vereinigten sich unten in einem Punkt. Dazwischen schwebte NERITIKA wie ein Raumschiff im All.

Ich freute mich auch für Itzik Bruckman, den Kommandeur des Bergeteams. Dieser Mann war mir – wie eigentlich alle dieser Einheit – sehr sympathisch. Kurze Zeit später, Ende Februar, stand NERITIKA wieder im Hafen von Eilat. Als kleines Dankeschön wollte ich für die Einheit ein Segelschiff mieten. Sie lehnten ab. Ich versprach dafür eine Einladung zur Einweihung NERITIKAs, wenn die Station einsatzbereit vor Ort in elf Metern Tiefe stehen würde.

Acht Wochen später, im Mai, war es so weit. Wir hatten Tag und Nacht gearbeitet und die Schäden an NERITIKA behoben.

Um 12.45 Uhr verließen wir den Hafen und um 16.50 Uhr saß NERITIKA ohne jede Schwierigkeit bereits fest verankert an ihrem Standort. Ich stieg ein und bereitete eine Grußkarte vor, die alle Taucher der ersten Stunde unterschrieben. Die Karte ging an Freunde und Kollegen in aller Welt. Sie beglückwünschten uns zur Rettung des Hauses und wünschten uns eine erfolgreiche Zukunft. Die deutsche Botschaft in Tel Aviv gratulierte uns, auch einige Professoren der Hebrew University in Jerusalem, besonders begeistert waren amerikanische Kollegen, die im Meer forschten.

Aus der ursprünglichen Idee eines Unterwasserzeltes entstand ein solides Haus auf dem Meeresgrund.

Der erste große Daueraufenthalt über 12 Tage war der Erbauercrew, Gerd und mir vorbehalten. Gerd verlieh der Infrastruktur unserer unterseeischen Behausung den letzten Schliff und noch mehr Sicherheit: Videoüberwachung, Installation der Elektroanlage, Kommunikation, die Funktionalität unserer Drucktoilette und vieles mehr. Viktor und Simone oblagen die Überwachung und Versorgung der eingesperrten Aquanauten. Zweimal pro Nacht prüften sie auf dem Bildschirm unser Wohlbefinden. Schade war, dass in meiner fast zweiwöchigen Abwesenheit die kleine Anja laufen lernte. Bei meiner Rückkehr stand sie vor mir auf zwei Beinen und kam mir stolpernd entgegen.

Der erste Langzeitaufenthalt diente auch zum Test, ob NERITIKA für Besucher sicher war. Wir führten auch eine Notfallübung durch und probierten die Aufstiegsprozedur des Hauses an die Oberfläche. Es verlief ungewöhnlich reibungslos, wie auch die Rückführung in den viereckigen Ballastbehälter, der NERITIKA sicher am Meeresboden verankerte.

Durch Vermittlung von Professor Moshe Shilo, einem angesehenen Mikrobiologen, wurde ich Gastprofessor der Hebräischen Universität und bot – gewissermaßen als Gastgeschenk – den Studentenkurs »Topics in Marine Ethology« an. Nur sechs Studenten konnten teilnehmen, weil die taucherische Überwachung draußen vor der Station nicht mehr Teilnehmer zuließ. Einer von ihnen, Amatzia Genin, war ein sensibler, aufmerksamer und wissbegieriger Student. Er wurde später Direktor des Interuniversity Institute for Marine Sciences in Eilat. Wir wurden enge Freunde und sind es auch heute noch.

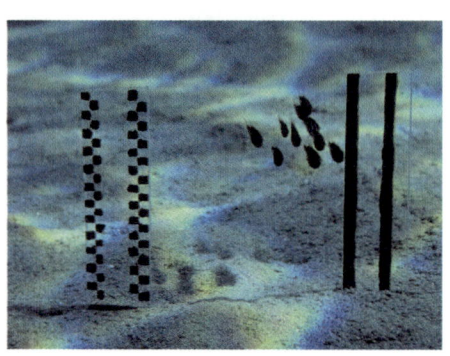

Kardinalfische leben tagsüber im Stachelwald der Seeigel. An ihren geraden Stacheln erkennen sie ihren Wirt – unterbrochene Stacheln mögen sie nicht.

Ich hatte großen Spaß an der Lehrveranstaltung. Die israelischen Studenten waren wissbegierig, aufmerksam und ernst bei der Sache. In Deutschland war das nach den 68ern anders. Studenten gaben mir oft das Gefühl, dass sie mir eigentlich einen Gefallen taten, wenn sie vor mir saßen. Sie unterhielten sich laut, und man fragte sich, weshalb sie überhaupt eine Universität besuchten. Mir taten ihre ernsten, lernwilligen Kommilitonen leid, die es natürlich auch gab. Heute ist das glücklicherweise wieder anders. Meine israelischen Studenten waren durchweg älter und hatten eine militärische Karriere hinter sich – sie wollten Wissen schaffen.

Wir beobachteten draußen im Riff das Kommunikationssystem von Putzerfischen und ihren Kunden, beobachteten die Tag-Nacht-Rhythmen der großen *Diadema*-Seeigel, die hierarchischen

Strukturen in den Gruppen der Korallenbarsche und studierten die Territorien der Schmetterlingsfische, die sich um NERITIKA herausgebildet hatten. Ich zeigte den Studenten, wie man die oft riesigen Reviere erkennen kann. Man brauchte nur einen Artgenossen in einen Glaskasten sperren und durch das Riff spazieren führen. Sofort würde der Eindringling vom Revierbesitzer erkannt und verfolgt. An den Reviergrenzen war Schluss, denn jeder hatte Respekt vor dem Nachbarn. Manche Arten nannten 10 000 Quadratmeter ihr Eigen.

Die Reviere der Schmetterlingsfische um NERITIKA wurden alle paarweise gegen andere Artgenossen verteidigt. Sie waren eng verknüpft, und die Paare respektierten haargenau die Grenzen zum Nachbarn. Die Studenten folgten einem Paarpartner und zeichneten jede Minute den Standort in eine vorher angelegte Skizze ein. So entstand ein Netzwerk von dichten Territorien. Fing man einen Paarpartner weg, wurde dieser innerhalb kürzester Zeit ersetzt. Wurde danach auch der letzte Paarpartner weggefangen, hatte man am Abend ein neues Paar in den identischen, alten Grenzen etabliert. Ökologisches Wissen, nämlich die Grenzen des Reviers, wurden offensichtlich innerhalb eines Tages übertragen, aber nicht auf genetische Art. Das war eine interessante Entdeckung!

Bei solchen Lehrveranstaltungen gibt es immer Favoriten unter den Experimenten, die die Studenten besonders gern mögen. Ich hatte auch so einen Liebling: Es waren dunkelbraune Kardinalfische, die tagsüber zwischen den Stacheln der fast schwarzen *Diadema*-Seeigel hausten, um Schutz zu finden. Mit dem Einbruch der Nacht verließen sie ihr stachliges Versteck und stiegen ins Freiwasser auf, wo sie das nächtliche Plankton jagten. Ich fragte mich, wie sie tagsüber ihre Umwelt sehen. Mit den mehr oder weniger senkrechten Stacheln war sie sehr einfach strukturiert. Von oben gesehen war der Körper des Seeigels eine fast runde Scheibe, von der Seite eine Halbkugel. An beiden Merkmalen, »runde Scheibe« oder »Halbkugel«, könnte der Seeigel erkannt werden, doch das Ergebnis war negativ. Als ich jedoch auf der Halbkugel einen einsamen schwarzen Stachel aus Draht setzte, sausten die Kardinalfische geschlossen auf diese Minimalform eines Seeigels zu. Senkrechte schwarze Strukturen waren es also, die für das Seeigel-Erkennen eine Rolle spielte. Jetzt variierte ich diesen optischen Stachelreiz, veränderte die Stachelzahl und ließ schwarze gegen weiße Stacheln laufen. Es gab unendlich viele Kombinationen und das Fazit war, dass glatte senkrechte Strukturen den stärksten Reiz ausübten. Als ich schließlich die Stachelform änderte, Schachbrettmuster oder einen zu einem Schlangenmuster gebogenen Stachel gegen senkrechte gerade Stacheln bot, wurde der gerade Stachel auch bevorzugt. Neurobiologen sagten mir später, dass der Fisch eventuell eine Art Matrize in der Netzhaut habe, die die Umgebung des Fisches nach solchen senkrechten Strukturen abscannt. Eine Hypothese, die ich mit meiner Ausbildung nicht testen konnte, aber trotzdem war das Ergebnis äußerst interessant.

Wenn der Fisch in der frühen Morgendämmerung zurück zum Boden schwamm, erkannte er die schwarzen Ansammlungen der *Diadema*-Seeigel sehr schnell. Sie dienten seiner Orientierung und erst aus der Nähe konnten die Fische ihr Zuhause verifizieren. Das alles musste schnell geschehen, denn die frühen Morgenstunden sind im Riff auch die bevorzugten Jagdstunden der Fressfeinde.

Diese simplen Experimente zeigten mir, wie neurophysiologische Strukturen den ökologischen Bedingungen angepasst waren. Den Studenten und mir haben diese Versuche großen Spaß gemacht, besonders auch deshalb, weil sie so gut funktionierten.

Nach dem Kurs begann ich die ersten Vorbereitungen für ein lange geplantes Langzeitexperiment. Amerikanische Ökologen

hatten eine Inseltheorie aufgestellt: Je größer und entfernter eine Insel vom Festland ist, umso unterschiedlicher waren
die Besiedlungsgeschichten ihrer Bewohner. Weit entfernte Inseln hatten auch weniger Bewohner als die nahe am Festland.
Unter Wasser müsste es ebenso sein. So
baute ich zur Probe eine Habitatsinsel aus
Plastikfahnen dicht vor NERITIKA auf
und wollte täglich die Ankömmlinge protokollieren.

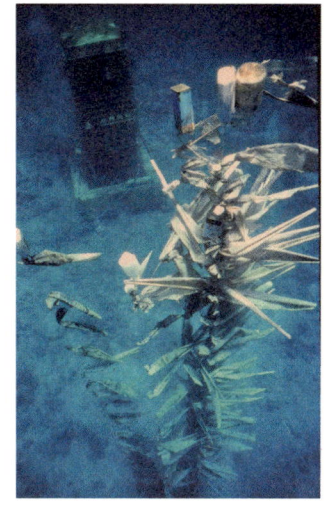

Um 13 Uhr stand der Fahnenwald, eine
fast künstlerische Installation, die mir op-
tisch außergewöhnlich gut gefiel. Bereits
um 17 Uhr fand ich zwei Jungfische, *Abudefduf fallax,* und zwei große Räuber, den
Flötenfisch *Fistularia*. Für beide war der
Fahnenwald eine ideale Tarnung. Tags darauf ging es Schlag auf Schlag. Ein riesiger *Caesio*-Schwarm machte einen Besuch.
Dann erschienen zehn Jungfische einer
Makrelenart. Auch ein Barrakuda besetzte
unseren künstlichen Lebensraum. Danach
stand ein kapitaler Schwarm von nachtaktiven Glasfischen (*Parapriacanthus guentheri*)
vor dem Haus und siedelte schließlich in
den Fahnenwald über.

Der künstliche Fahnenwald vor
und nach der Besiedlung.

Die Besiedlung begann, und zwar so
schnell, dass ich mit der Protokollierung
nicht mehr nachkam. Ich hatte das offene Meer besiedelt. Die
Glasfische kamen in so riesigen Mengen, dass ich den Fahnenwald stellenweise nicht mehr sah. Diese Glasfische machten

übrigens eine steile wissenschaftliche Karriere durch und wurden hochberühmt.

David Dubilet, der Starfotograf von *National Geographic*, hatte diese Fische 1972 in Ras Muhammed im Süden der Sinai-Halbinsel an einem Höhlenausgang fotografiert, ich selbst war damals zugegen. Das Foto der Fische schaffte es auf die berühmte Goldplatte, die die NASA als Beleg der Besiedlung unseres Planeten mit einer Voyager-Sonde ins Weltall schoss. Sie hofften, dass Aliens irgendwo dort oben Signale der Sonde empfangen würden und so Nachricht über die Besiedlung unserer Galaxie erhielten – noch heute warten wir auf eine Antwort.

Ich ahnte damals nicht, dass Davids berühmtes Bild einmal eine wichtige Rolle bei der Entdeckung von vorkulturellem Verhalten unter Fischen spielen würde, wenn also Traditionen über Generationen hinweg weitergegeben werden. Im Japanischen Garten hatte ich den Glasfisch und einen nahe Verwandten, *Pempheris vanicolensis,* jahrelang tagsüber immer in der gleichen Höhle gefunden. Obwohl rechts und links andere Unterkünfte vorhanden waren, gingen sie immer nur in die eine.

Es war eine Tradition, und da die Glasfische maximal 3 bis 4 Jahre alt wurden, mussten viele Generationen beständig zugewandert sein. Über 49 Jahre kontrollierte ich sieben solche Höhlen in unregelmäßigen Abständen, David fotografierte die Nr. 6 auf meiner Liste. Ich hatte ein vorkulturelles Verhalten unter Fischen entdeckt! Um auch zukünftige Forschergenerationen an diesem hochinteressanten Geschehen teilhaben zu lassen, haben wir später die GPS-Positionen unter Wasser bestimmt, sodass die Glasfische auch in Zukunft weiterhin verfolgt werden können.

Ein anderes vorkulturelles Verhalten würde es wahrscheinlich nicht auf die Goldene Platte einer Voyager Mission schaffen – es ging um eine kommunale Toilette des Doktorfisches *Ctenochaetus striatus.* Diese Doktorfische lebten auf einem größeren Korallenblock und fraßen Algen und anderen marinen Aufwuchs. Ihren Darminhalt entsorgten sie aber außerhalb des Blocks auf einer Fläche von nur einem Quadratmeter. Alle Doktorfische benutzten dieses Klo. Ich markierte es und kontrollierte den Toilettengang über 18 Jahre hinweg – wieder ein traditionelles vorkulturelles Verhalten. Wäre es auf der goldenen Voyager-Platte gelandet, würden die Aliens sicher kaum verstehen, warum Erdlinge so viel Energie und Geld für so eine unsinnige Kuriosität aufbringen!

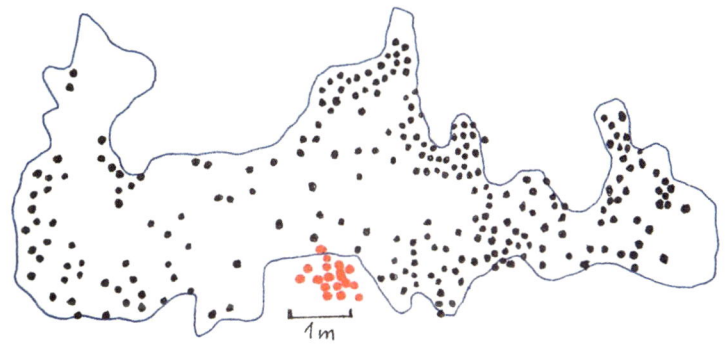

Die gemeinschaftliche Toilette der Doktorfische, schwarze Punkte markieren ihre Fressstellen, rote das gemeinschaftliche Klo. Der Student Roland Koch hat es entdeckt, ich habe es über 15 Jahre beobachtet.

Auch im Ballastkasten von NERITIKA unterhalb der Einstiegsplattform hatten es sich sehr schnell eine Vielzahl Untermieter bequem gemacht. Die langen Flötenfische *Fistularia* waren Raubfische, 22 zählten wir. Aber auch ein hochgiftiger Steinfisch war dabei. Mehrere kleine Zackenbarsche und eine kleine Muräne kamen – wir wurden ein künstliches Riff!

Leider kamen auch bald fünf große Rotfeuerfische, die sich

ausgerechnet unter der Sitzbank auf unserer Einstiegsplattform wohlfühlten. Das war nicht ganz ungefährlich, denn das Gift an ihren langen Stacheln ist hochpotent und nicht umsonst werden sie »crazy fishes« genannt. Einmal gestochen, führen die Opfer einen Veitstanz auf. Wir mussten deshalb bei Ein- und Ausgang unsere Schnorchel als Vertreibungswaffe einsetzen.

Ich benutzte NERITIKA jetzt auch als Erholungsraum. Draußen stieg die Temperatur täglich auf bis zu 49 Grad Celsius. Im Trockenraum war es angenehm kühl, 24 bis 26 Grad. Ich gönnte mir erholsame Schlafstunden, die ich auch gerne Simone und der kleinen Anja zugestanden hätte. Sie litten draußen in unserem Caravan unter den extremen Temperaturen.

Wir tauchten jetzt Tag und Nacht und benutzten unsere unterseeische Behausung als Lebensraum, Laboratorium und Filmstudio und lernten sehr intensiv unsere Nachbarn draußen im Riff kennen. So gab es einen knallroten Schwamm direkt vor unserem Haus, auf dem sich viele Pyjama-Nacktschnecken *Chromodoris magnifica* und sogar ein Schleimfisch *Runula* aufhielten. Beide jedoch aus unterschiedlichen Gründen. Der rote Schwamm produzierte ein potentes Gift, das die Pyjama-Schnecke gierig fraß. *Runula* kam nur in der Nacht und kuschelte sich möglichst dicht an seine rote Unterlage – meine Neugier war geweckt.

Da die Schnecke kein Farbsehen hatte und folglich auch keine farbigen sozialen Signale an ihre Artgenossen senden konnte, war es offensichtlich, dass ihre Farben auf jemanden anders gemünzt waren. Es musste eine Warnung sein, sie wollte jemanden erschrecken. Das ließ sich leicht in einem kleinen Experiment nachweisen.

Ich fütterte einen großen Schwarm von *Abudefduf*-Barschen mit Brot, das sie besonders gern mochten. Als sie dicht vor mir gierig nach den Brotkrümeln schnappten, ließ ich eine Handvoll Schnecken fallen. Sie trudelten durch den Fischschwarm ab-

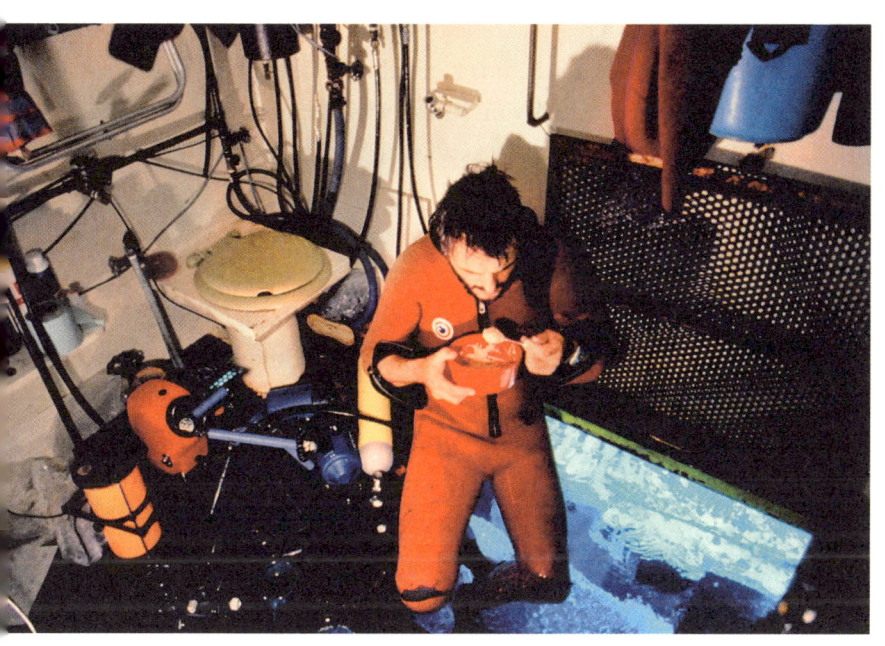

Unsere komplizierte Unterwassertoilette im NERITIKAS Nassraum. Fünf
verschiedene Ventile mussten bedient werden – bei einem Fehler trat der
Inhalt den Rückweg nach oben an.

wärts und keiner der Fische biss zu. Ein Kritiker könnte sagen, die Fische hätten eben in diesen Augenblicken keine Lust auf bunte Nahrung gehabt, oder aber die Schnecke verbreitete einen Geruch, den die Fische nicht so sehr mochten.

Ein Feldforscher wie ich musste auf so einen Einspruch eines Kritikers natürlich reagieren können. Ich tat es mit Farbfotos und klebte Konterfeis der Schnecken auf eine Glasscheibe, und dazwischen kleine Brocken von Hühnerfleisch aus dem Supermarkt. Hätte die Farbe der Schnecken keine Wirkung, müsste die Speiseplatte am nächsten Tag leergefressen sein. Nach vierundzwanzig Stunden stellte ich fest, dass das Hühnerfleisch an keiner Stelle angerührt war.

Und jetzt hatte ich noch eine Kontrolle in der Hand. Drehte ich die Glasscheibe um, sah ich die Rückseite der Fotos seitenverkehrt in Weiß, es fehlte also die Farbe. Und auch hier klebte ich Fleisch an die identischen Stellen des vorherigen Tages – es war kurze Zeit später von diversen Korallenfischen weggefressen. Bingo, die Kontrolle hatte geklappt. Das wunderschöne Pyjamakleid war also tatsächlich eine Warnfarbe.

Die Farbe war mit dem Gift des roten Schwammes verknüpft und schützte die Pyjamaschnecke vor ihren Fressfeinden. Dass der Fressfeind die Schnecke nicht mochte, wies ich abschließend mit einem präparierten Hühnerfleischsandwich nach, in dem ich eine Pyjamaschnecke eingewickelt hatte. Der Leser mag diesen unfairen Versuch entschuldigen. Ein kleiner Zackenbarsch wartete bereits und biss in Sekunden zu. Seine Kiemen bewegten sich, er verfärbte seine Haut, wurde blass, schüttelte seinen Vorderkörper nach rechts und links und spuckte mein Sandwich glücklicherweise wieder aus. Ich war innerlich ein bisschen froh über seine Reaktion und fühlte mich rehabilitiert.

Auch für den *Runula* spielt das Schwammgift eine wichtige Rolle. Der Schleimfisch ist ein kleiner unbeliebter Raubfisch. Er schleicht sich hinterlistig wie ein Tiger nahe an seine Beute und beißt Hautstücke aus ihr heraus. Gerne haben die Angegriffenen den *Runula* nicht – sie hassen ihn. Da die Opfer wie der Schleimfisch, die ich beobachtete, fast alle territorial waren, kannten sie sich vermutlich sogar persönlich. Aber der Schleimfisch brauchte selbst eine Waffe, um nicht gefressen zu werden – und die holte er sich in der Nacht von dem giftigen Schwamm. Er schmiegte sich eng an ihn und übernahm den giftigen Schleim seines Spenders auf seine eigene Haut.

Der hochgiftige rote Schwamm *Latrunculia sp.* Der Schleimfisch *Runula tapeinosoma* kuschelt sich nachts an ihn und übernimmt das Gift im Schlaf.

Hatte ein größerer Raubfisch *Runula* im Maul, tat er vermutlich das Gleiche wie der kleine Zackenbarsch, dem ich ein Pyjama-Kleid-Sandwich geboten hatte. Er spuckte *Runula* aus und würde in Zukunft nie wieder den Schleimfisch aufs Korn nehmen. Von solchen kleinen, interessanten Entdeckungen machten wir einige im Riff. NERITIKA ermöglichte uns lange In-Wasser-Beobachtungszeit und damit häufige solcher außergewöhnlichen Begegnungen.

So lernte ich auch die *Fuscus*-Gesellschaft besser kennen. Es gab vier von ihnen in unserem Gebiet, ein großes Männchen und drei kleine Weibchen. Eines Tages hatten die Weibchen Sandkuhlen gebaut. Gerne hätte ich gewusst, was wohl darin aufbewahrt war – natürlich vermutete ich Eier. Die Weibchen hatten mich jedoch nicht gern und griffen unverhohlen schon aus drei Metern Entfernung an. Ich hatte bereits von dem englischen Taucher berichtet, der von einem *Fuscus* gebissen wurde. Er war – wie er mir erzählte – neugierig gewesen, schwamm auf so ein eierbewachendes *Fuscus*-Weibchen zu und wurde hospitalreif gebissen.

Um meinen Forscherdrang zu stillen, baute ich deshalb einen Schutzkäfig aus Maschendraht und robbte so auf eine Kuhlenbesitzerin zu. Sie fackelte nicht lange und biss vehement in den Draht. Aber so in Sicherheit, konnte ich ihr Geheimnis lüften und sah, dass Tausende durchsichtige, winzige Eier den Grund der Sandkuhle bedeckten. Während die Mutter mich unter ziemlichem Energieaufwand beständig belästigte, nahm ich eine kleine Gelegeprobe und verschwand.

Sie und ihre weiblichen Nachbarn fächelten für zwei Tage frisches Wasser über ihre Gelege, und bei einigen beobachtete ich in der letzten Nacht eine Art Geburtshilfe. Sie pusteten in das Gelege und verhalfen ihren Kindern so zu einem schnelleren Aufstieg ins nächtliche Plankton.

Das größere Männchen kontrollierte und beschützte die Reviere der Weibchen. Die *Fuscusse* lebten also in einer Haremsgesellschaft! Und da ich auch wusste, dass Seeigel ihre Lieblingsspeise sind, bot ich dem schlaftrunkenen Haremsbesitzer in einer hellen Mondnacht einen Seeigel. So rechte Lust hatte er nicht und biss müde hinein.

Die Nacht im Riff ist eine besondere Zeit. Ich liebte sie. Draußen vor den Fenstern NERITIKAs versammelte sich jede Nacht eine andere Planktonwelt. Mal waren es dicke Wolken von Hydromedusen, mal dünne, nur Millimeter dicke Meeresringelwürmer. Und immer wieder schossen Fische dazwischen und fraßen die begehrte Beute. Ich sah die Glasfische und ihre *Pempheris*-Verwandten regelmäßig Plankton jagend vor dem Fenster.

Aber es gab auch mir völlig unbekannte Tiefseewesen, die mit der Echostreuschicht regelmäßig nachts an die Oberfläche stiegen, um hier zu fressen. Einmal war sogar völlig unerwartet ein

Vorbereitung des Pyjamaschnecken-Experiments –
zwischen den Fotos ist das Hühnerfleisch angeklebt.

riesiger roter Tiefseekalmar dabei. Auch ein merkwürdig steif schwimmender *Barrakudina* war regelmäßiger Gast, wie auch viele Tiefseefische mit ihren Photophoren an der Bauchseite. Leider verstand ich nur wenig von den Tiefseebewohnern, aber NERITIKA wäre eine ideale Forschungsmöglichkeit für die Tiefseefauna der Echostreuschicht.

Aber die Nacht in unserer Unterwasserbehausung hatte auch ihre Tücken. Die israelische Marine warf jede Nacht statistisch zufallsverteilt Wasserbomben zum Schutz vor arabischen Froschmännern ins Meer. Da Unterwasserschall schneller ist als Schall in der Luft und er ziemlich ungedämpft bei uns ankam, schreckten wir anfangs besonders heftig aus dem Schlaf. Man bekam ein Gefühl dafür, wie U-Boot-Soldaten im Krieg bei einem Wasserbombenangriff zumute sein musste. Einmal rief uns Yossi Paz von der Marine an; sie hatten eine Terroristenwarnung erhalten und müssten deshalb einige »Eier« (gemeint waren Wasserbomben) ganz in unserer Nähe ins Wasser werfen – wir sollten deshalb nicht erschrecken. Ich bedankte mich für die Warnung und freute mich über diese »Fürsorge« der Marine.

Den Umgang mit Terror musste ich in Israel sehr früh erfahren. Einmal fuhr ich durch die Arava-Wüste nach Eilat, im Windschatten eines großen Trucks, der Phosphat transportierte. Mein Auto war zu langsam, und ich konnte das riesige Gefährt vor mir nicht überholen. Plötzlich vernahm ich Schüsse von der rechten und linken Seite der Straße. Der Truck fuhr unkontrolliert rechts ab und kippte seitwärts um. Al Fatah hatte den Fahrer vor mir erschossen. Es war das erste und bisher einzige Mal, dass ich Augenzeuge einer solchen feigen Hinrichtung war. Später erfuhr ich, dass israelische Fallschirmspringer, noch in der Luft, vier flüchtende Terroristen erschossen hatten.

Auch vor unserem Tauchboot-Hangar im Institut wurde einen Tag vor meiner Ankunft der Nachtwächter hinterrücks ermordet.

Und während eines Studentenkurses stiegen einmal zwei arabische Froschmänner vor unserem Hangar mit primitiven Ausrüstungen ans Ufer. Eine Studentin sah es und rannte parallel zum Ufer in südlicher Richtung. Sie tat es, weil eine große Gruppe ihrer Kommilitonen gerade unweit beim Abendessen war. Sie lenkte die Terroristen ab; was für eine mutige Tat! Ich habe immer gestaunt, mit welcher Gelassenheit in Israel mit dem Terror umgegangen wird. Das ist jetzt 40 Jahre her und nichts hat sich bis heute geändert. Im Gegenteil: Unser neues Jahrhundert ist zu einem Jahrhundert der Anarchie geworden.

Mit NERITIKA hatte ich einen ambitionierten Versuch vor: Ich wollte einen Ausschnitt des Korallenriffs hermetisch abriegeln und bei *Dascyllus*-Barschen untersuchen, wie sich der Schwimmraum beim Planktonschnappen außerhalb ihrer Koralle durch verschiedene Umweltfaktoren verändert. Die Größe dieses Schwimmraumes konnte ich mit Videokameras feststellen. Die Idee war, an äußeren Umweltfaktoren gewissermaßen zu schrauben und die Auswirkungen auf die Größe des Bewegungsraumes der Gruppe zu verfolgen.

Natürlich hatte ich die *Dascyllus*-Barsche vorher lange genug beobachtet, und ich kannte die »Gestalt« ihres Gruppenlebens. Sie lebten draußen im Riff entweder einzeln oder in Paaren, auch in Harems oder großen promiskuitiven Gruppen mit vielen Männchen und Weibchen. Irgendwelche Umweltfaktoren mussten also ihr so flexibles Gruppenleben bestimmen. Aber welche waren das?

Vor NERITIKA baute ich einen Käfig von 100 Quadratmetern auf. Der Lebensraum der Fische außerhalb ihrer Koralle war nur etwa einen Quadratmeter groß – ich hatte ihn also um das Hundertfache vergrößert. Ein Netz ermöglichte den Wasserdurchfluss und somit auch die Zufuhr von planktonischer Nahrung.

Unterschiedliche Gruppenleben konnte ich durch die Korallengröße gezielt herstellen. Auf kleinen Korallen lebten einzelne

Tiere oder Paare, wurden die Korallen größer, wurden es Harems, und auf sehr großen lebten promiskuitive Gemeinschaften. Das Geheimnis waren die aggressiven Männchen, die sich gegenseitig aus den Korallen rausschmissen. Auf den großen Korallen etablierten sie aber eigene Reviere, und die Weibchen konnten sich aussuchen, welches Männchen ihnen am besten passte.

Als ich den Nahrungsdurchfluss mit einer überdimensionierten Plastikhaube stoppte, kamen die Barsche weit heraus, ihre Suchzeit nach Plankton verlängerte sich, und sie erweiterten ihren Schwimmraum. Da durch die Haube kein Wasserdurchfluss vorhanden war, erhöhte sich die Temperatur um fünf Grad, sodass man nicht sagen konnte, ob Nahrungsmangel oder Temperaturerhöhung für die Erweiterung verantwortlich war.

Noch dramatischer war es, als ich gezielt verschiedene Raubfische in meinen Experimentalkäfig setzte. Die *Fistularia*-Räuber standen stundenlang vor der Koralle. Keiner der *Dascyllus*e wagte sich nach draußen. Ein Rotfeuerfisch setzte sich gar auf die Koralle und wartete geduldig einen ganzen Tag lang auf Beute. Die *Dascyllus*-Barsche müssen ziemlich großen Hunger gehabt haben, aber sie verließen ihr Heim nicht. Anders war es bei einem mittelgroßen Zackenbarsch. Er reagierte nicht auf die kleinen Barsche. Der Käfig war nicht groß genug für ihn, und so machte er wie ein Zirkustier Bewegungen an den Außenwänden einer Manege. Er wollte raus, sein Jagdrevier draußen im Riff war sehr viel größer.

Der Versuch war kein Erfolg, ich hatte keine klaren Ergebnisse. Er zeigte mir bloß, dass mein ambitioniertes Vorhaben, diese sogenannte ökologische Systemanalyse selbst von so einer kleinen Gruppe von Korallenbarschen, kaum möglich ist – diese Art von Analysen sind eben mit erheblicher Vorsicht zu genießen. Die Natur ist komplizierter, als wir sie uns gewöhnlich vorstellen. Und doch lernte ich, wie vielfältig Umwelteinflüsse auf das Verhalten aller Tiere in freier Natur einwirken.

Einem Tier begegnete ich oft in der unmittelbaren Nähe NERITIKAs: *Octopus cyanea*. Einige dieser Kraken sah ich fast täglich, und eines Tages saßen zwei Tiere etwa einen Meter voneinander entfernt. Das war ungewöhnlich – und Ungewöhnliches passierte auch in der folgenden halben Stunde. Der eine schickte einen langen Arm zu seinem Gegenüber. Aus der Literatur wusste ich, dass das Krakenmännchen dem Weibchen mit einem spezialisierten Arm, dem Hectocotylus, eine Spermatophore in einer Hautfalte des Armes spendiert – ich war Zeuge der Krakenpaarung. Nie zuvor hatte ich das gesehen. Das Männchen schickte seinen Arm in die Geschlechtsöffnung des Weibchens und entließ dann sein Spermienpaket. Für Kopffüßer ist dies ein völlig normales Verhalten, aber Zeuge davon zu sein, versetzte mich in Hochstimmung. Ich hatte viel über Dressurversuche und im Besonderen über das gezielte Öffnen eines zugeschraubten Glases gelesen, in dem ein Krake eine Krabbe, also seine Lieblingsspeise, durch Öffnen des Deckels herausfischte, und entschloss mich, dem Krakenverhalten nachzugehen. Ich wollte eine Langzeitstudie durchführen und alle mit Oktopussen veranstalteten Experimente im Freiwasser wiederholen, um herauszufinden, wie die Intelligenz Einzug in die Welt des Oktopus hielt. Eine hoch spannende Frage – sie weiterhin zu verfolgen, wurde jedoch durch unsere Ambitionen verhindert, nach der Zeit in NERITIKA mit Tauchbooten den Vorstoß in die Dämmerungszone des Ozeans, unterhalb der Grenzen unserer Atemgeräte, zu wagen. Es sollte gleichzeitig mein Abschied von der Lorenzianischen Verhaltensforschung – Tiere stundenlang voraussetzungslos zu beobachten – werden. Tauchboote waren dafür nicht geeignet, ihr Einsatz war zu teuer.

Allerdings verfolgte ich in den kommenden Jahren die Forschungen und faszinierenden Entdeckungen an Oktopussen. Ja, die Kopffüßer waren den anderen Vertretern der Weichtiere, den Mollusken, haushoch überlegen – sie waren die Intelligentesten

unter ihnen. Wie waren sie im Verlaufe der Evolution dazu gekommen? Eigentlich waren ihre Voraussetzungen nicht die güns-
tigsten. Sie lebten nur 2 bis 3 Jahre, ihr soziales Leben ohne Brutfürsorge war nicht aufregend, sie hatten drei Kiemen und ein
relativ großes Gehirn mit angeblich 180 Millionen Neuronen und
Nervenbahnen, zu einem Ganglion in jedem Arm vereint, der un-
abhängig von benachbarten Armen agieren konnte.

Piero Amodio von der University of Cambridge offerierte eine
plausible Hypothese, wie die Intelligenz in das Reich der Okto-
pusse Einzug hielt. Es war der Verlust einer schützenden Kalk-
schale, der zur Evolution von schnellem Farbwechsel, sensitiven
Armen, körper- und farbgerechten Anpassungen an die Umgebung und so zur Eroberung neuer ökologischer Nischen und
damit auch zum Aufstieg der Intelligenz führte. Der Oktopus
konnte sich vor seinen Feinden in den kleinsten Nischen seines
Lebensraumes verstecken. Dies sei im Vergleich zu den höheren
Wirbeltieren ein divergenter, ein evolutionär neuer Weg.

Das Krakenverhalten wurde zu einem medialen Hype. Man
unterstellte ihm, ein Organismus mit neun Gehirnen (mit einem
Haupthirn im Körper und den Ganglien in den acht Armen) zu
sein. Und wie das in der Regenbogenpresse so üblich ist, wurde
sogar das Zeitalter der Kraken vorhergesagt, in dem sie mit ihrer
Intelligenz den Menschen eliminieren würden. NERITIKA wäre
bestens geeignet gewesen, die Kraken Tag und Nacht über lange
Zeiträume hinweg zu beobachten. Ein bisschen bedauerte ich,
diese Gelegenheit nicht ergriffen zu haben.

Aber ein neues großes Ziel lag vor uns. Wir saßen oft nachts
beim Blick nach draußen zusammen – wenn die nächtlichen Besucher und die Unbekannten der Echostreuschicht sich ein Stell-
dichein gaben – und ahnten nur, dass ein mächtiger, geheimnisvoller Abhang unter uns in die Tiefe führte. Mit unseren
Tauchgeräten war hier eine Grenze erreicht. Mit NERITIKA hat-

ten wir aber einen Weg aufgezeigt, auch mit begrenzten Mitteln eine sichere, erfolgreiche Unterwasserforschungsstation ohne jegliche staatliche Förderung zu erbauen. Sollte es nicht möglich sein, auch den nächsten Schritt zu tun, die Eroberung der Tiefen unterhalb der Grenzen unserer Tauchgeräte?

Ein alter Jugendtraum inspirierte mich außerdem: Der Quastenflosser, den mein Vorbild Kapitän Cousteau schon zweimal vergebens gesucht hatte. Ich brauchte unbedingt ein Tauchboot, und dann würde ich dieses lebende Fossil im Indischen Ozean finden.

Nach fünf Jahren Einsatzzeit holten wir schließlich NERITIKA das letzte Mal an Land. Es war früher Abend, und ich saß oberhalb NERITIKAs in einem Schlauchboot. Im sinkenden Abendlicht verfolgte ich das Hellerwerden der Außenscheinwerfer. Das Meer wurde schwarz, und unter mir sah ich die in der Tiefe arbeitenden Menschen, ihre langsamen Bewegungen vor dem großen gelben Gebäude, das sich sehr gut erkennen ließ. Wir waren auf individuellen, privaten Wegen zu Aquanauten geworden. Ein riesiger gelbgrüner Lichtschein erschien an der Oberfläche, bald brach die Nacht dort unten an. Ich liebte diese Zeit.

Als ich eine Woche später mit meinem Landrover bei Mondlicht Eilat durch die Arava-Wüste verließ und der Dieselmotor brummte, dachte ich an jenen Septembertag, an dem ich in entgegengesetzter Richtung gefahren war – ins Ungewisse, in die Welt NERITIKAs. Monate waren vergangen. Würde ich das Abenteuer noch einmal wiederholen? Damals, nach der ersten Mission, hätte ich Nein gesagt, doch heute habe ich eine andere Meinung. Jedenfalls fühlte ich, dass ein wichtiger Abschnitt meiner aquatischen Zeit zu einem Abschluss gekommen war. Ich war bereit für den nächsten Schritt, den Vorstoß in die Dämmerungszone des Ozeans.

7 Reise in die Dämmerung

Dass ich schließlich stolzer Tauchboot-»Kommandant« wurde, habe ich dem Chefredakteur Rolf Winter des *GEO*-Magazins zu verdanken, der eine Eingebung hatte, Geld zur Verfügung stellte und so zum Urvater deutscher bemannter Forschungstauchboote wurde. Ein Tauchboot zu haben, ist die eine Seite der Medaille, es zu unterhalten die andere und eine große Herausforderung. Ich bin Pragmatiker und dachte schon darüber nach. Aber auch da half Rolf Winter, und wir trafen uns mit dem Herausgeber des Magazins, Henri Nannen, der schnell auf den Punkt kam, wie es in Zukunft mit uns weitergehen solle. Er machte sogar ein verlockendes Angebot: »Herr Fricke, wenn Sie mal für ein Foto einen Flugzeugträger brauchen, dann mieten wir den für Sie.« Das war in den Goldenen Zeiten des Magazin-Journalismus, heute weht dort ein anderer Wind. Immerhin: Das Tauchboot war wenigstens in den ersten kommenden Jahren gesichert.

Ich hatte das Debakel um die mögliche Anschaffung eines offiziellen deutschen Forschungstauchbootes durch die Deutsche Forschungsgemeinschaft in den Jahren zuvor miterlebt. Wissenschaftsgremien hatten trotz positiver Zusagen der DFG die Anschaffung zerredet. Zu viele selbst ernannte Experten machten sich wichtig. Ein Professor aus Göttingen schlug sogar vor, den zylindrischen Druckkörper des Tauchbootes aus V2A-Edelstahl, der nicht einmal Seewasser- korrosionsbeständig war, aus dem Vollen zu drehen. Ich weiß gar nicht, ob jemals ein zylindrischer Körper von zwei Metern Durchmesser aus diesem besonderen, weichen Stahl auf der Welt existiert hat. Ich bezweifle es sehr. Außerdem war er gerade für Tauchboote ungeeignet.

Aus Dankbarkeit dem Magazin gegenüber taufte ich das Tauchboot auf den Namen GEO. Ein kurzer Name, der auch besonders im Radio- und Unterwassersprechverkehr geeignet war.

Im Bodensee fand die erste Erprobung statt. Als Simone bei diesen Tests dabei war und oben in die Luke der GEO reinsah, sagte sie nur: »Da lasse ich dich erst rein, wenn du alt bist.«

Wir tauchten in den Alpenseen, im Roten Meer, im Atlantik und Indischen Ozean sehr erfolgreich mit dem GEO-Boot und hatten vom technischen Standpunkt her absolutes Vertrauen in unser »Bötchen«, wie wir es liebevoll nannten. Kurz vor seinem Tod und Jahre später schrieb ich Rolf Winter einen Dankesbrief für all seine Unterstützung. Er antwortete: »Gut, dass wir unsere Chancen nutzten, denn heute haben die Erbsenzähler das Regiment.«

Schwierigkeiten kamen von einer ganz anderen Seite. Dass ausgerechnet in Bayern Tauchbootforschung betrieben wurde, gefiel dem meeresforschenden Norden überhaupt nicht. Eine Art Mobbing setzte gegen uns ein – und wir gaben unseren Gegnern einen starken Trumpf in die Hand: GEO hatte nämlich keine Zertifizierung durch den Germanischen Lloyd, eine Art Schiffs-TÜV. Ich hatte einfach nicht das Geld, um die dafür notwendigen technischen Zertifikate und Prüfungen beizubringen. Ich erinnere mich noch, wie mir ein Gutachter des Lloyd, Kapitän Homann, die Liste der technischen Vorgaben vorlas. Er sagte mir dann: »Herr Fricke, ich mag Ihre offene Art und besonders ihre klaren Antworten. ›Haben wir nicht an Bord!‹ Damit kann ich was anfangen.« Allerdings waren wir zu dem Zeitpunkt bereits ohne Zwischenfälle einige Hundert Mal getaucht und hatten absolutes Vertrauen in unser Gerät. Auch war es nach den Vorschriften des Lloyd im Bodensee unbemannt tiefengetestet und die Operationstauchtiefe auf 200 Meter festgelegt worden. Wir hatten übrigens später mit Kapitän Homann und anderen Mitarbeitern des Germanischen Lloyds enge freundschaftliche Beziehungen.

Als wir im Roten Meer das erste Mal die Operationstauchtiefe der GEO von 200 Metern erreichten, gab es einen fürchterlichen Knall. Ich schaute nach unten und wartete auf den Wassereinbruch. Student Günter Landmann schaute oben aus dem Pilotendom und rief laut: »Scheiße, die Ballastplatte ist weg!« In der Tat – wir hatten eine Ballastplatte, die abgesprengt werden konnte, um GEO, falls der Besatzung etwas zustieß, automatisch an die Oberfläche zu führen. Alle 45 Sekunden erhielten wir ein akustisches Signal, das wir quittieren mussten, reagierten wir nicht, erfolgte das Absprengen. Wir sausten senkrecht nach oben. Nach dem ersten Schreck erholten wir uns, informierten das Begleitboot an der Oberfläche und fragten, ob kein Schiff in der Nähe war, denn wir befanden uns in der Fahrrinne großer Öltanker. Wir taten alles, um den schnellen Aufstieg wenigstens etwas abzubremsen. Dann durchstießen wir die Oberfläche, machten die Luke auf, und entledigten uns in aller Schnelle unserer flüssigen Stoffwechselendprodukte. Grund der unerwarteten Sprengung, die uns zu dem unfreiwilligen Aufstieg verholfen hatte, war ein defekter elektronischer Tiefenanzeiger gewesen.

Als unsere Arbeiten später eine größere Tauchtiefe erforderlich machten, entstand JAGO, ein weiteres Tauchboot im Eigenbau, unter Regie von Jürgen Schauer im Max-Planck-Institut in Seewiesen. Dort standen uns hervorragende Werkstätten zur

Verfügung. Jürgen war Tag und Nacht bei der Arbeit, und unsere neue Mitarbeiterin Karen Hissmann versorgte Jürgen vorbildlich. Ich kümmerte mich um mögliche Sponsoren und schrieb wieder – wie bei NERITIKA und GEO – Bettelbriefe an die deutsche Industrie. Krupp spendete uns den Stahl, und die Firma Haux nannte uns ein Unternehmen, das ein günstiges Angebot für alle Schweißarbeiten machte. Trotzdem musste ich einen privaten Bankkredit aufnehmen.

Jürgen wunderte sich, dass draußen der Mais schon so hoch gewachsen war, er hatte jedes Zeitgefühl bei der Arbeit verloren. Der Germanische Lloyd war immer dabei, und so entstand JAGO, benannt nach einem kleinen Hai im Roten Meer. JAGO wurde

später Bestandteil der deutschen Forschungsflotte und konnte 400 Meter tief tauchen. Das Boot konnte von allen deutschen Forschungsschiffen eingesetzt werden und steht noch heute der deutschen Meeresforschung zur Verfügung. Anfangs haftete ich für alle Taucheinsätze persönlich, aber wegen meiner Familie konnte ich die private Verantwortung für JAGOs Taucharbeiten dann nicht mehr übernehmen. Was wäre gewesen, wenn JAGO mit einem amerikanischen Forschungsgast verunglückt wäre? Da hätte ich als Allein-Verantwortlicher nur eine Möglichkeit gehabt, nämlich mir schnellstens eine Beretta zu kaufen.

Wolf-Christian Dullo, damaliger Direktor des GEOMAR in Kiel, tauchte mit uns im Indischen Ozean und im Sudan und vermittelte JAGO schließlich nach Kiel. Das Unterwasserboot hatte eine taucherische Heimat gefunden und schweren Herzens ließ ich Jürgen und Karen nach Kiel gehen.

Doch zurück zu JAGOs Anfängen: Das Tauchboot wurde in der großartigen Testanlage GUSI von Experten auf Herz und Nieren geprüft und konnte danach seiner zugesprochenen Aufgabe, der Eroberung der Dämmerungszone, nachgehen. Vorher machten wir jedoch eine Rettungsübung im Bodensee. Jacques Piccard

Mit JAGO konnten wir jetzt 400 Meter Tiefe erreichen, das Vorzimmer zur Tiefsee, Beginn der Finsternis.

bot mir am Telefon seine Hilfe an. Im Jachthafen von Lausanne lag sein Tauchboot FOREL, der Genfer See war sein heimatliches Gewässer.

Die FOREL machte auf mich einen etwas desolaten Eindruck, lag sie doch ständig im Wasser. Bei unserem gemeinsamen Tauchgang sagte Piccard auf 220 Metern Tiefe:»Tiefer war Ihre Gruppe noch nicht. Ich gratuliere Ihnen. Ein Rekord für Sie.« Ein kräftiges»Hipp-Hipp-Hurra« erschallte. Es war eine nette Geste, besonders, dass Piccard daran gedacht hatte, obwohl Rekorde für mich selbst belanglos sind. Wir gingen noch tiefer.

Plötzlich zischte ein wenig Wasser in den Raum. Dann ein Knacken. Jürgen stellte die Luft ab, um den Ton besser orten zu können. Wieder knackte es und es schien, dass die Laute von den Verstrebungen kamen. Beklemmung überfiel mich. Dann noch ein Knack. Ich dachte an die San-Andreas-Erdbebenspalte in Kalifornien, wo ähnliche Töne entstehen, wenn die Kontinentalplatten aufeinandertreffen und sich übereinander schieben. Waren es die Schweißnähte? Wir konnten nichts lokalisieren. Es war ein bisschen wie im U-Boot-Krieg: Absturz eines getroffenen Bootes und Knistern beim Überschreiten der Tauchgrenze. Immerhin waren wir jetzt 330 Meter tief. Gespräche zwischen FOREL und dem Oberflächenschiff lenkten uns ab.

Wie immer, wenn man längere Zeit die freie Wassersäule durchfahren hat, ist man froh, wenn man schließlich den Grund sieht. JAGO gab keine unheimlichen Laute mehr von sich. Später stellten wir fest, dass Bewegungen des Plexiglasdomes schuld gewesen waren. Durch den Druck hatte er sich ruckweise im Millimeterbereich seitwärts verschoben und wurde dabei »gesprächig«.

Piccard war 45 Meter entfernt, sehen konnten wir FOREL nicht, die Sicht war zu schlecht. Aber dann bemerkten wir einen diffusen Lichtschimmer, wie von Ferne, vielleicht 8 Meter vor uns.

Piccard sagte übers Unterwassertelefon: »Reichen wir uns doch die Hand, Greifarm zu Greifarm. Sehen Sie, ich kann Sie retten.«

Später saßen wir in einem Seerestaurant, und ich fragte Piccard nach den Kosten für eine Rettung. »Über Kosten einer Rettung reden wir erst nachher, in einem solchen Fall spielt Geld keine Rolle«, war seine Antwort.

Später besuchte ich Piccard einige Male in seinem kleinen Institut in Cully am Genfer See. Ich fand einen warmherzigen, ehrlichen, intellektuellen, witzigen und besessenen Forscher vor. Es fehlte die Distanziertheit und das Spröde, das er angeblich im Umgang mit Fremden bei ersten Begegnungen zeigte. Ich war beeindruckt von der Persönlichkeit dieses Mannes, der damals mit dem Marineoffizier Don Walsh als erster Mensch den tiefsten Punkt der Erde im Marianengraben erreicht hatte, in 10 916 Metern Tiefe. Dies war ein wirklicher Rekord!

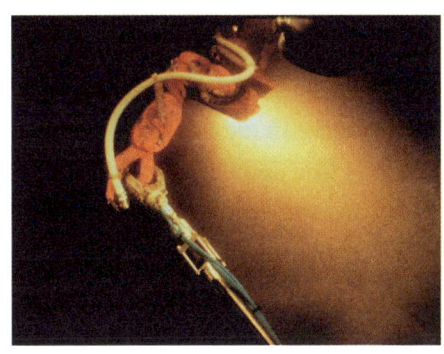

FOREL und JAGO beim »Handshake«, Ende eines erfolgreichen Tauchtests.

Ich freute mich sehr, dass mich Piccard zum 25. Jahrestag seines Weltrekords am 23. Januar 1960 nach Luzern einlud. Alle Größen der Tiefseeforschung waren versammelt, und ich fühlte mich damals mit meiner maximalen JAGO-Tauchtiefe von 400 Metern etwas deplatziert. Die Gäste waren alle ziemlich alt, und ich ahnte, dass diese Geburtstagsfeier ein historisches Ereignis war. Nie wieder würden diese Persönlichkeiten so zusammentreffen. Berührend war, dass sein Sohn Bertrand Piccard, der mit einem Ballon und später sogar mit einem Solarflugzeug die Erde umrundete, seiner Mutter einen großen Blumenstrauß überreichte – für die

Sorgen und Ängste, die sie um ihren Ehemann auf seinem Weltrekord-Tauchversuch ausgestanden hatte.

Heute ist der Weltrekord seines Vaters von dem Amerikaner Victor Vescovo am 13. Mai 2019 mit 10 928 Metern, also 16 Meter tiefer, überboten worden. Wobei, nicht ganz – eine Plastiktüte schwamm während des Tauchgangs noch tiefer unter ihnen.

Tauchboote sind keine Leichtgewichte. Um sie zu Wasser zu lassen, ist stets schweres Gerät nötig – starke Kräne, zu Land oder auch an Bord eines Schiffes. GEO wie JAGO wogen drei Tonnen, und ich hatte vor, in Eilat Dauerbeobachtungen an Organismen im Vorzimmer zur Tiefsee zu machen. Nur so konnten wir Einblicke in die Lebensweisen dieser Meeresbewohner gewinnen.

Vor dem Eilat Laboratorium bauten wir deshalb einen Schienenweg auf und ließen das Tauchboot auf einem präparierten Förderwagen – Bergleute nennen ihn Hunt – zu Wasser. Das war stets ein aufregendes Unternehmen. Geriet nämlich der Hunt mit seinem Tauchboot im Gepäck in den Wellenbereich am Ufer, hüpfte der Wagen oft von den Schienen, und wir waren gezwungen, das Tauchboot mit Eisenstangen wieder auf den rechten Weg zu hebeln.

Beim Abstieg in die Dämmerung zeigte sich gleich zu Anfang ein überraschendes Bild: Das lebendige Riff mit all seinen lebenssprühenden Bewohnern endete in 40 bis 45 Metern Tiefe. Eine sehr lange Sandschräge von vielleicht einem halben Kilometer folgte bis 90 Meter. Danach gab es einen steilen Abbruch, der in 400 Metern Tiefe in der Finsternis endete. Nur manchmal erkannten wir beim Blick nach oben einen winzigen, diffusen Lichtfleck.

An der Abbruchkante zwischen 90 und 105 Metern Tiefe entdeckten wir Brandungskehlen, kleine Höhlen und von unzähligen Organismen überwachsene, fossile Korallenskelette. Hier war früher ein Korallenriff gewesen. Wir sahen Zeugnisse der Eiszeit

Jago in Sharm el Sheik am sogenannten Tower, 1984.

vor uns, als der Meeresspiegel viel tiefer als heute war. Aber noch etwas überraschte uns: Es gab einige Fischarten, die aus den Riffen von oben bis hierher gewandert waren.

Die Relikte der Eiszeit interessierten mich. Wenn der Wasserspiegel weltweit im Zuge der zu erwartenden Klimaerwärmung steigt, werden wahrscheinlich viele flache ozeanische Inseln überflutet. Und so wie hier würde es in Zukunft wohl auch in höheren Lagen aussehen. Entlang der Sinai-Küste bot sich überall das gleiche Bild, und wir fanden nicht nur Terrassenbildungen der letzten Eiszeit, sondern auch von früheren Ereignissen, die bis zu zwei Millionen Jahre zurückreichten. Die Frage war allerdings auch, ob tektonische Ereignisse die Eiszeitmarken verschoben haben könnten. Der Erdball verformt sich nämlich durch diese Vorgänge, man nennt sie auf Englisch »elastic bulging«. Einige Orte der Erde sind von solchen tektonischen Prozessen weniger betroffen, Bermuda ist zum Beispiel einer davon – er weist die geringste Verformung durch »elastic bulging« auf.

Mit einem deutschen Geologen fuhren wir nach Bermuda, auf die »Expedition der Kanonenkugeln«, die ebenfalls noch aus der Eiszeit stammten. Diese Kanonenkugeln waren natürlich keine menschengemachten Geschosse, sondern biologische Gebilde, sogenannte Rodolithe. Sie bilden sich im flachen Wasser und entstehen durch Kalzifikation um einen festen Kern, einen Stein, eine Muschel oder ähnliches. Kalkalgen setzen sich fest, und da sie im Gezeitenbereich liegen, werden sie ständig gedreht und dabei kugelrund.

Diese Rodolithe fanden wir in Bermuda überall. Wurden sie nicht mehr durch Wellenbewegung gedreht, klebten sie zusammen und wuchsen zu einem Riff. Durch Eisschmelzen und den damit verbundenen Meeresspiegelanstieg in Warmwasserzeiten waren sie gewissermaßen in einen unfreiwilligen Ruhezustand geraten – sie waren in Pension gegangen.

Auf der Challenger-Bank vor Bermuda, einem sogenannten »seamount«, also einem unterseeischen Berg, der wegen seiner Strömungen gefürchtet ist, wollten wir unsere »Kanonenkugeln« studieren. Es war ideales Tauchwetter, aber bitterböse Strömung empfing uns. Im Nu trieben wir von unserem Mutterschiff WEATHERBIRD ab und verschwanden im offenen blauen Atlantik. Wir gingen auf 195 Meter Tiefe und nur der Kompass führte uns schließlich zurück. Vor uns sahen wir senkrechte ausgeschliffene Wände und unter jedem Überhang Hunderte Rodolithen. In 90 Metern Tiefe nahm die Hangneigung ab und ein geschlossenes Riff aus zusammengewachsenen Rodolithen erschien. Da wurde uns bewusst, dass die Krone der Challenger-Bank von »Kanonenkugeln« gebildet wurde – wir hatten eine neue Riff-Form entdeckt.

Gegen 14 Uhr tauchten wir in Sichtweite der WEATHERBIRD auf, aber es gab eine mörderische Strömung, und die Motoren von GEO waren zu schwach, um uns auch nur einen Meter vorwärts zu bewegen. Olaf, unsere Tauchboothilfe, sprang ins Wasser. GEO lag nur etwa 100 Meter entfernt, und er wollte uns an eine lange Leine legen. Aber da hörte ich über das Radio eines Fischerbootes, das vielleicht 300 Meter vor uns lag, eine dringende Haiwarnung – ein vier Meter langer Hammerhai sei unterwegs. Ich sah seine Flosse unweit von GEO und schrie, so laut es nur ging, Olaf zu. Er hat ihn aus der Entfernung ebenfalls gesehen. Der Fischer schimpfte: »Take out your ass from the water. This bastard likes white meat« – der Fischer selbst war ein Farbiger. Olaf schwamm Weltrekord und sprang auf GEO – das war noch einmal gut gegangen.

In Eilat hatte ich schon beim ersten GEO-Tauchversuch etwas Außergewöhnliches gesehen: Auf der großen Sandwüste vor dem eiszeitlichen Fossilriff lugten hier und da von Korallen dicht besetzte Felsen hervor. Und auf vielen siedelten merkwürdige schwarze Scheiben einer flachen Koralle. Was war das? Ich hatte den Verdacht, dass das Phänomen etwas biologisch Hochinteressantes sein musste – das signalisierte mir die Lorenzianische Gestaltwahrnehmung. Leider waren bei GEOs erstem Testtauchgang noch keine Scheinwerfer installiert, sonst hätte ich das schlummernde Geheimnis sofort aufgedeckt.

Ich hatte zu diesem Zeitpunkt noch keine Ahnung, dass uns diese schwarzen Scheiben einige Millionen an Forschungsgeldern einbringen würden. Die bisherige Reise in die Dämmerungszone hatte sich gelohnt, war aber auch weit entfernt von der Lorenzianischen beobachtenden Verhaltensforschung, die ich jahrelang so geliebt hatte. In Zukunft würde ich nicht mehr für viele Stunden geduldig vor meinen Fischen sitzen können, um ihre Rätsel zu enthüllen. Nein, das Tauchboot war zu teuer, und wir mussten uns Themen stellen, die unsere neuen Missionen auch finanzierten – und da kamen die schwarzen Scheiben ins Spiel.

Als wir später die Scheinwerfer von GEO auf sie richteten, wussten wir, womit wir es zu tun hatten. Es war eine Koralle, *Leptoseris fragilis,* die uns eine ungewöhnliche Geschichte zu erzählen hatte. Ihre Schwärze war einem hoch komplizierten biochemisch-optischen Vorgang geschuldet. Dass sie im natürlichen Licht schwarz war, zeigte mir, dass sie alles einfallende Licht sammelte und – egoistisch wie sie war – nicht ein Photon wieder abgeben wollte. In unserem künstlichen Scheinwerferlicht sah sie aber grün aus. Sie hatte offensichtlich Algen in ihrem Bauch.

Wollte sie die festgehaltenen Photonen vielleicht der Fotosynthese der Algen zur Verfügung stellen? Diese These mussten wir belegen, und so stieg ich in die spannende Photoökologie ein. Statt farbigen Fischen hinterherzueilen, wurde ich ein Instrumentenableser. Ich dachte physikalisch und physiologisch und betrieb moderne Biologie, die sich selbst finanzierte. Und Geld benötigten wir dringend für die Unterhaltung von GEO und später auch JAGO.

Zunächst sammelten wir einige der Korallen, und unter dem Mikroskop sahen wir eine verblüffende Struktur. Da standen reißverschlussartige Trennwände aus Kalk, deren Zähne auf Lücke standen, wie bei ineinandergreifenden Zahnrädern. Damit wurde jedem Lichtteilchen der Weg nach oben versperrt, es war in der Koralle gefangen – eine ideale Photonen-Falle.

Wir gewannen einen guten Freund und Kollegen, Didi Schlichter von der Universität Köln, für unser Team, der sich mit Korallen und Anemonen bestens auskannte. Jetzt ging es Schlag auf Schlag. Didi zeigte uns bald, wie die Algen – große runde Gebilde, Zooxanthellen hießen sie – zwischen den Trennwänden lagen und den Lichtfang der *Leptoseris* nutzten. Mehr noch: Er fand ein Pigment in den Algen, das die außergewöhnliche Eigenschaft hatte, das in dieser Tiefe vorhandene ultraviolette Licht zu absorbieren und in Wellenlängen zu übersetzen, die es in dieser Tiefe nicht mehr gab. So verschwindet beispielsweise die Farbe Rot bereits in den ersten oberen Metern des Wassers. Dieses Pigment diente also dazu, den Zooxanthellen eine fast normale Fotosynthese zu ermöglichen. Die Wirtskoralle erhielt dafür zuckerhaltige Nährstoffe – es war eine typische Symbiose, wie sie oben im Flachwasser gang und gäbe bei den Korallen ist. Als Abfallprodukt der Fotosynthese entsteht durch Spaltung von Wasser Sauerstoff, also mussten wir nun vor Ort mit GEO den produzierten Sauerstoff nachweisen. Das geschah durch komplizierte Elektroden, die Jürgen sofort perfekt installierte.

Wir machten jetzt physiologische Experimente, die eigentlich die Domäne von Laborforschern waren. Natürlich wollten wir dabei auch wissen, wie der Tagesgang der Fotosynthese der Koralle war, und ich stellte mich zur Verfügung, einen ganzen Tag lang unter Wasser die Sauerstoffproduktion zu messen.

Da es im Boot doch ein wenig eng war, tauchte ich alleine damit herunter und ersetzte Jürgen durch Bleigewichte. Um 3.30 Uhr in der Nacht startete ich. Ich schrieb in mein Notizbuch: »Da sitzt man fast einen Kilometer vor der Küste allein in einer engen Röhre in 108 Metern Tiefe und hört Beethovens 5. Klavierkonzert, während man seine Messinstrumente abliest. Mein Tun hier unten ist nicht allein das Instrumentenlesen, es ist auch so ein bisschen die Kunst des Bogenschießens, die Erfüllung beim Machen des Ganzen: tauchen, steuern, navigieren, messen, beobachten, schreiben und sich wundern, wenn ein großer Fisch dort

draußen vorbei schwimmt. Was werde ich später mal über diese Zeit sagen?«

Jürgen hatte mich an die Tauchstelle geschleppt und konnte mein Licht noch in 100 Metern Tiefe von der Oberfläche aus sehen. Die Navy warf zwei Bomben, harte Schläge, aber weit entfernt. Sie galten nicht mir. Ein Rotfeuerfisch wachte auf und sah die rotierenden Magnetrührer meines Experiments, die er sehr interessant fand. Wieder hallten zwei Bombenschläge durchs Wasser. Um 5.45 Uhr sah ich draußen erste Lichtschimmer. Olaf meldete, dass es langsam hell wurde.

Die »deadman«-Schaltung von GEO war sehr laut und erschreckte mich jedes Mal. Ich fror etwas, fühlte mich aber sonst wohl. Um 6.01 Uhr konnte ich draußen Konturen erkennen, obwohl mein Lichtmesser noch null anzeigte. Dann schwamm ein erster Lippfisch vorbei. Ab 7.00 Uhr konnte ich nur mit dem Tageslicht schon lesen und schreiben. Nennenswerte Sauerstoffproduktion der Korallen stellte ich erst am späten Vormittag und um Mittag bei höchstem Sonnenstand fest. Sehr viele Vorteile konnten die Korallen von der geringen Fotosynthese der Algen also nicht haben.

Um 14.30 Uhr war ich bereits 12 Stunden unter Wasser. Das Licht nahm draußen spürbar ab. Bisher hatte ich keine »Energiekrise« gehabt, auch geschlafen hatte ich nicht, aber war immer noch topfit. Nur das Sitzen machte mir Schwierigkeiten. Um 19.00 Uhr begann ich den Aufstieg. Der Nachteinbruch an der Kante der Eiszeitkorallen war wunderschön, dazu hörte ich wieder das 5. Klavierkonzert in Stereo und überlaut – ein unwirklicher Genuss in 100 Metern Tiefe unter dem Meer. Um 19.11 Uhr erreichte ich die Oberfläche, aber die See war kabbelig, und ich konnte nicht sofort aussteigen.

Ein Laborforscher geht frühmorgens an seinen festen Arbeitsplatz, aber wir hatten bewiesen, dass man identische Versuche in regelmäßigen Abständen auch mit einem Tauchboot machen konnte. Das funktionierte aber nur, weil das Boot uns gehörte, billig zu unterhalten war und die Planungen völlig in unserer Hand lagen. Wir hatten die Laborforschung gewissermaßen in die Dämmerungszone des Ozeans getragen, ein innovativer Schritt.

Unsere Arbeiten an *Leptoseris* erregten das Interesse von Nobelpreisträger Huber, der sich mit den Mechanismen der Fotosynthese beschäftigte – eine Domäne, von der wir eigentlich nichts verstanden. Und wir unruhigen Geister dachten bereits weiter: Diese erste Reise in die Dämmerung konnte uns auch zu einer weiteren Reise in die ganz große Tiefe, in die Tiefsee bringen. Bei MBB (Messerschmidt-Bölkow-Blohm) in München hatte ich durch Vermittlung von Dr. Bölkow, den ich persönlich kennengelernt hatte, GEO kostenlos generalüberholen dürften. Dabei wurden wir auf eine Titankugel aufmerksam, die eigentlich als Flüssigkeitstank für ein NASA-Raumfahrzeug vorgesehen war, doch der Auftrag wurde storniert und niemand brauchte diese Titankugel.

Als ich sie sah, dachte ich sofort an ein neues Tauchboot, und ein Mitarbeiter des Germanischen Lloyds errechnete, dass man damit eine Tauchtiefe von 3000 Metern erreichen könnte. Als ich am Telefon Piccard davon erzählte, sagte er nur: »Warten Sie, Dr. Fricke, ich rechne schnell mal nach.« Piccard kam auf 4500 Meter. Die Kugel hätte ich von MBB für einen Freundschaftspreis bekommen können, aber als Forschungsstipendiat bei der Max-Planck-Gesellschaft konnte ich das Geld damals nicht aufbringen – heute bedaure ich es.

Trotzdem begann ich, Erkundigungen über die Verarbeitung von Titan einzuholen, und Jürgen fertigte erste Entwürfe und Zeichnungen an. Wir nannten das geplante Boot BAVARIA, und ein Businessplan entstand. Eigentlich hätten wir sofort mit dem Bau beginnen können. Doktor Bölkow schlug dann vor, den Druckkörper aus gewickelten Kohlenstofffasern herzustellen, was ein Novum bei Tiefseebooten gewesen wäre. Dann stellte sich jedoch heraus, dass bei Kohlenstofffasern eine intrakristalline Korrosion auftreten kann, über die man damals noch nicht so gut Bescheid wusste – es blieb also beim Titan.

Mein guter Geist und Gönner Heinrich Vischer aus Basel wollte mir bei der Finanzierung unter die Arme greifen. Aber das Finanzamt forderte für eine Spendenbescheinigung die Offenlegung der Einkünfte, die Heinrich dem deutschen Fiskus nicht unbedingt geben wollte, also wurde aus dem Tauchboot nichts. Wir hätten damit in die Liga der großen Tiefseebootnationen USA, Sowjetunion, Japan und Frankreich aufsteigen können, aber diese Chance war vertan – und seitdem zählen Finanzämter zu meinen Feinden.

8 Miss Latimers Erbe

Wenn in NERITIKA die Abendstunden anbrachen und wir entspannt dem Treiben unserer Nachtgäste vor den Fenstern zusahen – sie wurden vom Licht magisch angezogen –, gingen unsere Gedanken oft auf Wanderschaft. Pläne für den Vorstoß in die Dämmerungszone entstanden, und viele Male träumten wir vom Quastenflosser – jenem lebenden Fossil, das die Menschheit so gerne als Übergang von der Fischwelt zu den vierbeinigen Wirbeltieren, den Tetrapoden, gesehen hätte, das vor ca. 400 Millionen Jahren entstand und bis heute fast unverändert existiert.

Der Fisch war seit 1938 mit dem Namen des Südafrikaners J. L. B. Smith verknüpft, der über ihn den Zoologenklassiker *Old Fourlegs* geschrieben hatte. Eine junge Kuratorin, Marjorie Latimer, hatte den Fisch auf den Dockyards in East London gefunden, und ihr zu Ehren wurde der Fisch *Latimeria chalumnae* genannt. Vor dem Chalumna River war er nämlich gefangen worden.

Nur wenige Jahre nach NERITIKA überschritt ich am 19. August 1981 zusammen mit Jaroslav Kohout, dem begnadeten Erbauer der GEO, im Roten Meer die 100-Meter-Tiefenlinie und schrieb enthusiastisch in mein Notizbuch: »Wir haben heute das Vorzimmer der Tiefsee gesehen, wir waren in der Dämmerungszone.« Es war ein erster Schritt in Richtung Quastenflosser. Ich hatte zuvor auf den Komoren und an mehreren Stellen der madagassischen Küste vergebens mit Tauchgeräten in bis zu 80 Metern Tiefe nach Quastenflossern gesucht. Doch sie lebten in tieferem Wasser, und scherzhaft hatte ich damals zu Simone gesagt: »Das nächste Mal komme ich mit einem U-Boot.«

Am 18. Januar 1987 telefonierte ich vom Pariser Flughafen Charles de Gaulle mit meiner Familie. Gerade war ich von den Komoren zurückgekommen. Mein kleiner Sohn Sebastian teilte mir voller Freude mit, meine beiden langjährigen Mitarbeiter Jürgen und Olaf hätten gestern Abend den Quastenflosser am vorletzten Tag unserer Expedition gefunden, zu einem Zeitpunkt, an dem ich mich noch auf den Komoren befand und gerade für den Flug nach Paris abgefertigt wurde. Freudentränen liefen über mein Gesicht. Der Fisch habe zwei Minuten lang vor GEO einen Kopfstand gemacht und driftete langsam durchs Wasser. Ein wahnsinniger, unvergesslicher Anblick sei das gewesen, und alles sei auf dem Film. Erste Fotos für das Magazin *GEO* und Filmsequenzen für das ZDF waren im Kasten. Ein Stein fiel mir vom Herzen. Wir waren aus dem schwarzen Loch heraus – alles Weitere war Kosmetik. Jetzt würden wir mit der Forschung erst richtig loslegen.

Ich hatte die Wochen zuvor unter riesiger Anspannung gelitten. Jürgen und Olaf ging es ebenso, sie hatten den ersten Blick auf einen Quastenflosser in seinem natürlichen Lebensraum mehr als verdient. Auf dem kurzen Restflug nach München fiel ich in einen tiefen Schlaf.

Quasti, so hatte Jürgen ihn getauft, wurde ein großer Medienhype. Er erschien auf den Titelseiten von Magazinen und Zeitungen, sogar auf der ersten Seite der *New York Times*. Ich wurde akademischer Wanderprediger und hielt in 18 Ländern Vorträge über den Quastenflosser. Vier große TV-Dokumentationen entstan-

Lebende Quastenflosser lassen sich nicht so leicht umarmen –
dieses Exemplar ist luftgetrocknet.

den, und ich gewann sogar auf dem prestigeträchtigen Filmfestival *Wildscreen* in England den »Anglia Television Award for Revelation«. Und nach einigen weiteren Expeditionen fasste ich zehn Jahre später unsere Ergebnisse und Abenteuer in einem Buch *Der Fisch, der aus der Urzeit kam – Die Jagd nach dem Quastenflosser* zusammen. Wenige Fische sind so gut dokumentiert wie der Quasti.

Kurz vor Weihnachten 2011 erhielt ich einen Anruf aus Japan. Ob ich gewillt sei, den Kobe Award für außergewöhnliche Studien der Meeresbiologie in Empfang zu nehmen, der Preis sei mit einer Million dotiert. So ganz kapierte ich das in diesem Moment nicht. Als mich mein Sohn Niko anrief, erzählte ich ihm davon, und Niko antwortete sogleich: »Papa, dann ist da ein roter Porsche für mich drin.« Ich konnte mich einfach nicht an das Gefühl gewöhnen, bald Millionär zu sein, und lebte deshalb weiter als ein ganz normaler Bürger. Dann rief Niko nach einigen Tagen an: »Papa, nicht Millionen von Dollar, sondern eine Million Yen hast du verdient.« So kam ich auf den Boden der Normalität zurück.

Durch die Tiefenbegrenzung von JAGO auf 400 Meter wussten wir zu diesem Zeitpunkt nur über einen Teil des Lebensraumes von Quasti Bescheid. Wie sah es darunter aus? Wir haben ihn später durch Radiotracking auf bis zu 700 Metern Tiefe verfolgt. Schon früher hatte George Hughes aus Bristol eine entscheidende Entdeckung gemacht, nämlich, dass das Blut des Quastenflossers seine beste Sauerstoffsättigung bei Umgebungstemperaturen von 15 bis 18 Grad Celsius hat. In diesem Temperaturbereich hatten wir auch unsere Suche aufgenommen, denn eigentlich sollte Quasti kaltes Tiefenwasser aufsuchen, wo er besser atmen konnte. Aber er schwamm am Ende jeder Nacht ins wärmere Wasser und nahm den beschwerlichen Weg einer Höhenwanderung auf sich. Warum tat er das? Irgendetwas musste an diesem Lebensraum anders sein.

Da kam unerwartete Hilfe aus den USA: Paul Allen, Schulfreund von Bill Gates und Mitbegründer von Microsoft, wollte gern einen Quastenflosser sehen, und er lud uns auf seine großartige Motorjacht OCTOPUS ein. Sie war 123 Meter lang und hatte alles an Bord, was für ozeanografische Forschungen nötig war: Tieftauchausrüstungen, ein Tauchboot für 360 Meter Tiefe, zwei Helikopter und einen Roboter (ROV) für Tiefen bis zu 2.500 Metern. War das ein Fingerzeig Gottes, die Grenzen von Quastis Lebensraum kennenzulernen?

Ich las in der Autobiografie von Paul Allen, dass er niemals daran gedacht habe, eine Jacht zu besitzen. Er verband Jachten mit Scotch trinkenden, dicke Zigarren rauchenden Snobs, die zweireihige dunkelblaue Blazer und Kapitänsmützen trugen. Das war nichts für ihn. Aber er war angetan von Jacques Cousteaus großartigem Film *Die Welt des Schweigens* und so wurde die OCTOPUS im Geiste von Cousteau gebaut. Diese Ein-

So bequem wie auf Paul Allens Jacht haben wir selten geforscht. Zwei Helikopter, das Tauchboot PAGOO, ein Tiefseeroboter und Mischgasausrüstungen standen zur Verfügung.

stellung gefiel mir und erinnerte mich ein wenig an Hans Hass und seinen Film *Abenteuer im Roten Meer,* der auch mein eigenes Leben stark beeinflusst hat.

Die OCTOPUS nahm extra den langen Seeweg um das Kap der Guten Hoffnung herum auf sich, um Paul Allen den Quasti zu zeigen. Ein Milliardär kann sich diesen Luxus leisten. Er war schon einmal auf den Komoren gewesen und hatte keinen Erfolg gehabt. Nun lud er uns ein, und wir waren bass erstaunt, über welchen Komfort diese großartige Jacht verfügte. Eine freundliche

Crew empfing uns, und Kapitän Glenn Dalby und ich verstanden uns auf Anhieb prächtig – wir sind bis heute in brieflichem Kontakt. Das Erstaunen war groß, als der erste Quasti schon nach nur acht Minuten nach Abtauchen des ROV auf dem Bildschirm im Kontrollraum des Roboters erschien. Wir wussten eben, wo die Tiere in ihren Höhlen saßen.

Ich lag währenddessen im Bett meiner VIP-Lounge und verfolgte auf einem riesigen HD-Bildschirm das Geschehen. Ein Tippen auf einem Touchscreen informierte mich über Tauchtiefe des ROV, über Temperatur, Salinität und anderes Wissenswertes. Ich war stets mitten im Geschehen. War das die Zukunft der Meeresforschung? An Bord der JAGO maßen wir zum Beispiel die Wassertemperatur, Salinität und anderes von den Instrumenten einzeln ab und schrieben die Werte in ein Protokollheft. Das war fast archaisch und trotzdem erschienen solche Daten in den guten Journalen. Irgendwie fühlte ich mich dabei als ein Entdecker alten Stils und ertrug die unterschwellige Kritik der Jüngeren mit großer Gelassenheit – dann war ich eben ein Meeresforscher von vorgestern. Jedenfalls hatte ich Freude in jeder Sekunde, der Weg an sich war das Ziel.

Paul Allens ROV öffnete auch mir die Augen. Unterhalb von 500 Metern gab es keine Quasti-Höhlen mehr, ab dieser Tiefe war die Gegend auch mehr erodiert und Sandhänge nahmen zu. Vom kühleren Wasser und damit besseren Sauerstoffangebot profitierte Quasti dort nicht mehr. Er musste am Ende der Nacht nach Beendigung seiner piscivoren Jagd wie ein Bergsteiger die Hänge des Karthala Vulkans aufsteigen, um seine Ruhehöhlen zu erreichen.

Die Paul-Allen-Expedition nahm ein unerwartetes Ende. In der dritten Nacht umrundete uns ein Schnellboot, und Nachtsichtgeräte verrieten uns, dass keiner im Sichtbereich an Bord war. Glenn Dalby hatte von der Komorischen Regierung eine Warnung erhalten, dass Piratenangriffe zu erwarten seien. Tatsächlich wurde am nächsten Morgen über Radio berichtet, dass in nur 80 Meilen

Entfernung ein Öltanker und später noch ein Frachter gekapert wurden. Glenn musste unsere Reise aus Sicherheitsgründen abbrechen, und wir nahmen Kurs auf Daressalam in Tansania.

Ich hatte auf einer früheren Expedition ein militärisches Nachtsichtgerät ausgeliehen, um den Quasti ohne Scheinwerfer im natürlichen Licht der Tiefe zu beobachten. Man kann in 200 Metern Tiefe durchaus noch die großen Überschriften einer Zeitung lesen. Wir hatten beim Blick in die Tageshöhlen der Quastis bemerkt, dass oft nur die weißen Fleckenmuster des Fisches sichtbar waren, oft aber auch die weißen Innenschalen einer in Höhlen lebenden Muschel namens *Dromia*. Der Quasti nutzte die Schalen toter *Dromias* als Tarnhintergrund – ein verblüffendes Bild. Die toten weißen Dromiaschalen warfen das wenige Restlicht der Höhle zurück, und Quastis Flecken waren davon kaum zu unterscheiden.

Mit einem ausgeliehenen militärischen Restlichtverstärker sahen wir plötzlich, dass die individuellen Fleckenmuster der großen Fische zu leuchten begannen, als ob sie aus dem Körperinneren angestrahlt würden. Etwas optisch Aktives musste dahinterstecken. Wieder hatte ich das Lorenzianische »Aha-Erlebnis«, eine »Gestalt« hatte ich erkannt. Und wieder wusste ich, dass ich nicht der richtige Mann war, dieses faszinierende Phänomen zu erforschen. Ich brauchte professionelle Hilfe, Leute, die das konnten.

In Doktor Bernhard Kley, einem Nano- und Mikrooptiker an der Universität Jena im Institut für Angewandte Physik, fand ich den richtigen enthusiastischen Forscher, der sich des Quastis annehmen wollte. Ich erzählte ihm, was ich wusste, und Bernhard beschloss, sich zu beteiligen. Daraus wurde eine jahrelange Zusammenarbeit, die ich bis zum heutigen Tag genieße. Ich fand einen Freund, der auf der gleichen Wellenlänge tickte. Und Bernhard wurde schnell fündig.

Zwei Quastenflosser haben sich den toten Schalen der
Dromia-Muschel angepasst. Eine Tarnung, um dichter an
Beutefische zu gelangen.

Er entdeckte eine Schicht von runden Nanopartikeln, nur 0,003 Millimeter unterhalb der Schuppenoberfläche. Wir nannten sie Kartoffelschicht. Als Bernhard die Reflexion der Schuppe mit seinen komplizierten Techniken maß, stellte er im Bereich der UV-Wellenlängen, die vorwiegend in Quastis Tiefe vordringen, eine starke Reflexion fest.

Die Reflexion verschwand, wenn er diese Schicht mit einer Rasierklinge grob abschabte. Und der Gegenbeweis mit einer Karpfenschuppe zeigte, dass sie weder eine Kartoffelschicht noch eine Reflexion im UV-Bereich hatte. Die Nanopartikel der Schicht fungierten als eine Art Streuungsgitter. An den Partikeln wurde das kurzwellige UV-Licht der Tiefe gestreut und zurückgeworfen. Mehr noch, unterhalb dieser Schicht lag ein biologischer Reflektor aus Hydroxylappatit, der verirrtes Streulicht nach oben zurückwarf. Das Ganze bedeutete also, dass der Fisch seine weißen Fleckenmuster von unten her »beleuchtete«, um seine Tarnung vor den Wänden der Dromiaschalen zu verbessern. Sie hilft Quasti vielen seiner Beutefische näher zu kommen, die wie er selbst in den Höhlen Schutz suchen. Sein Biss ist blitzschnell, in Millisekunden wird die Beute förmlich inhaliert

Wieder war ich einem der großen Wunder der Evolution begegnet. Da hatte ein Uraltfisch vor Millionen von Jahren einen hoch komplizierten physikalischen Mechanismus entwickelt, nur damit er besser an seine Beute herankam. Klar, die Gesetze der Physik wirkten vor Millionen von Jahren genauso wie heute. Und der kleine Vorteil bei der Jagd unterlag der Auslese und verschaffte dem Individuum Vorteile im Daseinskampf, um seine Gene in die Zukunft zu transportieren.

Ein weiterer Experte, der bei der Lösung von Quasti-Geheimnissen half, war Manfred Schartl, Professor für molekulare Genetik an der Universität Würzburg. Jürgen hatte ein Druckluft-Geschoss für die Besenderung des Quasti gebaut. Um den Fisch nicht zu verletzen, drang der Pfeil nur dicht unter der Schuppenschicht ein, sodass wir außerdem Schuppen sammeln konnten. So eine Schuppe ist von einer Gewebeschicht überzogen, die für Manfred Schartl von großem Interesse war. Denn aus dem Schuppenepithel konnte er die DNA des Fisches isolieren. So erhielten wir die DNA-Nachrichten von 72 Individuen – und die waren spannend. Manfred und seine Mitarbeiter fanden eine zweite, genetisch getrennte Population. War da eine zweite Quastenflosserart auf den Komoren im Entstehen?

Beide Populationen lebten zusammen und sahen identisch aus – das machte es schwer, sie auseinanderzuhalten. Die Evolutionsbiologen sagen dazu »sympatrische Artentstehung« – ein hoch spannendes Forschungsgebiet. Wie ist es nur möglich, dass sich zwei äußerlich nicht zu unterscheidende Genotypen nicht mischen, wie machen sie das? Eine Antwort können wir zurzeit noch nicht geben.

Die molekulare Genetik half uns auch in einem anderen Fall. Es ging um Vaterschaft, auch bei *Homo sapiens* ein wichtiges Thema. Quasti ist ein lebendgebärender Fisch und kann bis zu 27 Babys auf einmal zur Welt bringen. Ein so hochschwangeres Weibchen wurde vor Mozambique gefangen, und ich hatte das Vergnügen, diese Jungtiere zu untersuchen. Doktor Capral, Leiter des Naturkundemuseums in Maputo, lud mich ein, die Untersuchung durchzuführen. Ich wog zunächst alle Tiere und stellte fest, dass ihr Gesamtgewicht 10 Prozent des Muttergewichts betrug, und die Frage tauchte auf, ob diese Masse an Jungtieren von nur einem oder mehreren Vätern stammte. Das ließ sich mit der Genetik ermitteln und so nahm ich Gewebeproben von allen Babys.

War die Quastimutter einem Mann treu geblieben oder hatte sie mehrere? Manfreds Mitarbeiter übernahmen die detektivische Arbeit, das Ergebnis erschien dann in *Nature:* Quastis sind offenbar treue Weibchen, denn nur ein Vater war nachweisbar.

Wir beobachteten einen Küstenabschnitt von acht Kilometern über 21 Jahre, videografierten und zählten die Bewohner in jeder Höhle. Das war ein seltener Datenschatz, der uns zeigte, dass sich die Bevölkerung in diesem Abschnitt nicht verändert hatte. Wir erkannten die Tiere individuell an ihren Fleckenmustern, und einige bekamen Namen, wie Dirty Henry, Walflosse, Niko oder Mister Schwarzkopf. Ein Katalog von 145 Quastis entstand und zeigte, dass Quastenflosser über Jahre ortstreu sind.

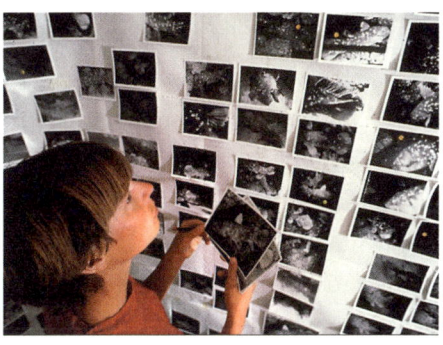

2009 hatte ich deshalb bei der UNESCO den Antrag gestellt, unser Beobachtungsgebiet zur Schutzzone und zum Weltnaturerbe zu deklarieren. Sylvia Earle, meine stets enthusiastische Tauchgefährtin aus der Zeit in Florida, und Präsident Barack Obama hatten das sehr ehrgeizige Projekt »Blue Mission« initiiert, um

Die Fleckenmuster des Quastenflossers sind individuelle Fingerabdrücke. Karen Hissmann hat einen Katalog von 145 Tieren erarbeitet – so kann man Migration und Ortstreue der Tiere feststellen.

30 Prozent der Weltmeere unter Schutz zu stellen. Die beiden hatten mich schon vorher einmal zum »Hausherren der Komoren« erklärt. Tatsächlich wurde das Gebiet 2017 endlich von der IUCN (International Union for Conservation of Nature) auf meinen Antrag hin zum Schutzraum erklärt. Wir betrachteten es als kleine Belohnung für die vielen Stunden in gebeugter Embryohaltung in der Enge von JAGO, aber auch als ein Dankeschön an die vielen Quastenflosser, die so geduldig die starken Scheinwerfer unseres Tauchbootes in ihrer doch finsteren Wohnung ertragen hatten.

Wir machten uns massive Sorgen, wie die Zukunft der »Old Fourlegs« wohl weitergehen würde. Das ursprüngliche Entdeckerteam von 1987 war in die Jahre gekommen. Wir wurden zu »Old Two Legs« mit grauen Haaren, Olaf Reinecke, unser ewig freundlicher Compagnon, war bereits tot. Raphael Plante hatte uns auf allen Expeditionen begleitet und war gesundheitlich angeschlagen, nur Jürgen, Karen und ich waren noch im Einsatz und bereit, uns für das Überleben der Quastis einzusetzen.

Unsere Höhlen- und Populationskontrollen, die nun schon über 21 Jahre geführt wurden, durften auf keinen Fall abreißen. Sie waren ein wichtiger Gradmesser für den Zustand der dortigen Population. Wir hatten an der südwestlichen Küste von

Grande Comores einen Messfühler etabliert, der in Zukunft die Gefährdung der Quastis detektieren konnte. 1994 war zum Beispiel der Bestand um 40 Prozent zurückgegangen, und wir machten uns große Sorgen. Der Grund: Im fernen Indonesien hatte ein El Niño stattgefunden. Warmes Wasser schwappte bis in den Westlichen Indischen Ozean hinüber, was ein respiratorischer Stress für die Quastis ist, und sie verzogen sich aus unserem Beobachtungsgebiet. Wohin, wussten wir nicht – jedenfalls kamen sie später Gott sei Dank wieder zurück. Allerdings könnte die Klimaerwärmung zu einem globalen und finalen Exodus der Quastenflosser führen.

Unterwasserfahrzeuge sind für solche Beobachtungen unabdingbar. Aber hochseegängige Mutterschiffe und Tauchboote sind exorbitant teuer und können leicht zwischen 40 000 bis 150 000 $ pro Tag kosten. Manche Politiker und auch Forscher fragen sich dann, ob der hohe finanzielle Einsatz es wert sei, der Steuerzahler fragt sich das ebenfalls, denn es gäbe vielleicht wichtigere Dinge als die Pflege eines alten Fisches. Wissen zu schaffen ist aber ein Kulturgut, das sich eine Zivilisation leisten muss – ebenso wie Musik oder Kunst.

Doch die Zeit und der technische Fortschritt standen nicht still, und wir entwickelten den Plan, den teuren Tauchbooteinsatz durch kleine Roboter, sogenannte »remotely operated vehicles« (ROVs), zu ersetzen. Dabei gab es aber eine große Schwierigkeit: Die Quastis saßen tagsüber in ihren dunklen Lavahöhlen – und von denen gab es unendlich viele. Der Karthala Vulkan hatte über Jahrtausende gewaltige Lavaströme ausgespuckt, die bis in große Tiefe flossen. Unter Wasser boten sie die Aussicht einer plutonischen Landschaft, und ihre Zungen erstreckten sich weit hinunter. Wenn die Lava erkaltete, entstanden an den Enden der Lavazungen Explosionshöhlen, und zwischen den erstarrten Lavazungen bildeten sich tiefe Gräben, die den Quastis auf ihren nächtlichen Streifzügen wahrscheinlich als Orientierungshilfen dienen. 159

Lava erzeugt beim Erstarren magnetische Anomalien, und ich fragte mich, ob sich der Quastenflosser vielleicht an ihnen orientiert. Hatte er vielleicht sogar eine magnetische Landkarte im Kopf? Wieso konnte der Fisch in stockfinsterer Nacht so traumwandlerisch sicher sein Zuhause finden? Einige nannten sogar sechs bestimmte Höhlen ihr Eigen und steuerten sie je nach Bedarf zielsicher in der Finsternis an – das war eine erstaunliche kognitive Leistung für ein Gehirn von nur drei Gramm Gewicht. Ich nahm mit Experten Gespräche auf, um die Magnetorientierung der Quastis zu erforschen. Großes Interesse war vorhanden, jedoch auch die Hemmung, diese Frage unter so erschwerten Bedingungen anzugehen, da schon draußen an Land die Magnetorientierung ein äußerst schwieriges Forschungsthema ist.

Außerdem war klar, dass ein fremder ROV-Pilot im Labyrinth der schwarzen Lavarücken niemals die Höhlen der Quastis finden würde, also benötigten wir dringend ihre GPS-Positionen. Dafür stand eine allerletzte Quasti-Expedition an. Ich brauchte ein Mutterschiff für JAGO, dachte an die OCTOPUS und informierte Kapitän Anders. Er war begeistert und schrieb zurück, dass er mein Schreiben an Paul Allen weitergeleitet habe. Allen schrieb uns kurze Zeit später, er freue sich auf uns, und das Projekt sei beantragt. Das war eine gute Nachricht.

Einige Wochen später erreichte mich der Brief eines amerikanischen Kollegen mit einer sehr emotionalen Schmähung der Eskapaden seines Präsidenten Trump. Ich konnte nur zustimmen und fragte:»Gibt es nicht Methoden, diesen verrückten Präsidenten mundtot zu machen?«Ich erhielt kurze Zeit später eine Nachricht, dass mir die OCTOPUS im nächsten Jahr nicht zur Verfügung stünde wie auch alle anderen Schiffe von Paul Allen. Ich ahnte, dass jemand meine E-Mails mitgelesen hatte und die Absage deshalb erfolgte. Unmöglich war es nicht.

Aber ich hatte auch einen Antrag an die Deutsche Forschungsgemeinschaft gestellt, in dem die Schiffskosten 88 Prozent des gesamten Budgets ausmachten. Mir war klar, dass die Antragssumme weit über meinen sonst beantragten Fördergeldern lag. Die DFG hatte in knapp 50 Projekten meine Forschungen immer großzügig unterstützt, und gerade beim Quastenflosser wäre ich ohne die Förderung der DFG nie so weit gekommen.

Allerdings sind die Schiffskosten bei derartigen Anträgen immer ein kritischer Punkt. Ein Gutachter sagte mir sogar einmal, dass ein Schiff kein Forschungsgerät sei, und er deshalb mein Gesuch ablehnte. Dann sprang der Stifterverband für die deutsche Wissenschaft sehr unbürokratisch ein und innerhalb von vier Tagen war die Antragslücke geschlossen. Das passierte mir in den folgenden Jahren leider nie wieder.

Bei unserer Abschlussexpedition war für mich besonders die erneute Populationszählung wichtig, wobei gleichzeitig über das Trackingsystem von JAGO die GPS-Positionen der Höhlen dokumentiert werden sollten. Damit könnte ein ROV-Pilot dann die Höhlen auffinden und seine Bewohner für die Zählung videografieren. Diese Operation würde vielleicht nur 5 bis 10 Prozent der Kosten einer Tauchboot-gebundenen Mission ausmachen. Ein früherer Kollege, Uli Schliewen von der Zoologischen Staatssammlung München, ein großer Fischkenner und vertraut mit Feldforschung, erklärte sich bereit, die Quastenflosserbeobachtung in Zukunft zu übernehmen.

Ein ambitioniertes Programm hatten wir mit Manfred Schartl vor: Er wollte den genetischen Nachweis für die zweite Subpopulation dingfest machen. Durch moderne Methoden ließe sich sogar der Zeitpunkt der Abspaltung dieses neuen Genpools bestimmen. Dafür benötigte er aber mehr DNA, und das war ein erhebliches technisches Problem, denn die Träger dieses neuen Genpools A sahen gleich aus wie die des Genpools B. Wie sollten wir beim Probensammeln mit der Druckluftharpune wissen, wer was war? Sie ließen sich nur optisch, mithilfe ihrer Fleckenmuster bestimmen, und das war durch die Harpunenjäger unmöglich. Wir hatten jedoch Fotos von jedem einzelnen Quastenflosser unseres Gebietes. Ich dachte deshalb an eine »forensische Gesichtserkennung«, wie es die Kriminalpolizei auch machte, und nahm Kontakt zu den Bilderkennungsspezialisten des Fraunhofer-Instituts in Nürnberg auf; ich erhielt die Auskunft, dass sie an dem Projekt Interesse hätten. Es wäre ein Erstfall in der marinen Feldforschung, dass mit einer besonderen Software von einem Tauchboot aus nach einem besonderen Fisch gefahndet würde – eine schöne Innovation, ganz nach unserem Geschmack.

Auch das Vorhaben von Bernhard Kley war in seiner Art neu. Mit den heutigen digitalen Kameras mit ihrer enormen Lichtempfindlichkeit ist es möglich, mit dem wenigen Restlicht in den Höhlen das von ihm entdeckte Streulicht, produziert in der »Kartoffelschicht« aus Nanopartikeln, sichtbar zu machen. Uns war bewusst, dass wir damit einen völlig neuartigen Mechanismus von Lichtauswertung in der Dämmerungszone des Ozeans entdeckt hatten. Er war durch mich, den organismischen Biologen, mithilfe des Nachtsichtgeräts unter Wasser beobachtet worden, aber erst der Spezialist Bernhard Kley wies im Labor nach, wie das Licht entstand. Jetzt sollte es gewissermaßen vor Ort im Ozean verifiziert werden – das war ein schönes Beispiel einer spartenübergreifenden Kooperation.

Doch es kam anders: Die DFG lehnte meinen Antrag ab. Die Gutachter betonten, dass der Antragsteller ein international bekannter und langjährig ausgewiesener Experte vor allem für Tauchboot-basierte *Latimeria*-Forschung sei, »was hier ausdrücklich als nicht hoch genug einzuschätzen und verdienstvoll erwähnt werden soll«.

Die beiden Quastenflosserjäger Jürgen und Hans auf den Komoren. Jürgen war der Erste, der einen lebenden Quastenflosser in seiner natürlichen Umwelt in 198 Metern Tiefe sah.

Ein anderer Gutachter schrieb, dass der vorgelegte Antrag in seiner Form unkonventionell und in vielerlei Hinsicht bar einer Adaptation an die Erfordernisse eines hoch kompetitiven Wissenschaftssystems sei. Der Antrag sei in seinem Umfang zu heterogen und vage, zu unstimmig und überambitioniert, unrealistisch in der stringenten Durchführbarkeit der Einzelprojekte und völlig intransparent in den Projekteinzelheiten. Damit beleidigte dieser Gutachter die Kompetenz meiner Kollegen, hatten sie doch an dem Antrag mitgearbeitet und sogar ihre Parts selbst geschrieben. Sie waren alle international ausgewiesene Experten ihres Faches: Rainer Froese als Fischereibiologe und Kenner der Populationsbiologie von Fischen, Bernhard Kley als Mikro- und Nanooptiker, Manfred Schartl, Deutschlands bester Fischgenetiker. Auch mein Hauptanliegen, die Zukunft der Quastenflosserforschung zu sichern, die ich als meine Priorität eindeutig klar dargelegt hatte, wurde einfach ignoriert.

Diese Bemerkungen schickte ich meinen Kooperationspartnern, die zu großer Empörung, aber auch Zweifeln führten. Der Verdacht kam auf, dass die Gutachter den Antrag sehr oberflächlich und Teile vielleicht sogar gar nicht gelesen hatten. Dass er heterogen war, kam einfach durch die Zahl der beteiligten Kollegen zustande. Außerdem sind Netzwerke und Kooperationen gefragt, und wenn ein unkonventioneller Forscher gerne andere Forscher an seiner Wissenschaft teilhaben lassen möchte, darf ihm das nicht bei einem Antrag vorgehalten werden. Dass ich einen unkonventionellen Antrag eingereicht hatte, der in seiner Form den Erfordernissen einer hoch kompetitiven Gesellschaft nicht gerecht würde, kümmerte mich überhaupt nicht. Sollte doch Forschung nicht von der Form, sondern vom Inhalt der Wissenschaft leben.

Ich habe in der Vergangenheit als freiberuflicher Wissenschaftler ziemlich viele Stunden meiner Lebenszeit für das Schreiben von Finanzierungsanfragen aufbringen müssen. Nach dieser Absage zog ich darunter einen Schlussstrich. Schade fand ich nur, dass die Feldforschung an Quastenflossern, die wir über Dekaden angeschoben haben, ein Ende fand und über Jahre gesammelte Datenreihen abbrachen. Das erfüllte mich mit Wehmut, nicht aber mit Zorn. Dann kehrte ich eben zu meinen Konrad-Lorenz-Wurzeln zurück und studierte im Roten Meer die Empathie der Anemonenfische weiter. An Forschungszielen sollte es mir nicht mangeln.

9   Island – am Nördlichen Polarkreis

Unter den Wellen des Atlantiks und verborgen in der Finsternis der Tiefsee liegt ein gewaltiges unterseeisches Gebirge – der
Mittelatlantische Rücken. Am Kamm des Rückens, dem Zentral-
graben, driften riesige Schollen der Kontinente pro Jahr zenti-
meterweise auseinander. Sie treiben wie Platten auf der heißen,
zähflüssigen Magma der Erde. Und an einer Stelle bei Island,
dem einsamen Vorposten Europas im Polarmeer, taucht der Mittelatlantische Rücken aus dem Wasser auf. Nirgends sonst auf der
Erde sind 350 Kilometer trockenen Ozeanbodens unmittelbarer
Beobachtung zugänglich.

Beim Anblick dieser düsteren Küste packte im 6. Jahrhundert
den gottesfürchtigen Abt Brenda die schiere Angst, als er das
noch namenlose Island erreichte und Feuer speiende Berge vor
ihm ein irdisches Fegefeuer entfachten. Dies sei der Vorhof der
Hölle, glaubte er – und ging nicht an Land.

Island ist auch heute noch kein heiteres Reiseland, es ist nichts
für den verwöhnten Ferntouristen unserer Tage. Für Individualis-
ten dagegen ist es ein Paradies, ein Stück Urlandschaft mit noch
kaum ausgebeuteter Natur. Ein Land voller Vulkane, fauchender
Dampftöpfe, brodelnder Schlammkessel und unzählbarer heißer

Quellen – alles Merkmale des aufgetauchten Mittelatlantischen Rückens.

Im Jahr 1977 hatte Robert Ballard im Galapagos Rift hydrothermale Quellaustritte, auf englisch »vents« genannt, in der Tiefsee gefunden und Tiere, die ausschließlich an diesen Vents vorkamen. Bis zu diesem Zeitpunkt hatte man geglaubt, dass Sonnenenergie und Fotosynthese die Basis des Lebens auf der Erde seien. Die an den Vents lebenden Tiere aber schöpfen ihre Energie aus der Erde, und zwar durch Bakterien, die den allgegenwärtigen Schwefelwasserstoff und das Methan aufoxidieren und die dabei produzierte Energie benutzen, um organischen Kohlenstoff aus Kohlendioxyd herzustellen. Chemosynthese heißt dieser Prozess.

166 Dann wurde *Methanococcus jannaschii* entdeckt: weder Bakterien noch Eukaryonten, sondern eine dritte Domäne des Lebens auf der Erde. Doktor Carl Woese von der University of Illinois nannte sie *Archaea* und wahrscheinlich waren sie die ersten Lebensformen auf unserem Planeten und schon vor 3,5 bis 4 Milliarden Jahren anwesend.

Ich erfuhr, dass im Norden Islands schon in relativ flachem Wasser heiße Quellen existieren, und die BBC zeigte erste Aufnahmen eines ROVs von merkwürdigen Organismen in nur 90 bis 100 Metern Tiefe. Waren es Organismen, die es nur an Quellaustritten wie an den Hot Vents der Tiefsee gab? Diese Tiere lebten eigentlich noch im Bereich der Fotosynthese und des Fallouts organischer Fotosyntheseprodukte. Hatten sie überhaupt jene Bakterien in ihrem Inneren, die Chemosynthese betrieben? Diesen Fragen wollte ich nachgehen: Ich musste die heißen Quellaustritte im Norden Islands besuchen.

Es wurde eine aufregende Forschungsreise, die mit bürokratischen Hindernissen begann, aber ein großer Erfolg wurde, und die für mich in einer Klinik in München endete. Der erste Schritt zu einem geplanten Island-Abenteuer mit der POLARSTERN als

Mutterschiff für unser Tauchboot GEO erfolgte in Bremerhaven. Jürgen tauchte mit dem Pressechef des Alfred-Wegener-Instituts, Helmholtz-Zentrum für Polar- und Meeresforschung, der daraufhin voller Begeisterung war. Aber uns gefiel die Unterwasserkommunikation von GEO nicht. Ich wollte deshalb für 18 000 $ ein amerikanisches Gerät kaufen und dafür einen Privatkredit aufnehmen. »Kommt gar nicht infrage«, sagte unser Freund Karl Stetter, der mit uns bereits getaucht war und das Unterwasserradio bezahlte, was ich als sehr großzügig von ihm empfand.

Bald war GEO an Bord der POLARSTERN in Richtung Polarmeer unterwegs. Dann erhielt ich vom Germanischen Lloyd die Nachricht, dass wir aller Voraussicht nach in Island nicht tauchen dürften, weil GEO nicht klassifiziert war. Ein Herr Goedeken und sein Mitarbeiter, Kapitän Homann aus Hamburg, wollten GEO deshalb in Island inspizieren. Ich machte gleich den Vorschlag, die Seeberufsgenossenschaft im Falle eines Unfalls von Regresspflichten zu befreien, was aber nicht half – die Vertreter des Germanischen Lloyds verboten uns das Tauchen, und auch der Kapitän der POLARSTERN sagte Nein. Das Boot sei für den Nordatlantik nicht geeignet.

Kapitän Homann sagte etwas sarkastisch: »Bleiben Sie doch lieber daheim am Ammersee.« Dieser Spruch ärgerte mich sehr. Denn GEO hatte im Indischen Ozean, im Atlantik und in vielen Alpenseen bereits über 700 Tauchfahrten hinter sich. Wir waren im Agulhasstrom vor der ostafrikanischen Küste Strömungen von drei Metern pro Sekunde ausgesetzt gewesen und hatten die gigantische Dünung vor dem Kap der Guten Hoffnung erlebt. Wir operierten dort – über Wasser – bei Wellenhöhen von 18 Metern und wussten aus dieser Erfahrung, dass das Handling der GEO oben an Bord der POLARSTERN das größte Problem war und vermutlich im Polarmeer, der Wetterküche Europas, ebenso sein würde. Dies lag aber nicht an GEO, sondern am Lastenhandling des Mutterschiffes, was wiederum in der Domäne des Germanischen Lloyds lag und nicht bei uns. Wir kannten unser Gerät in- und auswendig und wussten nur zu gut, dass es unter Wasser überall – auch im Ammersee oder im nordatlantischen Ozean – gleich funktionierte.

Diese Erfahrungen hatten die Herren vom Germanischen Lloyd nicht. Sie bemängelten, dass die Regelzelle von 50 Litern Inhalt zur Eintarierung beim Abtauchen von GEO viel zu klein und auch die Energiebilanz mit den Autobatterien zu gering sei. Meinen Einwand, dass es dann aus Platzgründen gar keine Kleintauchboote geben könne, ignorierten sie.

Leidtaten uns die Wissenschaftler an Bord der POLARSTERN, die so hoffnungsvoll auf ihre Proben warteten. Das Schiff dümpelte vor der winzigen Insel Kolbeinsey, die nur 90 Quadratmeter groß war, und Island von hier aus eine 200 Kilometer große Zone nationaler Hoheitsbefugnisse garantierte. Unter uns brodelten die lebendigen Ventfelder und ihre Gasaustritte, die der Biologe Olaf Giere von der Universität Hamburg auf Side-Scan-Sonaraufnahmen entdeckte. Wir waren deprimiert, am Ziel und doch nicht am Ziel – wir durften nicht tauchen.

Ich entschloss mich, auf einem gecharterten isländischen Schiff außerhalb des Zugriffs vom Germanischen Lloyd nach Kolbeinsey zurückzufahren. Wir fanden die V/S ARVAKUR, aber es sollte 55 000 $ kosten, die ich nicht hatte. Ein Anruf in der Tierfilmredaktion des ZDF half und unser väterlicher Freund, Moderator und Redakteur Alfred Schmitt, sprang ein. Wieder retteten die Medien ein deutsches Forschungsprojekt. Es sollte ein riesiger Erfolg werden. Außerdem machten es Gudni Alfredson und Jacob Jacobson, zwei isländische Mikrobiologen möglich, dass wir noch einmal eine Chance erhielten. Im isländischen Fernsehen wurde unsere Odyssee dargestellt, Jürgen und ich erschienen auf den Bildschirmen.

Vor der Abfahrt fuhren wir nach Grimsvatten – Regen, Grau und eine überwältigende Landschaft, schlechte Straßen, Schotterwege. Wir campten am Südende eines Sees in einer stillen Bucht. Überall waren Schafe mit ihren Lämmern, die beim Säugen mit ihren Schwänzchen wackelten. In der Ferne stiegen die weißen Dampfwolken eines Geothermalfeldes auf. Wo waren wir? Menschenleere überall, Flechten, Moose und Lavafelder. Die Kätzchen blühten, der Polarfrühling begann. Es wurde nicht dunkel und regnete ununterbrochen.

Im Hafen von Reykjavík lag die ARVAKUR, grau wie das Wetter und 60 Meter lang mit einem flachen Arbeitsdeck. Der Kapitän, ebenfalls ein Taucher und Navigationsausbilder, war sympathisch, ebenso sein Erster Offizier, der eine flache Schiebermütze mit großer roter Bommel obenauf trug. Ich hatte den Eindruck, dass wir uns in den Händen dieser Leute auf hoher See in sicheren Händen befanden, aber der auf unseren Schultern lastende Erfolgsdruck beschäftigte mich sehr. Proben mussten nach oben; Karl Stetter hatte uns noch einmal 10 000 DM spendiert.

Kurz vor Abfahrt suchten wir das Meteorologenbüro in Reykjavík auf. Das Wetter sollte in dieser Woche für unsere Zwecke gut sein. Was für hilfreiche und liebenswürdige Menschen trafen wir hier. Kantige und merkwürdig verschlossene Gesichter mit guten Augen. Ich wünschte mir sehr, dass wir doch noch Erfolg haben würden und kein Zwischenfall passieren würde.

Am Mittwoch um 16 Uhr liefen wir aus und erreichten Kolbeinsey am Freitag um 5 Uhr früh bei ruhiger See. Nebel kam auf und der Wind wurde stärker. Der Erste Offizier machte ein besorgtes Gesicht. Nein, wir sollten nicht tauchen. Ich platzte vor Ungeduld und wollte los: der verdammte Erfolgszwang. Um 14 Uhr war der Nebel weg und die Sonne schien. Möwen saßen auf der etwas bewegten See. Der Tauchabstieg sollte stattfinden. GEO schaukelte am Kranseil, und die Bordwand kam näher als

Mit GEO tauchten wir vor Kolbeinsey, einer winzigen Insel Islands am nördlichen Polarkreis.

sie sollte. Die Leute zogen verzweifelt an den Führungsseilen, um eine Kollision zu vermeiden und schafften es – GEO tauchte ins Wasser ein, wir waren in Sicherheit.

In 121 Metern Tiefe setzten wir an einem flachen Hang auf. Erstarrte schwarze Lava und ein üppiger mariner Bewuchs unglaublicher Diversität und Schönheit empfing uns. Ein gelungener Willkommensgruß des Nordatlantiks! Alle waren auf der Brücke der ARVAKUR versammelt. Wir staunten über den Reichtum der Fische. Über das Unterwasser-Telefon gratulierte ich Jakob, dem isländischen Meeresforscher, zum Fischreichtum Islands, er sagte bescheiden Danke und lachte.

Drei Stunden fuhren wir auf der Suche nach einem Ventfeld am Nordplateau über den Hang. Dann wieder gen Süden – und da, plötzlich, vor uns rotgelbe Schichten: Hydrothermalsedimente. Jürgen glaubte es nicht. Dann weiße *Beggiatoa*-Matten, die wir vom Toplitzsee her kannten. Ein Hurra übers Telefon, wir hatten den Ort gefunden. Jacobs ruhige Stimme bestätigte: »Fantastic.« Eine schneeweiße Märchenlandschaft lag unter uns – und Fische überall. Die Umgebungstemperatur war kalt, nur 2,7 Grad Celsius. Kleine Heißwasseraustritte sprudelten aus dem Boden. Und dann machten wir die erste wichtige Entdeckung: Unmengen von Schwämmen – eine neue Vent-Community. Wir waren überglücklich, machten Fotos, Filme, Videos, sammelten Sedimente und Wasserproben.

Leider schmerzte mein Ischias gewaltig, aber in Momenten des Glücks verdrängt man das gern. Unsere Aufregung trieb den CO_2-Spiegel in der Kabine hoch. Wir begannen zu japsen – ein Filterwechsel war nötig. Ich lag langgestreckt im Boot und alles fiel von mir ab. Wir hatten es geschafft. Zwei weitere Stunden fuhren wir über das Feld. Was für faszinierende Anblicke! Amphipoden, die kleinen Flohkrebse, wuselten über den Vents durchs Wasser. Waren deshalb so viele Fische hier?

Jacob fragte am Telefon, wann wir auftauchen wollten. Später erfuhr ich, dass der Erste Offizier besorgt war, weil der Wind auffrischte. Bevor wir auftauchten, entdeckten wir noch einen tiefen Krater, da zischte, blubberte und sprudelte es. Wir hörten das Blubbern im Boot und die Bootswand zitterte. Auf einem Auslass lag ein riesiger Stein wie ein Pfropfen, der unter dem Druck des Ausstroms vibrierte. Da waren gewaltige Energien am Werk. Wir ließen es uns nicht nehmen, GEO oben auf dem Stein zu platzieren – unser Boot rockte in 108 Metern unter dem Atlantik! Uns gelangen bizarre Filmaufnahmen, dann kamen wir wieder nach oben. In der bewegten See schaukelte das Boot hin und her. Die Gesichter unserer Kameraden auf der ARVAKUR flogen wie auf dem Oktoberfest in München eilig vorbei.

Kochend heiß quoll das Wasser aus dem Untergrund, angefüllt mit Schwefelwasserstoff, der Nahrung für extremophile Bakterien. Mit einer besonderen Pumpe saugten wir sie ein.

Der Erste Offizier setzte uns hart, aber zielgenau aufs Deck. Als wir die Luke öffneten, klatschten unsere Freunde. Alle hatten wir den Erfolg verdient. Was für ein bewegender Augenblick. Die Mannschaft hatte uns sicher an Bord gebracht. Auch die dicke Köchin stand auf dem Deck, jeder freute sich mit uns, wir betrachteten die Steine und die vielen Proben, dabei ging die Sonne nicht unter. Gegen ein Uhr schlief ich endlich ein. Am nächsten Morgen sagte mir ein Geologe, dass die Temperatur an den Ventausflüssen über 180 Grad betragen musste, weil es überhitztes kochendes Wasser sei. Es kondensierte beim Eintritt in 2,7 Grad kaltes Wasser sofort, und zwar ohne Gasentwicklung.

Der zweite Tauchabstieg wurde für mich zu einer Höllenfahrt –
und doch war es ein riesiger Erfolg. Beim Einstieg ins Boot spürte
ich einen Schlag im Rücken, der mir den Atem nahm, ich hatte
schon seit einiger Zeit Rückenprobleme gehabt. Jetzt krümmte
ich mich vor Schmerzen und doch mussten wir tauchen. Wir ver-
fehlten den Rücken von Kolbeinsey und landeten in 191 Metern
Tiefe irgendwo auf einem Lavahang. Meine Schmerzen wurden
unerträglich. Ich lag hinten im Boot und hatte Jürgen vorn zwischen meinen Beinen. Er raunte mir zu: »Junge, halte aus, wir
brauchen die Kohle, um das Schiff zu bezahlen.«

Wir tauchten auf, um neue Position zu nehmen. Eine halbe
Meile waren wir westlich abgedriftet, und tauchten an der Anker-
leine ab. Sie zitterte in der Strömung und doch kamen wir sicher
zum Boden. Am Telefon hörte ich, dass wir jetzt den Höchststand
der Tide erreicht hätten. Wir kamen wegen der Strömung nicht
vorwärts und parkten neben der Leine am Haken hängend. Der
kalte Ventilator blies mir ins Gesicht.

Nach etwa einer Stunde ließ die Strömung nach, und wir fuhren suchend am Hang aufwärts. Dann kam rötlich braunes Sediment in Sicht und ein neues Ventfeld. Da war es, wir waren am
Ziel, doch ich saß hinten und konnte mich vor Schmerzen nicht
bewegen. Jürgen erzählte mir, was er draußen sah, ich nahm es
nur halb wahr. Dann sprach er von Feldern von Seeanemonen.

Jürgen rückte zur Seite. Ich hangelte mich nach vorn. Ein
wahnsinniger Anblick. Das heiße Wasser pulverte aus den Ritzen.
Die Tentakel der Seeanemonen standen in der heißen Wasser-
strömung. Später stellte sich heraus, dass es keine Seeanemonen
waren, sondern der große Hydroidpolyp *Corimorpha groenlandica*.
Ein Moment des Triumphes – aber nur für Sekunden. Bei einer
Seitwärtsbewegung meines Beines fiel ich vor Schmerzen fast in
Ohnmacht. Es klemmte, ich konnte es nicht mehr bewegen. Mit
abgewinkelten Beinen zog ich mich langsam nach hinten und

lag erschöpft auf einer Sauerstoffflasche. Jürgen klemmte seinen ganzen Körper so klein und eng wie möglich in die Rundung des Tauchbootes – 106 Meter tief im polaren Nordatlantik. Die rasenden Schmerzen in Rücken und Bein bekam ich nicht mehr unter Kontrolle. Ich veränderte die Lage und schüttelte die Oberschenkelmuskeln locker. Das war angenehm. Ich atmete tief ein und hoffte, dass ich keinen Blackout bekommen würde. Langsam gewann ich wieder Kontrolle über mich.

Jürgen setzte sich vorn auf die Beobachterbank und begann zu arbeiten. Kameras klickten, Blitze flammten auf. Dann stellte er die Saugpumpe ein. Die Behälter füllten sich mit schwarzem Sediment. Fast dankbar sah ich auf den Saugstutzen vor der Pumpe. Dieses heiße Sediment wird Wissenschaft machen und uns aus der Verschuldung retten, dachte ich. Jürgen »robotterte« vor mir. Weiß der Teufel, wann wir das nächste Mal wieder hier sein würden. Steine wurden eingesammelt, der Wassersammler schlotete vor uns – er qualmte fast. Wäre ich doch nur besser beieinander und könnte diese wenigen Minuten des Sieges verinnerlichen. Wir tauchten auf. Ein letzter Blick auf diese Landschaft – ein neues Wissenschaftsabenteuer. Aber ich wollte heulen, vor Schmerz und Wut, über meinen beleidigten Ischias.

Oben angekommen beschäftigte mich nur eins: Wie komme ich aus dem engen Boot heraus? Eine kleine Leiter stand draußen parat, aber an ein Absteigen war leider nicht zu denken. Ich nahm den großen Kranhaken in den Arm und ließ mich sachte nach draußen ziehen. Dann stand ich an Deck. Der Erste Offizier sagte nur: »Man, you are really in pain.« In der Kabine reichte er mir Morphiumzäpfchen. Ich sah die unscharfen Umrisse des Bullauges an der Kabinendecke und Wellenschlieren als Silhouetten um das runde Bild. Dann sah ich die heißen Hydrothermalquellen, verzerrt vor einem unscharfen Hintergrund. Die Medikamente verstärkten die Halluzinationen. Könnte ich doch nur wieder dort unten sein, dachte ich.

Unser Kolbeinsey-Erfolg wurde in Presse und Fernsehen zu einem nationalen Ereignis, das tat uns allen ganz gut. Wir konnten es uns nicht verkneifen und sandten den beiden Mitarbeitern des Germanischen Lloyds, die wir trotz ihrer Absage sympathisch fanden, Ansichtskarten: »Lieber Herr Homann, in wirklicher Sympathie senden wir – Ihre Ammersee-Taucher – nach sehr erfolgreichem Nordatlantikeinsatz unter isländischer Flagge unsere besten Grüße. Ihre GEO-Crew.« Und: »Lieber Herr Goedeken, auch mit negativer Energiebilanz und kleiner Regelzelle hat uns der Nordatlantik unter isländischer Flagge auch bei starker Strömung Spaß gemacht. Ihre GEO-Crew.«

Die wissenschaftliche Ausbeute konnte sich sehen lassen. Besonders erfolgreich war unser Freund Karl Stetter, der international bekannte Bakterienjäger. Er hatte fünf neue Arten und sogar zwei neue Gattungen von thermophilen extremophilen Bakterien entdeckt. Sie trugen alle im Gattungs- oder Artnamen die Vor- oder Nachsilbe »pyro«, griechisch für Feuer. Die Stars von Karls Entdeckungen waren die Arten *Pyrodictium abyssi* und *Metanopyrus kandleri*. Beide fühlten sich noch bei 110 Grad Celsius wohl, wuchsen aber nicht mehr bei Temperaturen unterhalb von 80 Grad Celsius – das hieß aber auch, dass ihre DNA ziemlich thermostabil sein musste. Vielleicht konnte das später einmal technische Anwendung finden.

Karls Entdeckungen dieser extrem thermophilen Bakterien ließen die Wurzeln allen bakteriellen Lebens erahnen und welche Bedingungen auf unserem Planeten vor drei oder mehr Milliarden Jahren geherrscht haben könnten.

Aber auch unsere Entdeckungen der Ventfauna an einem relativ flachen Ventsystem fand internationale Beachtung – ein Gutachter empfahl hohe Priorität der Veröffentlichung. Eine besondere

Neuheit war, dass Schwämme dort die dominierende Fauna mit fast 2000 Individuen pro Quadratmeter sind, denn an den Vents in der Tiefsee sind Schwämme unbekannt. Festgewachsene benthische Organismen, die gewissermaßen nicht weglaufen können, kommen in der Tiefsee nicht vor. Besonders bemerkenswert war auch, dass alle Ventbewohner, die wir gefunden hatten, auch außerhalb der Vents vorkamen, jedoch in weniger dichten Besiedlungen. Sie haben sich an die Chemie und Temperatur der heißen Quellaustritte angepasst, und fanden irgendeinen Vorteil, den ihre Artgenossen draußen vor den Quellen nicht hatten.

Trotz allen Erfolgs endete die Islandreise für mich auf einem Operationstisch in Großhadern in München. Mein linkes Bein war fast tot und nach einem MRT im Krankenhaus Starnberg lag ich kurze Zeit später auf dem OP-Tisch. Ich hatte einen Trümmerbruch an einem Lendenwirbel. Es war allerhöchste Zeit für die Behandlung, ich hatte noch einmal Glück gehabt.

Und da man heute gleich nach einer Operation wieder auf die Beine gestellt wird, und ich mich eigentlich pudelwohl fühlte, war ich vier Wochen später wieder vor Island. Ich zog das lahmende Bein noch ein bisschen nach. Das hielt mich jedoch nicht davon ab, einen Islandfilm für das ZDF, *Heiße Quellen im Sagaland,* zu beenden. Mit 17 Prozent Einschaltquote war das ZDF zufrieden, und ich war glücklich, das Island-Abenteuer mehr oder weniger gut überstanden zu haben.

10 Toplitzsee – Bakterien, Gold und Zeitgeschichten

Mit einem Tauchboot für die Zeitschrift *GEO* in Alpenseen unterwegs zu sein, war wie ein Gipfelsturm nach unten, denn nur wenige Menschen haben die großen Tiefen der Alpenseen je gesehen. Der Toplitzsee im Salzkammergut in Österreich war einer dieser Seen, bekannt durch seine ungewöhnliche Wasserchemie. Im Tiefen ohne Sauerstoff, dafür mit giftigem Schwefelwasserstoff angereichert, war er ein Musterbeispiel für sulfidische Lebensräume – dort sollte sich Leben aus der Frühzeit der Erde abspielen, ein »hot topic« in der Wissenschaft der 8oer-Jahre.

Ich war gerade aus Amerika zurückgekehrt und hatte an der Scripps Institution of Oceanography und im Woods Hole Research Center die Pioniere um das Tiefseeboot ALVIN kennengelernt, denen wir die Entdeckung der »hot vents« mit den sensationellen Tiergemeinschaften in sulfidischen Lebensräumen verdanken. Dass es solche Lebensräume auch in Süßwasserseen gab, war schon lange bekannt, der deutsche Limnologe Ruttner hatte sie im Toplitzsee gefunden – und deshalb musste ich jetzt dorthin.

Allerdings war das nicht so einfach. Der See war nämlich seit 1963 für jegliche Unterwasseraktivitäten gesperrt, und das zu recht. Hatten damals doch Ex-Nazis einen jungen Münchner anlässlich einer dubiosen Tauchaktion in den Tod getrieben. Um weitere Unfälle zu vermeiden, sperrten die Behörden den See, der immer wieder als Mülleimer des Dritten Reiches Schlagzeilen gemacht hatte. Es ging um Gold, geheime Akten und dubiose Bankkonten in der Schweiz.

Ich hatte beim Österreichischen Innenministerium eine Tauchgenehmigung für den See erhalten, die erste nach 20 Jahren. Für mich wurde es eine faszinierende biologische Entdeckungsreise und außerdem ein unerwartetes Abenteuer für die jüngste deutsche Zeitgeschichte. Ich ahnte damals nicht, was uns bevorstand. Noch heute tritt der See immer wieder in mein Leben – wie ein Fluch, der mich seit damals verfolgt.

Wir fanden Bomben, Sprengsätze, abgeschossene Raketen, Minenkörper, Messinstrumente, Teile einer V-Rakete – im ersten Moment hatten wir gewaltige Angst mit dem Tauchboot eine Mine zu berühren, auch wenn eigentlich klar war, dass nichts mehr explodieren konnte. Und überall gab es aufgebrochene Kisten, zugedeckt von feinem Sediment. Stellten wir die Tauchbootmotoren auf Schubumkehr, wirbelten große weiße Scheine durchs Wasser: Wir schwammen in Geld, genauer gesagt in gefälschten britischen Pfundnoten – Zeugnisse des Unternehmens Bernhard. Im KZ Sachsenhausen war Hitlers papierne Waffe gegen das British Empire hergestellt worden. Auch davon wussten wir, war es doch beliebter Füllstoff für das Sommerloch der Boulevardpresse. Unser Tauchgang im »Nazi-See« schlug ziemliche Wellen.

Stasimajor Julius Mader, ein übler Propagandist seines Ministeriums, wusste zu berichten, dass der furchtlose Meeresbiologe Fricke in 82 Metern Tiefe auf Wrackteile eines einmotorigen Flugzeuges gestoßen sei und daneben zwei massive Kisten mit der Aufschrift »Deutsches Reich« gefunden habe. Die Schnauze des Fliegers

Die großen Tiefen der Alpenseen haben nur wenige aufgesucht, für uns ein »Gipfelsturm« nach unten.

steckte noch im Schlamm, die Tragflächen abgebrochen, die Außenhaut voller Brandflecken. Davor lag ein Toter, der Pilot saß noch am Steuerknüppel, denn das Salzwasser hatte ihn konserviert. Er hatte auch noch seine Lederhaube und eine Brille auf. Dies las ich in einem Dossier der Birthler-Behörde in Berlin. Eine erlogene Schmonzette, die mir fast ein wenig Respekt vor der blühenden Fantasie seines Urhebers abtrotzte.

Major Mader hätte den amerikanischen Präsidenten Donald Trump in Sachen Fake News um Längen geschlagen, und zwar schon 1983. Auch eine österreichische Boulevard-Zeitung wusste zu berichtete, dass der Pilot gleich zweimal gestorben sei. Das mysteriöse Flugzeug war allerdings in Wirklichkeit der Schrottrest einer V-Rakete.

Unter Wasser entdeckten wir in totaler Finsternis filigrane Matten von Bakterien, die Schwefelwasserstoff verarbeiteten: Lebensformen, die in der Frühzeit der Erde ähnlich ausgesehen haben könnten. Aber nicht nur das, auch ein Wurm tauchte auf, der in diesem giftigen Schwefelmilieu ei-

Der Körper einer alten Mine diente der deutschen Marine als Auftriebskörper für ein Raketenfloß – wir befürchteten anfangs allerdings, die Mine sei noch scharf ...

gentlich nicht leben durfte. Er wurde weltberühmt und ging als Wurm Willi durch die Medien, selbst in der *Prawda* wurde über ihn berichtet.

Bakterienproben an dem Falschgeld enthüllten allerdings eine kleine Sensation. Karl Stetter entdeckte ein neuartiges Methanbakterium aus der kalten Archäbakterienwelt: *Methanobacterium pecunivorans,* den Geldfresser. Ich nannte es scherzhaft die langsame, aber gründliche deutsche Vergangenheitsbewältigung auf biologische Art.

Am Ufer wurde das Leben für uns leider unerträglich: Wir wurden von der Regenbogenpresse gnadenlos verfolgt. Rechtsradikale, Altnazis, SS-ler und dubiose Schatzsucher tauchten auf. Aber auch eine athletische Tennisschuhgespielin – mein Ausdruck für jemanden, der sich so unauffällig kleidet, dass es schon wieder auffällig ist – observierte uns à la James Bond, sodass ihr Beruf nur allzu leicht erkennbar war.

Uns wurde zunächst unterstellt, dass wir unter dem Deckmantel der Wissenschaft im geheimen Auftrag der Österreichischen Behörden arbeiteten. Dann mutierten wir zu dubiosen Geheimdienstlern sämtlicher Couleur: Bundesnachrichtendienst, Stasi, Mossad oder gar CIA. Ein Altnazi aus dem Nachrichtendienst der SS, Obersturm-

»Unternehmen Bernhard« ist die bislang größte bekannte Geldfälschungsaktion der Geschichte.

bannführer Wilhelm Höttl, seines Zeichens Historiker, sah in mir einen Professor der Stasi-Universität, die es vermutlich gar nicht gab, und schrieb gar, dass das Tauchboot GEO von der Stasi finanziert wurde. Hätte er doch nur einmal bei der GEO-Redaktion in Hamburg angerufen!

Als ich diesen Historiker später vor der Kamera zur Rede stellte, antwortete er lapidar, er habe die ganze Zeit auf mich gewartet, um zu erfahren, wie es denn nun wirklich gewesen sei. Über diese Dummheit war ich bass erstaunt. Ahnungslos waren wir tief in den braunen Sumpf des Toplitzsees geraten.

Als zeitgeschichtlich und politisch Interessierter war all das für mich Ansporn genug, um in Erfahrung zu bringen, was sich damals am Ende des Krieges an den Ufern des schönen, tiefen und dunklen Alpensees nun wirklich zugetragen hatte. Es lebten noch einige Zeitzeugen und denen ging ich auf die Spur.

Sturmbannführer Bernhard Krüger – sein Vorname wurde von seinem Dienstherren Walter Schellenberg als Tarnbezeichnung für die streng geheime Geldfälschungsaktion der SS benutzt – fand ich in Hamburg. Über zwei Jahre hinweg erfuhr ich viele unbekannte Einzelheiten der größten und perfektesten Geldfälschung der Geschichte. Obersturmbannführer Höttl hatte historische Geldfälschungen studiert, um daraus zu erfahren, welche Fehler nicht gemacht werden durften.

Krüger berichtete etwa, wie einfach es gewesen sei, den Code der englischen Bank zu knacken. Dass er Heerscharen von Mathematikern damit beschäftigt hätte, wie es überall geschrieben stand, sei völliger Unsinn. Er habe einfach in der Reichsbank sämtliche Seriennummern der Noten aufschreiben lassen und jede Note nur einmal nachgedruckt, mit richtigem Wasserzeichen auf richtigem Papier, eine absolut sichere Sache.

Seine vorwiegend jüdischen Häftlinge im Fälscherblock des KZ Sachsenhausen seien ordentliche Leute gewesen, keine Kriminellen, bis auf einen. Krüger war stolz auf sie. Er kannte ihre Nöte, ihre geheime große Sorge, umgebracht zu werden, wenn das Unternehmen »Bernhard« eingestellt würde. Krüger arbeitete mit sicheren Todeskandidaten. Er wusste deshalb auch, dass die Häftlinge absichtlich große Mengen an Ausschuss produzierten, um möglichst viel Zeit zu gewinnen, um ihr Leben zu verlängern. Krüger tolerierte es stillschweigend. Manchmal musste er, um den Schein vor den anderen SS-Bewachern zu wahren, im Jargon der SS reden.

Was die Häftlinge allerdings nicht wussten, war, dass auch

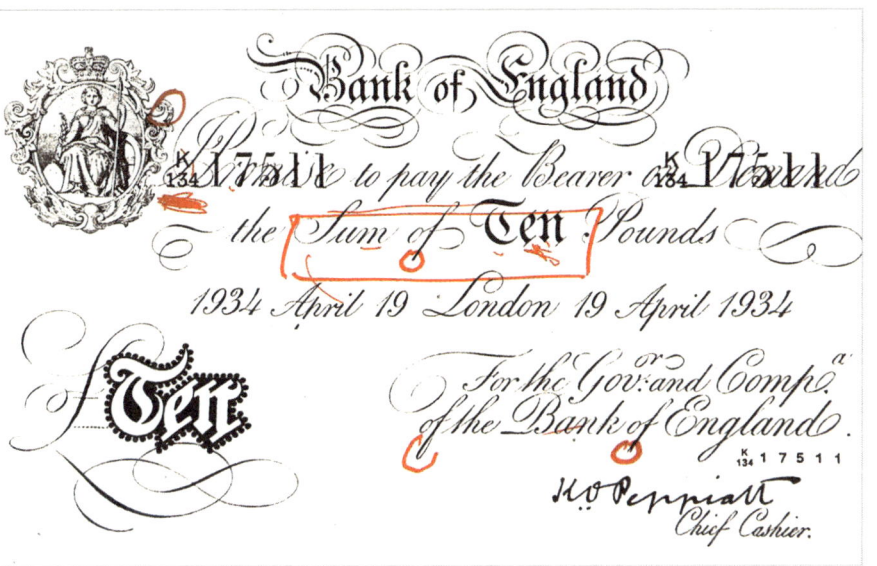

Gewusst, wo – hier waren die Geheimzeichen der Britischen Pfundnote.

Krüger von diesem passiven Widerstand profitierte. Denn schnelle Beendigung des erfolgreichen Unternehmens »Bernhard« hieß für ihn: Einsatz an der Ostfront. Krüger hatte Angst davor. Er war Techniker und in der Hierarchie der SS nur ein kleines Licht. Die Alliierten irrten sich, als sie in ihm den Kopf des Unternehmens vermuteten.

Später interviewten wir einen seiner Häftlinge und hörten sprachlos folgendes Statement: »Herr Sturmbannführer Krüger war ein guter Mensch, er hat uns immer gut behandelt.« Als ich mit dem 85-jährigen Krüger kurz vor seinem Tod und auf seinen eigenen Wunsch hin zu den Geldkisten im Toplitzsee hinabtauchte, spürte ich seinen handwerklichen Stolz auf die Qualität seiner Noten. Aber unter Tränen brach auch vehement Reue durch und ein verletzter Stolz darüber, den Oberen in der SS-Hierarchie jahrelang gedient zu haben und in der Nachkriegszeit trotzdem als der Buhmann dieser schmutzigen SS-Geschichte hingestellt worden zu sein. In der Tat war auch er ein Opfer, kein Kriegsgewinner – das waren andere, die nach dem Krieg als Saubermänner mit Krüger-Pfunden in neue Existenzen abtauchten.

Krüger überreichte mir einen Brief, den ich lieber nicht in die Hände bekommen hätte. Es war ein Brief des Ritterkreuzträgers und Experten für Kommandounternehmen der SS, Otto Skorzeny, der sich bitterböse über ein Buch des SS-Historikers Höttl beschwerte, in dem er wohl schlecht weggekommen war. Skorzeny schrieb: »Lieber Kamerad Krüger. Sein Hass gegen mich ist von seiner Seite aus vollkommen berechtigt, da ich ihn in einer Nürnberger Zelle an der Gurgel hatte und ihm vor einem Zeugen, Karl Radl, den Sie ja auch kennen, das Geständnis abzwang, wie es zu seiner schweinischen Aussage in Nürnberg bezüglich der angeblich sechs Millionen getöteten Juden kam. Herr Höttl war nämlich der erste und einzige, der in Nürnberg diese Zahl zu Protokoll gab. Unter meinem Griff erklärte er, dass die Amerikaner so nett zu ihm gewesen seien und er hätte diese Zahl gesprächsweise erwähnt. Dann seien die Amerikaner zu ihm mit einem fertigen ›Statement‹ gekommen und er hätte wohl oder übel unterschreiben müssen. Höttl sei also eines der übelsten deutschen Schweine, und ich bemühe mich bei jeder Gelegenheit, vor allem die obige Tatsache zu verbreiten, dass er ein Lügner, Verräter und so weiter ist, wobei wir Deutschen auf dem Standpunkt stehen müssen, dass er eine der größten lebenden Drecksäue ist.«

Man muss dazu wissen, dass Höttl ein guter Freund von Eichmann war, dem Buchhalter des Todes, der die Zahlen getöteter Opfer in den KZs akribisch sammelte. Ich habe in den veröffentlichten Unterlagen des großen Frankfurter Auschwitzprozesses von 1963 bis 1965 keine Hinweise gefunden, ob die Amerikaner dieses erpresste Höttl-Statement verwendeten. Dennoch ging es in die historische Literatur ein und wird bis auf den heutigen Tag als Beleg für die unmenschliche Mordmaschinerie der Nazis verwendet.

Aber auch die israelische Seite schreckt vor nichts zurück. Die israelische Tageszeitung *Haaretz* berichtete, dass Skorzeny mit dem Israelischen Geheimdienst Mossad zusammenarbeitete und unter anderem einen für Ägypten tätigen Raketen-Experten in der Nähe von München ermordet hatte. Der Skorzeny-Brief, den mir Krüger schickte, bereitete mir Unbehagen. Ich wollte nichts mehr mit unserer faschistischen, nicht gerade glorreichen Vergangenheit eines unverzeihlichen Völkermords zu tun haben – und doch hatte ich dabei viel gelernt. Ich übergab den Brief später einem Museum.

Weniger dramatisch war eine andere Toplitzsee-Geschichte, in der ich einiges über die Wissenschaft im Dritten Reich erfuhr, über am See arbeitende Forscher der Chemisch-Physikalischen Versuchsanstalt der Deutschen Marine. Einige lernte ich noch persönlich kennen. Sie waren alle heilfroh, im Salzkammergut den Krieg überstanden zu haben.

Die Erforschung der Physik von unter Wasser fliegenden Raketen war eines ihrer Ziele, keineswegs die Herstellung einer Wunderwaffe Hitlers. Von dieser übertriebenen Behauptung der Propaganda waren sie weit entfernt, wie mir Doktor Lindberg, Leiter der Versuche, mitteilte. Es sollten lediglich die neuartigen elektronischen Echoanlagen des Feindes, die U-Boote leicht orten konnten, mit der Rakete zerstört werden. Die Geschosse waren viel zu klein, um ein Schiff zu versenken.

Viel Geld stand den Physikern nicht zur Verfügung und Zeit zum Nachdenken hatten sie auch nicht. Mit einem primitiven Abschussgestell gelangen trotzdem erfolgreiche Unterwasserflüge, die angeblich mit einer Hochgeschwindigkeitskamera gefilmt wurden – eine Glanzleistung der frühen Unterwasser-Cinematografie.

Dr. Lindberg berichtete mir vor der Kamera vom Kriegsende: »Wir haben uns in den letzten Kriegswochen bemüht, alles, was wir wussten, in konzentrierter Form zu Papier zu bringen – alle Mitarbeiter der ganzen Anstalt mit allen dort bearbeiteten Themen. Diese Unterlagen sind auf Mikrofilm aufgenommen und wasserdicht verlötet gelagert worden. Die geschriebenen Unterlagen wurden samt und sonders vernichtet. Der so zustande gekommene Film ist wenige Tage, bestenfalls wenige Wochen nach Kriegsende den englischen Besatzungsstellen übergeben worden und ist dann bei der Royal Navy gelandet. Ich bin überzeugt davon, dass sie angefertigt wurden mit dem Ziel der Übergabe an die Alliierten.« Man ahnte wohl bereits, was kommen würde: der Kalte Krieg.

In historischen Archiven der Royal Navy habe ich einige dieser Dokumente gefunden und sie Dr. Lindberg übergeben. Das sei ein wunderbares Schriftstück, schwärmte er. Es sei erstaunlich, welche Namen darin auftauchten. Er fand unter anderem den Namen von Admiral Rein. Er war einer der wenigen, die nicht von den Engländern nach dem Krieg festgenommen wurden, und das ermutigte ihn, sich um eine neue Zukunft bei den Militaristen zu bemühen. Rein hatte einige Leute darüber informiert, was er vorhabe, um sie für eine Zusammenarbeit zu gewinnen. Auch Lindberg fragte er, doch dieser schrieb dem Admiral einen geharnischten, unfreundlichen Brief, wie er darauf käme, schon jetzt, 1948, wieder an Krieg zu denken. Lindberg hat nie wieder etwas von ihm gehört.

Allerdings gibt es immer noch zeitgeschichtliche Rätsel des Toplitzsees, die bis heute ungelöst sind. Mit dem österreichischen Bundesheer und dem Segen des österreichischen Verteidigungs-ministers Frischenschlager bargen wir Bomben, Raketen, Messinstrumente und Treibsätze, aber auch einen merkwürdigen großen Transportbehälter. Er wies zahlreiche Einschusslöcher auf und war gezielt versenkt worden. Neben diesem Behälter fanden wir drei mit Bronzeköpfen verzierte Metallkisten, die wie Ofenrohre aus Omas Zeiten aussahen. Zwei davon waren leer, die dritte war verschlossen. Wir öffneten sie, darin lag ein großer Stein – und zahllose Papierschnipsel einer österreichischen Ausgabe des *Stern* vom 4. Januar 1958. Was hatte das zu bedeuten?

Ich fand im Institut für Zeitgeschichte in München Dokumente aus einem amerikanischen Archiv, die von einem Transport der Militärverwaltung Südost Belgrad in die Nähe von Salzburg berichteten. Es ging um Unterlagen der serbischen Handelsbank, unter anderem auch um Kisten des Referats »Treuhand und Entjudung«, gefüllt mit Kennkarten geraubter jüdischer Konten und Immobilien. Hatten wir etwa den Transportbehälter der serbischen Bank gefunden? Wurde der Inhalt dieser Kisten in der Nachkriegszeit heimlich geborgen? Die Alliierten tauchten damals im See, sogar von Russen wird berichtet und von zahlreichen anderen illegalen Tauchaktionen. Hatten die Täter mit dem *Stern* eine geheime, nasse Nachricht hinterlassen?

Ich bat Polizeipsychologen und Mitarbeiter des Bundesnachrichtendienstes um Hilfe. Es herrschte Einigkeit darin, dass intelligente Täter gern solche Nachrichten wie auch eine verschlüsselte Handschrift hinterlassen. Den Schlüssel haben wir jedoch nicht gefunden, ebenso wenig Gold oder andere Schätze. Wer versenkt schon Güldenes in einem tiefen See? Diese Legende entstand wohl 1959, als der *Stern*-Reporter Wolfgang Loede für seine berühmt gewordene Serie »Geld wie Heu« die ersten Falschgeldkisten aus dem See holte. Dann erinnerten sich plötzlich die heimischen Bauern an ihre Fuhren mit geheimnisvollen Kisten, die sie zum See karren mussten und die dort versenkt wurden. Ob die Kennkarten ausgeraubter jüdischer Konten auf serbischen Banken damals im See landeten und auch die weit verbreitete Legende von versenkten Depositarlisten geheimer Schweizer Nummernkonten auslösten, werden weitere Forschungen zeigen. Und vermutlich werde ich eines Tages weitere Hinweise erhalten, aber ich werde nicht helfen und diesen Spuren nachgehen, denn dieses Thema ist für mich endgültig abgeschlossen.

Nicht abgeschlossen ist dagegen mein Interesse für faszinierende Bakterien. Wir waren beim Abtauchen in ca. 20 Metern Tiefe immer wieder auf »grüne Wiesen« gestoßen. Hätten darauf noch weiße Margeriten gestanden, wäre unsere Verblüffung perfekt gewesen. Mikrobiologen klärten uns auf – es handelte sich wahrscheinlich um das erst kürzlich entdeckte filamentöse Bakterium *Chloroflexus,* das in heißen Quellen in Baja California entdeckt worden war. Es bewegte sich unter dem Mikroskop schlangenartig schleichend fort und ist aber trotzdem so groß, dass man es mit bloßem Augen gerade noch erkennen kann – ein Riese in der Bakterienwelt.

Im Toplitzsee lebten diese Bakterien im Schwachlichtbereich in einer Grenzschicht, wo kaum noch Sauerstoff, aber schon Schwefelwasserstoff vorhanden war. Sie lebten in der Dämmerung des Sees und waren wahrscheinlich anoxygene, filamentöse, fototrophe Bakterien. Das Besondere an ihnen: Sie enthalten ein Bakterienchlorophyll und können demnach selbstständig, also autotroph, leben. Die Hoffnung für Mikrobiologen ist, das gesamte Genom des Bakteriums zu entschlüsseln, um dadurch Einblick in die frühe Evolution der Fotosynthese zu bekommen, jenem bedeutenden Prozess, dem wir unser Leben auf diesem Planeten verdanken.

Das grüne mattenbildende Bakteriengeflecht ist gewissermaßen ein lebendes Fossil und dem war ich auf der Spur. Allerdings war das nicht meine Domäne, und seine Chemie war so kompliziert, dass ich sie nur den hochbegabten Spezialisten zur Verfügung stellen konnte. Ich war und blieb ein Naturalist und konnte nur mit den eigenen Augen die Bakterienmatten beobachten. Dafür tauchte ich im Winter unter dem Eis ab.

Der Jausen-Wirt Albrecht Syen zog seinen Schlitten über den schneebedeckten See und hämmerte für mich ein Loch in das fast 40 Zentimeter dicke Eis. Als ich dort eintauchte und nach oben sah, entdeckte ich ein gigantisches Gebilde, das aussah wie ein Gehirn. Eine Gasblase hatte sich unter dem Eis gefangen und von ihr gingen Seitenstraßen ab, die sich wie ein dichtes Geflecht von Neuronen meterweit verzweigten. Die Gasblasen enthalten Methan und sind brennbar. Die Dorfjugend sticht deshalb diese Blasen gern an und entzündet sie, Stichflammen sausen dann für Sekunden gen Himmel. Am ziemlich steilen Hang des Sees sah ich nichts. Die *Chloroflexus*-Matten hatten sich an den weichen Hangboden verzogen. Das brachte mich bereits hier unter Wasser auf die Idee, eine Dauerbeobachtungsstation mit Videokameras zu installieren, um das Kommen und Gehen der

Bakterienmatten übers Jahr zu messen. Allerdings war das keine so neue Idee: Jahre später besuchte ich das berühmte japanische Forschungsinstitut JAMSTEC, wo viele technische Innovationen für die Ozeanografie entstehen – und hier zeigte man mir auch Bilder einer Dauerbeobachtungsstelle im Pazifik in 2000 Metern Tiefe.

Aus meiner Idee wurde aber nichts. Die Bundesforste, Eigner des Toplitzsees, verlangten so viel Geld für die Benutzung ihres Sees, dass mein Projekt im wahrsten Sinne des Wortes ins Wasser fiel – stumpfe Kurzsichtigkeit und Bürokratismus verhinderten es.

11   Katastrophenhelfer

Wir waren nach den vielen Medienberichten mit unserem kleinen gelben Tauchboot bekannt geworden. Und da in Deutschland nur wenige in die größeren Tiefen vordringen konnten, erhielt ich zahlreiche Anfragen, über Bord gefallene Gegenstände zu bergen, ertrunkene Angehörige zu suchen oder gar – für die Kriminalpolizei – durch die Mafia versenkte Beweisgegenstände ans Tageslicht zu bringen. Ich wies solche Anfragen in der Regel ab, da wir für die Wissenschaft unterwegs waren und uns nicht in die Rolle eines Bergeunternehmens drängen lassen wollten.

Dann jedoch geschah am Starnberger See ein tragischer Segelunfall, bei dem wir gewissermaßen aus moralischen Gründen helfen mussten – und in die Rolle von Katastrophenhelfern rutschten.

An einem frühen Maitag fand auf dem Starnberger See eine Regatta statt, bei der plötzlich eine Windhose aus dem Westen mit ungeheurer Gewalt auf den See zurollte. Ein Drachen kenterte, ging unter und riss zwei Personen in die Tiefe. Einer konnte geborgen werden, aber starb kurze Zeit später. Die zweite Person sollte sich in der Takelage verfangen haben und trug angeblich keine Rettungsweste. Ich kannte die Familie des Unfalltoten, der neben seiner Frau auch zwei Kinder hinterlassen hatte. Nur wir hatten die Möglichkeiten, das Schiff zu suchen, das in über 100 Metern Tiefe lag. Ich fühlte mich moralisch verpflichtet.

Die Suche zog sich fast drei Wochen hin. Jedem Hinweis, an welcher Stelle die SANDOKAN gesunken sein konnte, gingen wir nach. Dann rief uns ein Rentner an. Er habe mithilfe seines Fensterrahmens die genaue Position angepeilt, bisher würden wir an falscher Stelle suchen. Und tatsächlich, seinem Hinweis folgend, fanden wir die Jacht in 117 Metern Tiefe aufrecht stehend und voll aufgetakelt. Wir waren bei unserem allerersten Tauchabstieg nur 17 Meter an dem Schiff vorbeigefahren.

Wir fanden den toten Segler etwa zehn Meter neben der Jacht. Eine Rettungsweste hatte er nicht angelegt. Seine Bergung sollte am 22. Dezember erfolgen. Wir fotografierten ihn als Beleg für die Witwe, damit sie ihren Mann für tot erklären konnte. Dann kamen Jürgen und ich zu dem Schluss, die Bergung nicht vorzunehmen, da wir besonders die Kinder nicht mit einem geborgenen toten Papa belasten wollten. Wir tauchten auf und sagten dem Polizeikommandanten, Lindner, dass die Bergung unmöglich sei. Er verstand uns, und wir brachen ab.

Kurze Zeit später erhielten wir in Seewiesen Besuch von einem Herrn Schwarze, Sicherheitsoffizier von Messerschmidt-Bölkow-Blohm in München. Er hatte uns übers Internet gefunden und suchte im Auftrag des Schweizer Bundesluftfahrtamtes nach Möglichkeiten, einen Hubschrauber der Firma zu bergen, der wegen Nebel auf einem Routineflug dreieinhalb Kilometer vor Romanshorn in den Bodensee abgestürzt war.

Ein Fingerzeig des lieben Gottes? Noch einen Monat zuvor hatten wir in unserem kleinen GEO-Tauchboothangar, den uns die MPG großzügig gebaut hatte, zusammengesessen und über das mangelnde Geld für den Bau des neuen, tiefer tauchenden Bootes JAGO gesprochen. Im Herbst wollten wir die Quastis für weitere Forschungen besuchen. So sagten wir unsere Hilfe zu – und es wurde eine extrem langwierige Geschichte, an deren Ende wir erfahrene Bergungsspezialisten für Fluggeräte im tiefen Wasser wurden. Jürgen und Lutz Kasang gingen auf die Suche nach dem MBB-Helikopter. Fast gleichzeitig – ich fuhr gerade zu meiner Tiefsee-Vorlesung an der Universität München – hörte ich im Radio, dass ein deutsches Klein-Tauchboot im Bodensee auf der Suche nach einem abgestürzten *Flugzeug* sei. Ich fluchte über die Presse, war der Hubschrauber doch schon vor geraumer Zeit abgestürzt und jetzt wurde dieses Ereignis noch einmal aufgewärmt und zudem noch falsch berichtet. Doch ich hatte die Boulevardpresse zu Unrecht verurteilt, denn ich vernahm weiter, dass ein österreichisches Verkehrsflug auf dem Flug von Wien nach Rorschach in der Schweiz mit 11 Personen an Bord, unter anderem auch dem österreichischen Sozialminister Danninger, im Nebel beim Landeanflug abgestürzt sei. Es wird wohl kaum wieder vorkommen, dass ein Tauchboot auf der Suche nach einem abgestürzten Fluggerät unter Wasser ist und dicht daneben ein weiteres Flugzeug verunglückt. Was für ein schrecklicher Zufall! Sofort wurde internationaler See-Alarm ausgerufen und GEO zum Auftauchen aufgefordert.

Olaf rief mich an und fragte, ob ich von dem Absturz schon gehört hätte. Ich hielt meine Tiefseevorlesung nur halbherzig und fragte mich, ob ich noch in dieser Nacht zum Bodensee fahren sollte. Auf dem Nachhauseweg erfuhr ich, dass das Flugzeug in knapp 100 Metern Tiefe läge und von der Besatzung des Tauchbootes schon nach vier Stunden geortet worden sei.

Jürgen rief mich abends an. Seine Stimme verriet mir, dass er Schreckliches gesehen haben musste. Ich solle kommen, aber erst morgen früh. Ich konnte diese Nacht nicht schlafen, wachte um fünf Uhr auf und zog mich an. Nebel und Dunkelheit auf den Straßen. Gegen neun Uhr kam ich endlich im Katastrophengebiet an.

Eine Konferenz wurde einberufen: Polizei, Herr Schwarze von MBB, Untersuchungsrichter, Taucher und der nette Polizeikommandant Bohner aus Kreuzlingen, den wir schon kannten und sehr ins Herz geschlossen hatten. Mir wurde die Leitung der Bergung übertragen. Wir tauchten gegen 14 Uhr ab. Jürgen und Lutz waren sehr still und sagten oft, dass sie immer wieder an den Anblick der Beine der Verunglückten denken müssten.

Eine Boje war am Unglücksort gesetzt, wir tauchten ab und erhielten 40 Meter vor uns ein gewaltiges Signal auf unserem horizontalen Ortungsgerät – das Wrack. Da war es, Kabel, Metall, zusammengeschobene Streben. Drei Beine ragten aus dem Aluminiumverhau heraus, nackt, ohne Schuhe, ohne Hosen. Unter den Pilotenbeinen entdeckten wir zwei Schuhe, Schuhe eines älteren Herrn, wahrscheinlich die des Ministers. Stille im Boot beim Gedanken an die gigantischen Kräfte beim Aufschlag des Flugzeugs. Ich war gefasst, hatte einen schrecklichen Anblick schon erwartet. Wir inspizierten die Bergemöglichkeiten, entdeckten eine Antenne am Heck, Aufhängepunkt für ein dickes Bergeseil, das wir sofort anbrachten. Dann tauchten wir auf.

Über den Bergen zeigten sich Fönpilze. Plötzlich sagte der Kommandant des neben uns liegenden Polizeibootes: »Schließen Sie sofort die Luke. Sehen Sie dort die Wellen?« Eine sich aufbauende Wellenfront raste von Rorschach in unsere Richtung, die Wellenkämme rissen oben ab. Wir zogen uns in den Hafen zurück. Dort war die Schweizer Flagge mit Trauerflor auf Halbmast gesetzt. Menschenmengen auf der Straße. Rasende Reporter wechselten ihre Objektive. Ein älteres Ehepaar war aus Wien angereist, ihr Sohn war im Wrack. Sie hatten noch einen letzten Funken Hoffnung. Da unten könnte doch eine Luftblase im Flugzeug sein, sie fragten mich: »Ist er vielleicht noch am Leben?« Diese Momente waren belastender als der entsetzliche Anblick unten am Wrack.

Wir hatten es geschafft, ein 30 Millimeter dickes Nylonseil um das Heck des Flugzeugs zu legen. Dicht unter der Oberfläche wurden Hebeballons am Seil befestigt. Als Taucher die Ballons mit Luft füllten, schoss ein großer Luftschwall an die Oberfläche, und Wasserrettungstaucher Boeck zeigte uns danach das Seil. Auf Schweizerdeutsch sagte er zu Kommandant Bohner: »Herr Kommandant, Herr Kommandant, das Seil hat gefickt.« Eine ungewöhnliche Beschreibung für einen doch technischen Vorgang. So recht verstanden wir das im ersten Augenblick nicht, aber er meinte damit, dass das Seil durch Bewegungen durchgescheuert war.

Dieses durchgescheuerte Bergeseil machte medial sehr schnell die Runde. Die Schweizer Offiziellen waren sehr bedrückt darüber, dass der erste Versuch nicht geklappt hatte. Ich sagte ihnen, dass wir die Bergung genauso wiederholen müssten, wie wir sie geplant hatten, so und nicht anders. Wieder erfolgte eine Krisensitzung. Dieses Mal sollten es Stahlseile sein, die wir aber wegen ihres Gewichtes mit unserem Greifarm kaum bewegen konnten. Wir einigten uns auf breite Gurte, die sehr schnell besorgt wurden.

In Österreich machte sich Stimmung gegen die Schweiz breit: Die Bergung sei nicht professionell genug. Zorn packte uns.

Wir starteten den nächsten Versuch und brachten die breiten Gurte unter erheblichen Schwierigkeiten am Wrack an. Als dies gelungen war, schrien wir aus voller Brust »Hurra«, denn hier hatten wir erhebliche, geduldige Friemler- und Knotenintelligenz gebraucht.

Das Flugzeug war nun mit einem Kran fest verbunden. Jetzt gab es kein Zurück mehr. Wir mussten nach oben an die Luft, es war bereits dunkel geworden. Ein fast surrealistisches Bild empfing uns: Eine hell erleuchtete riesige Fähre stand vor uns mit einem großen gelben Kran, der wie ein riesiger Käfer aussah. Ein

Polizeiboot nahm GEO in Empfang. Jürgen und ich stiegen auf die Fähre über. Der Kran zog behutsam an. Dann erfolgte ein kurzer Ruck. Jetzt wussten wir, dass sich die Gurte am Wrack festgezurrt hatten – und das Flugzeug hatte sich aus dem Schlamm gelöst. Was passierte jetzt wohl mit den Opfern? Würden sie herausfallen?

Leiser grauer Nieselregen setzte ein. Das Flugzeug mit dem Namen ALLEMANIA begann seinen letzten Aufstieg. Dann sahen wir langsam die Konturen des Hecks – fünf Meter unter der Oberfläche. Taucher brachten zusätzliche Gurte am Heck an, um das Wrack gegen Absturz zu sichern. Ununterbrochen warf ein Polizeibeamter an einem Schwimmseil befestigte Schrauben über Bord. Es war Jürgens Idee, damit sollten spätere Suchaktionen nach den Opfern oder heruntergefallenen Objekten erleichtert werden.

Ein voll erleuchtetes Journalistenschiff legte im Hafen von Rorschach ab. Als sie uns erreichten, erfolgte ein Blitzlichtgewitter. Das Heck der ALLEMANIA mit den österreichischen Nationalfarben ragte aus dem Wasser. Was für ein Anblick! Ein Gürtel von Booten hatte sich um die Fähre versammelt. Gegen 2 Uhr nachts erreichte diese mit dem Wrack am Haken den Hafen von Rorschach. Menschenmengen hatten sich versammelt, selbst jetzt in der Nacht einer normalen Arbeitswoche.

Wir waren todmüde, seit 5 Uhr in der Frühe waren wir auf den Beinen und jetzt beendeten wir unsere Mission. Noch in dieser Nacht wurden die Opfer geborgen. Ich glaubte nicht daran, dass alle elf gefunden werden würden, aber am nächsten Morgen hörte ich im Radio, dass alle Opfer an die Oberfläche geholt waren. Auf einer schnell einberufenen Pressekonferenz ließ ich allerdings meinem Zorn über die österreichische Berichterstattung freien Lauf.

Am nächsten Tag lag das Wrack im Hafen eines Kieswerkes in

Staad und wurde um 16 Uhr mit einem Bundeswehrhubschrauber nach Altenrhein geflogen. Ich sah abends im Fernsehen den letzten Flug der ALLEMANIA.

Unsere Arbeit mit der GEO hatte in der Schweiz nachhaltigen Eindruck hinterlassen. Fünf Jahre später, Anfang Januar, stürzte wieder ein Flugzeug in den Bodensee ab, wieder vor Rorschach beim Anflug auf Altenrhein. Frühmorgens hatte Simone im Radio die Nachricht gehört und im Scherz sagte sie, dass ich ja nun wieder etwas zu tun bekäme.

Als ich ins Institut fuhr und Jürgen traf, berichtete ich ihm von dem Absturz. »Nein«, sagte er überrascht, »da sind wir wieder dabei.« Kaum hatte ich mein Büro betreten, klingelte das Telefon: Es war die Kantonspolizei St. Gallen, ob ich schon wüsste, was passiert sei, ob ich helfen könne? Ich sagte dem Anrufer, er solle das Limnologische Forschungsins-

Nach mehreren gescheiterten Versuchen endlich an der Oberfläche – die ALLEMANIA.

titut in Konstanz anrufen, dort gebe es ein Side-Scan-Sonar, das für die Suche unerlässlich sei.

In der Presse schaukelte sich das Flugzeug zu einem Geisterflugzeug hoch, ein großes Spektakel, ein Politkrimi sondergleichen, ein Medienschlager, der in Hysterie ausartete. Verschwörungstheorien schossen ins Kraut, und das Flugzeug blieb verschwunden. Fünf Leute waren an Bord, kein Notruf, nur plötzliches Verschwinden des Flugzeugs vom Radar. Die Medien spekulierten wild. Es ging um Schmuggel, um radioaktives Caesium aus Russland, um Rotlichtmilieu, um Flucht aus dem absichtlich nachts auf dem Wasser gelandeten Flugzeug, um Versicherungsbetrug, Geldwäsche – kurzum alles, was das organisierte Verbrechen heutzutage zu bieten hat.

Dann erreichte mich ein Anruf. Das Seenforschungsinstitut in Langenargen am Bodensee hatte das Flugzeug in 160 Metern Tiefe gefunden. Sie berichteten aber auch, dass sich ihre Kamera SEA ROVER unten am Wrack festgefahren habe und hofften auf unsere Hilfe. Herr Bohner, der freundliche und sympathische Polizeikommandant aus Kreuzlingen, den ich schon vom letzten Mal kannte, bat uns, das Flugzeug zu heben.

Jürgen und ich fuhren sofort los. Bei unserer Ankunft platzten wir sogleich in eine Lagebesprechung. Polizeikommandant Major Grütter und Herr Bohner begrüßten uns und sagten gleich, dass die Medien sich wie Hyänen auf sie stürzten. Jürgen und ich gingen in eine Kaffeebar und lauschten ein bisschen den Gesprächen der Gäste. An die Gerüchte von radioaktivem Caesium und Schmuggel glaubten sie nicht so recht, und doch waren sie über den Medienrummel in ihrer Stadt erregt, ja, sogar ein bisschen stolz. Kurze Zeit darauf kamen wir zu einer Sitzung in der Einsatzzentrale zusammen.

Ich stellte beide möglichen Bergungsmethoden vor: Erstens einen Metallring an einer Führungsleine, die wir aufgespult an Bord von GEO hatten und aufschwimmen lassen konnten, sodass ein Bergegeschirr in die Tiefe geführt werden konnte – eine Methode, die Jürgen favorisierte. Oder zweitens meinen Vorschlag, eine an JAGO befestigte Rolle mit aufgespultem Bergeseil, das wir kontrolliert nach oben bringen konnten. Alle Anwesenden waren für die zweite Methode. Wir sagten aber auch, dass wir dafür noch nicht präpariert seien und mindestens einen Tag Vorbereitung benötigten.

Als Jürgen nach drei Tagen unser neues Tauchboot JAGO zu Wasser ließ, trat ein *Bild*-Reporter auf ihn zu und gab voller Stolz an, dass er die Caesiumgeschichte in die Welt gesetzt habe; Fake

News à la Trump würden wir heute sagen. Er schämte sich nicht, viele Seeanrainer in Angst und Schrecken vor radioaktiver Verseuchung versetzt zu haben, denn ihr Trinkwasser kam aus dem See.

Wir tauchten am Kabel der festgefahrenen Kamera bei schlechter Sicht ab und standen bald im trüben Wasser vor der Cessna. Der Propeller des linken Triebwerkes war nach innen gebogen. Das Flugzeug war im weichen Sediment etwas eingesackt. Dann sahen wir das gelbe Kameragehäuse des SEA ROVERs. Sein Kabel war mehrfach um den Propellerschaft gewickelt und bildete – wir staunten nicht schlecht – einen fest zugezogenen Palstegknoten. Unter dem SEA ROVER war das Sediment weggeblasen. Da war viel propellert worden, um das teure Gerät zu retten. Mit dem Greifarm versuchte ich, den Knoten zu lösen – unmöglich, wir gaben bald auf und wollten schon wegfahren. Da merkten wir, dass wir festsaßen! Jürgen fuhr zwei oder drei Meter rückwärts. Das Kabel straffte sich, ich sah es vorn vor der Scheibe. Wir waren in 160 Metern Tiefe gefangen. Unsere Gehirne arbeiteten rasend schnell. Nach rechts ausbiegen war auch erfolglos. Wir waren mit dem Wrack fest verbunden und mussten uns vielleicht auf einen kleinen Daueraufenthalt einstellen.

Wie gern hätten die Medien von diesem Zwischenfall berichtet. Und eine Bergefirma hätte frohlockt, dass wir gleich zu Beginn der Operation festsaßen. Ich dachte an Herrn Bohner, den zuvorkommenden Herrn Grütter, an all die sympathischen Leute dort oben, die jetzt Sorge um uns haben würden. Rettung wäre eigentlich leicht möglich gewesen: Unser Freund Atze Pose erzählte uns später, dass er schon in Kiel im Newtsuit – einem gepanzerter Tauchanzug – parat stand.

Ich meldete über das Telefon, dass wir ein kleines Problem hätten und dass uns ein Kabel festhielt. Wir setzten uns auf den Grund und überlegten schweigend. Jürgen probierte eine neue

Fluchtvariante nach rechts. Der Zug nahm zu – wieder fest. Es ging nicht weiter. Wir diskutierten, wo das Kabel hängen konnte. War es um den Motor auf der linken Seite gewickelt? Um die Reling? Um beides?

Ich spürte plötzlich wie eng der Raum im Boot war, spürte die bedrückende Kälte, die Finsternis um uns herum. Es würde Stunden dauern, bevor unser Freund Atze Pose hier sein konnte. Noch einmal ein Brainstorming. Jürgen berichtete von einer riesigen Schlaufe, die sich über uns gebildet hatte. Aber ich sah das Kabel auch gespannt vor mir. Es konnte hinter der Reling verfangen sein. Wir wichen deshalb nach links aus. Da ließ der Zug nach, die Schlaufe wurde kleiner – wir waren frei! Wir holten sehr tief Luft und setzten unsere Arbeit fort, nach dieser aufregenden Stunde.

Wir inspizierten das Ausmaß der Beschädigungen am Wrack und dachten über mögliche Aufhängepunkte für ein Bergegeschirr nach. Das Heck war abgerissen und hing nur noch an einigen Bowdenzügen. Auch die Seite, auf der die Kamera mit ihrem Kabelverhau festsaß, blieb für uns tabu. Nur die beiden Tragflächen kamen infrage. Wir sahen das abgebogene Cockpit des Flugzeugs unter den Tragflächen. Beim Aufschlag auf die Wasseroberfläche war es um 180 Grad verbogen worden. Mir schien es überaus schwierig, hier irgendwo einen Bergegurt anzubringen. Jürgen meinte aber, dass es ginge. Ein Gurt mit zwei Schlaufen müsste über die Tragflächen gezogen werden. Mit diesem Plan tauchten wir wieder auf.

Es war Faschingszeit und die Jecken waren unterwegs. Zwei Fähren aus Deutschland liefen gerade in den Hafen von Rorschach ein. Ein Polizeiboot schleppte die JAGO in den Hafen, da intonierte eine Kapelle den Beatles-Song *Yellow submarine*. Was für eine skurrile Atmosphäre uns da empfing!

Den nächsten Tag verbrachten wir unter Wasser im Boot und

bereiteten den Bergegurt vor, wir waren euphorisch. So detailliert hatten wir das Wrack dokumentiert, dass ein Experte der Flugsicherung erkannt hatte, dass die Tür des Flugzeugs von innen geöffnet worden war. Die Leute mussten rausgekommen sein. In 160 Metern Tiefe sahen wir auch nichts durch die Fenster des Wracks, nur Gardinen und Decken, das war alles. Im Eingang lag ein Pelzmantel. Ein St. Gallener Kripobeamter gesellte sich zum Team, Trenchcoat, braune Augen, intellektuelle Brille und schmales Gesicht. Er tippte auf einen Flugunfall mit Notlandung auf dem Wasser – oder es handelte sich um einen Versicherungsbetrug.

Beeindruckt hat mich die Arbeit der Schweizer Behörden: die Seepolizei, die Taucher, Herr Reich vom Seefahrtsamt, Major Grütter und Polizeikommandant Bohner. Sie hatten einen freundlichen und gelassenen Ton, eine fast entspannte Atmosphäre, die wohltuend war. Ich lernte, dass Freundlichkeit im Umgang und Respekt vor dem anderen in der Schweiz eine Tugend sind, eine Tugend, die wir im hektischen großmäuligen Deutschland nötig hätten.

Allerdings standen wir jetzt auch unter Zugzwang. Jeder glaubte an den Erfolg unserer Mission. Jeder war informiert, jeder wusste Bescheid, wie die Bergung erfolgen würde. Major Grütter schlug vor, sofort eine Pressekonferenz auf dem Presseschiff einzuberufen, das ebenfalls ausgelaufen war. Auch deutsche Behörden erschienen: 55 Personen auf einem Extraschiff.

Ich erzählte auf der Konferenz, dass ein *Bild*-Reporter, der hier im Raum war und jetzt gerade unbeteiligt auf den See sah, die Geschichte des Caesiums unverantwortlich in die Welt gesetzt habe, um gute Zeilen zu machen. Er habe Schweizer Behörden in Zugzwang gebracht, Menschen am Bodensee mit der Vorstellung radioaktiver Verseuchung ihres Trinkwassers verunsichert, die Mitarbeiter des Scherer-Institutes zu nutzlosen Strahlungsmessungen gezwungen und uns unter Wasser in Gefahr gebracht. Dieses Verhalten war unmoralisch, er solle sich schämen, es müsse eigentlich ein juristisches Nachspiel geben.

Ich sprach mit Emotion und spürte die Betroffenheit der anwesenden Journalisten. Würden sie etwas davon lernen? Interview um Interview folgte und alle sprachen über den *Bild*-Reporter. Wenigstens das war ein Erfolg. Der *Spiegel* bot an, einen Rechtsanwalt zu bemühen, der kostenlos eine Anklage gegen die *Bild* vorbereiten könnte. Ein mir zugetaner *Stern*-Redakteur meinte aber, der *Bild*-Reporter würde zu seiner Entlastung sofort sagen, einen Informanten gehabt zu haben. Er sprach auch über »Witwenschütteln«, eine ähnliche gängige Methode, die vermutlich auch bei diesem Flugunfall bereits angewendet worden sein könnte. »Witwenschütteln« heißt, die hinterbliebene Ehefrau – notfalls mit Geld – so zu beeinflussen, dass sie Worte wiedergibt, die ihr in den Mund gelegt werden.

In was für einer relativ »heilen« Welt saß ich doch in meiner Wissenschaft, wo es Konkurrenz-Streit gab, auch Intrigen, aber doch selten Wortgefechte und Aktionen, die unter die Gürtellinie gingen. Auch Fake News wurden meistens entlarvt.

Ich lernte Doktor Schroeder kennen, einen Sedimentgeologen am Institut für Seenforschung in Langenargen. Er war der Experte für das Side-Scan-Sonar des Institutes. Auf einem großen Tisch im Flur lagen die Sonarschriebe des Flugzeugunfalls. Ich lief um den großen Tisch herum und entdeckte zwei Echos, die eindeutig Menschen darstellten.

Wir stimmten überein, dass die starken Echosignale auf dem ebenen Seegrund die einzigen sicht- und verwertbaren Hinweise waren, wo die Opfer des Unfalls sein könnten. Eines lag fast einen Kilometer weiter in Richtung Altenrhein. Schroeder meinte sofort, dies müsste der Pilot sein, denn nur er hat in der Nacht gewusst, in welcher Richtung der Flughafen lag. Die anderen waren auf die Lichter von Romanshorn zu geschwommen. Was für ein tragisches Schicksal, nach überlebter Notwasserung in der Finsternis der Unglücksnacht und Kälte des Sees zu ertrinken. Für seine hervorragende Arbeit lud ich Schroeder zu einer Tauchfahrt in die JAGO ein. Er lehnte ab, in das Boot würden ihn keine tausend Pferde bringen.

Das Landeskriminalamt Stuttgart rief an und teilte mit, dass der Unfall ein Pilotenfehler gewesen sei. Der hauptverdächtige Passagier R. habe das Flugzeug geflogen und wohl einen Fehler gemacht. Er war auch Fluglehrer, sodass sie den Landeanflug wohl proben wollten. Das LKA bat uns, die Personenbergung zu übernehmen. Ich hatte keine große Lust, noch einmal an der vordersten Front der Medienhysterie gegenüberzustehen.

Als in der Tagesschau berichtet wurde, dass wir weiter am Bodensee tätig sein würden, ging der Rummel erneut los. Bei meiner Ankunft in Friedrichshafen holte mich ein Kripobeamter ab, er wolle mir etwas zeigen. In einer Halle stand die Cessna wohl präpariert vor mir. Alles Interieur war sorgfältig ausgestellt. Die Sitze zeigten Spuren von Krafteinwirkungen, die nach links in Flugrichtung gerichtet waren. Ich betrat die Kabine und fühlte die Enge, die Not der Leute nach der Wasserlandung, stockfinstere Nacht über dem See. Du hast überlebt und springst ins kalte Wasser, während draußen das Flugzeug neben dir versinkt. Der Pelzmantel hing beschriftet an einem Haken. Auch die Bordbar war akribisch auf einem Tisch rekonstruiert. Dies alles war die Anatomie eines Flugunfalls.

Nächster Tag. Es war kalt, Nebel und Frost, JAGO von Eis umhüllt. Wir stiegen auf das Forschungsschiff des Instituts über. Gute Laune unter den Side-Scan-Jägern. Schallwellen gingen nach unten, und wir alle versammelten uns vor dem Bildschirm. Auf dem Sonar ein gutes Signal, und SEA ROVER schlich sich langsam an das erste Ziel. Da war tatsächlich der Körper. Der erfolgreiche Versuch löste Freude aus. An die Tragödie in der Nacht dachte in diesem Moment keiner mehr. Es war ein Mann, Pepitamuster-Jackett, Schlips, keine Schuhe, der halb kriminelle Kaufmann aus Berlin. SEA ROVER biss sich an seinem Jackett fest. Jetzt brauchten wir nur noch am Kabel der Kamera abzutauchen.

Das zarte helle Grün des Wassers wechselte zu Dunkelgrün, dann Schwarz. Der Ariadnefaden, das Kamerakabel, brachte uns zum Ziel. Scheinbar weit in der »Ferne« und doch nur 5 bis 8 Meter vor uns erschien ein matschiger Lichtfleck, SEA ROVERs Scheinwerfer. Der Körper des Opfers unscharf im Gegenlicht, was für ein grausiger Anblick. Die bewegliche Kamera von SEA ROVER war wie ein Wesen, ein Roboter, der auch uns ununter-

brochen beobachtete.

Beim Anblick des toten Körpers fühlte ich nichts, kein Betretensein, keinen Ekel – nichts. Der Mann war tot, ein kleiner oder gar großer Gauner, der in zwielichtige kriminelle Dinge verstrickt gewesen war. War es das? Registrierte das Unterbewusstsein eine verdiente Strafe?

Wir hatten eine Schlinge vorbereitet, die ich dem Opfer mit dem Greifarm über die Beine bis zur Hüfte zog, anders konnten wir die Bergung nicht vornehmen. Langsam hob JAGO vom Boden ab. Da baumelte ein Mensch vor uns. Auch jetzt, bei diesem makabren Anblick, war ich nicht wirklich betroffen. Jürgen ging es ähnlich. Achtung vor dem Toten? Pietät? Wir hatten ihn rückwärts kopfüber aufgehängt, denn wie sollten wir es mit unserem Kleintauchboot anders machen. An der Oberfläche nahmen Polizeitaucher den Korpus in Empfang und sicherten ihn mit Leinen. Dann schwappte das Gesicht des Mannes kopfüber stehend mit wehenden Haaren an unserem Fenster vorbei. Das war ein entsetzlicher Moment.

Draußen war der Teufel los. Zehn Schiffe bildeten einen Kreis. Ein Hubschrauber kreiste mit einem Kameramann über uns. Der

Tote wurde einem Schweizer Schiff der Wasserrettung übergeben. Sofort ging der Hubschrauber tiefer. Zorn stieg in mir auf – über die entsetzliche Geilheit der Medien. Woher hatten sie die Nachricht von unserem Aufstieg, wurden wir abgehört? Am Abend sah ich in den Nachrichten, was für eine Medienschlacht dort in Friedrichshafen stattgefunden hatte. Alle Sender brachten diese Hubschrauberaufnahmen. Irgendjemand hatte daran gut verdient, Geschäfte gemacht.

Die Bergung der zweiten Person folgte. Beim Zufahren auf das Licht des Tauchroboters sah ich ein rotes Jackett. Dann rote Fingernägel. Langes blondes Haar. Gebügelte Hose. Was für eine bildschöne Frau lag da tot vor mir. Später stellte sich heraus, dass es die Freundin des Berliner Kaufmanns gewesen war. Sie waren gemeinsam geschwommen und wohl auch gemeinsam gestorben. Was für ein entsetzlicher Tod! Wir sprachen kein Wort.

Als der Körper nach oben kam und an Bord gehoben wurde, spürte ich die Betroffenheit aller Anwesenden. Selbst die Kripobeamten schwiegen für Momente. Warum dieser Unterschied im Verhalten? Auch diese Frau war in zwielichtige Geschäfte wie der Berliner Kaufmann verwickelt. Es musste etwas basal Menschliches sein. Die Achtung des Mannes vor dem Weiblichen?

Der Tag draußen war besonders schön. Der See spiegelglatt, eine großartige Abendstimmung machte sich breit. Die Polizeiboote fuhren weg, jedes in eine andere Richtung. Die Arbeit war beendet. Ich hatte das Bedürfnis, jetzt allein zu sein, und stellte mich vorn am Bug in den Fahrtwind. Kälte stieg auf. Die Sonne verschwand im Nebel, auch der Horizont war nicht mehr sichtbar. Alles verschwand konturlos im rötlichen Schleier des abendlichen Lichtes. Dies war das Wetter, bei dem Flugunfälle passierten.

Am nächsten Tag wurde der Hauptverdächtige R. geborgen. Seine Uhr war um 19.19 Uhr stehen geblieben. Sie musste einen gewaltigen Schlag abbekommen haben. R. hatte sieben gebrochene

Rippen, ein gebrochenes Schlüsselbein, einen gebrochenen Unterarm und gebrochene Handwurzelknochen. Er war schwimmunfähig gewesen und musste ziemlich schnell ertrunken sein. Die Cessna-Geschichte war eine Geschichte der Verlierer. Die Toten zählten nicht zu den Erfolgreichen. Die zwei Frauen waren Tschechinnen, verheiratet, die eine mit einem mehrmalig Vorbestraften, die andere mit einem Geheimdienstler, der vier Jahre im Gefängnis gesessen hatte, weil er Radio Free Europe hatte sprengen wollen. Die beiden Berliner seien erfolglose Großkotze gewesen, so hieß es in den Medien. Der 130 Kilo schwere Pilot sei wohl ein Fliegerass gewesen, habe aber schon zwei Bruchlandungen hinter sich gehabt, weil er seine Flugschüler willentlich in Notsituationen gebracht hatte. Bei der Rekonstruktion des Unglücks und der Geschichte seiner Verursacher hatten Mitarbeiter wissenschaftlicher Institutionen geholfen, hatten Amtshilfe geleistet. Ich dachte besonders an die Sonarjäger des damaligen Tages – die stillen bescheidenen Helden des Cessna-Unglücks. Sie hatten Fähigkeiten eingesetzt, die sie in ihrem wissenschaftlichen Beruf erworben hatten, und mussten Anblicke ertragen, die sicher lange in ihrem Gedächtnis blieben. Genauso ging es uns.

Ich verließ den Bodensee so schnell wie möglich. Bereits drei Tage später landete ich in Mexiko, bereit für ein Höhlen-Abenteuer ganz anderer Art.

12 Das Fest der Schwefelmollys in Mexiko

Haltlos verlor sich der Schein meiner Handlampe in der Finsternis. Wäre nicht der durchdringende Geruch nach Schwefelwasserstoff in meiner Nase gewesen und hätte nicht zu meinen Füßen ein flacher Bach mit milchig trübem Wasser geplätschert – ich hätte mich irgendwo in der dunklen ewigen Weite des Weltalls befinden können.

Aber das Gegenteil war der Fall. Die Karte in meiner Hand verriet, dass ich mich etwa 50 Meter unter der Erde und 300 Meter entfernt vom Eingang einer Karsthöhle unter dem tropischen Regenwald der Chiapa Sierra Madre im Staate Tabasco im Süden Mexikos befand. Genauer noch: Ich müsste eigentlich am Eingang der Kaverne 10 sein. Wenn die Höhlenkarte stimmte, die vor 35 Jahren hier von amerikanischen Wissenschaftlern angefertigt worden war, musste vor mir ein flacher Höhlensee liegen. Das Ziel unserer Forschungsreise war greifbar nahe.

Jakob Parzefall, Professor für Zoologie an der Universität Hamburg, hatte mich hierher, zum Arrojo de Solpho geführt. Mit einem Kanu waren wir von dem Dorf Tapijulapa den Rio Oxolotan aufwärts gefahren und dann drei oder vier Kilometer durch den regennassen Urwald zur Cueva de la Sardina gelaufen, der

Höhle der Fische. Am Eingang wartete bereits Manfred Schartl auf uns, Professor für molekulare Genetik an der Universität Würzburg.

Im giftigen, Schwefelwasserstoff-geschwängerten Höhlenbach lebte eine zoologische Sensation, auf die wir zu dritt Jagd machten: ein kaum 5 Zentimeter großer Fisch. Für Aquarianer war er eigentlich nichts Besonderes: Er war ein ganz gewöhnlicher *Poecilia mexicana,* ein Molly, wie diese Gruppe von lebendgebärenden Zahnkarpfen unter Fachleuten genannt wird. Hier im Dauerdunkel der Höhle schlug er allerdings so manche Rekorde. Nicht nur, dass er in einer trüben dunklen Schwefelsuppe lebte, er kam auch in solchen Mengen vor, dass ich stellenweise die unzähligen glitschigen Körper an meinen Beinen spürte. Diesen Massen verdankte die Höhle ihren Namen: Cueva de la Sardina, die Grotte der Sardinen, obwohl es sich natürlich nicht um Sardinen handelte, denn die leben im Meer und nicht im Süßwasser.

Die Zoque-Indios im Regenwald kannten den Ort seit Generationen. Hier feierten sie alljährlich ein rituelles Fest, ihrer »Sardinen« wegen. Der Höhlen- oder Schwefelmolly, nennen wir ihn einmal so, wurde während des Zweiten Weltkriegs von Forschern des Smithsonian Institutes in Washington und der National Geographic Society erfasst. Die Fische bekamen immer kleinere Augen und ihre Körper wurden durchsichtiger, je tiefer man in die Höhle vordrang. Ja, sie waren gewissermaßen dabei, eine andere Art zu werden. Mehr noch – ihr Höhlenleben schien sich an die Schwefelwelt angepasst zu haben. Aus dem gewöhnlichen Aquarium-Molly *Poecilia mexicana* wurde ein unterirdisch lebender Schwefelmolly, wie ihn keiner vorher gekannt hatte. Setzten Manfred Schartl und Jakob Parzefall den Molly in klares Flusswasser, lebte er quietschvergnügt weiter. Wieder zurück im Schwefelwasser jedoch, war er innerhalb von Minuten tot.

Den fast blinden Fischen widmete Jakob Parzefall viele Jahre seiner wissenschaftlichen Laufbahn. Als Verhaltensforscher hatte er sich mit der Balz der Mollys beschäftigt und verglich die Höhlenbewohner mit ihren Artgenossen draußen in den Bächen und Flüssen Mexikos. Die Unterirdischen verloren nicht nur ihre Aggression, sondern auch alle Balzverhaltensweisen, bei denen optische Signale eine Rolle spielen. Hier in der Finsternis wären sie nutzlos.

Parzefall gelang durch eine Reihe von Kreuzungsexperimenten der Nachweis, dass auch Verhalten – so wie anatomische Merkmale – eine genetische Anlage hat. Die Natur hatte für ihn unter dem Dach des mexikanischen Urwaldes und verborgen unter Höhlengestein ein interessantes Experiment durchgeführt, dem Parzefall auf die Schliche gekommen war. Die Höhlenmollys wurden so zum Haustier im Hamburger Laboratorium des Verhaltensgenetikers.

Parzefall kroch vor mir eine schmale Kaskade aufwärts, die am anderen Ufer des kleinen Höhlensees das endgültige Ziel unserer Höhlenexpedition war. Gipsgestein hatte hier sinterartige Terrassen gebildet, die uns jetzt als Trittbretter dienten, um den Wasserfall zu überwinden. Ich hatte zunächst Angst um meine Kameras, die ich kaum trocken über das sprudelnde Hindernis bringen konnte. Ich fragte mich, ob die Mollys im Höhlensee jemals diese Barriere zu überwinden versuchten, ob sie – wie Lachse – den Wasserfall aufwärts steigen.

Oben angekommen lag ein flacher Tümpel vor uns, die Luft war stickig und roch nach faulen Eiern. Mollys tummelten sich im Schein meiner Lampe an diesem entferntesten Punkt der Höhle. Weiter ging es nicht. Ob in den weit verzweigten Minilabyrinthen im Untergrund – unerreichbar für uns – schließlich völlig blinde und augenlose Höhlenmollys leben, ist unbekannt. Isoliert vielleicht der Wasserfall die Blinden vom Rest der Höhlenbewohner?

Im Labor von Manfred Schartl würde später ihre genetische Erbsubstanz, das Riesenmolekül ihrer Desoxyribonukleinsäure, untersucht. Genetische Fingerabdrücke würden dann Antwort geben, ob die Schwefelmollys an den unterschiedlichen Stellen der Höhle bereits auf dem Wege waren, getrennte Arten zu bilden.

Mir wurde bewusst, dass ich hier in dieser Höhle Evolution hautnah in Aktion erlebte. Die Mollys hatten sich an die lebensfeindlichen Bedingungen im giftigen Schwefelwasserstoff der Höhle angepasst. Dem Vorteil des Höhlenlebens auf die Spur zu kommen, war eine Herausforderung, der sich jeder Feldbiologe gern stellte.

Quicklebendige Quellen, manche klar und andere trüb wie der Höhlenbach selbst, sprudelten am Rande der Kavernen. Überall im seichten Wasser wuchs ein weißlicher, schleimiger Überzug: Schwefelfadenbakterien, Mikrobiologen nennen sie *Beggiatoa*. Sie sind Grenzgänger und zählen zu den Riesen unter den Bakterien, man kann sie nämlich mit bloßen Augen sehen. Zum Überleben benötigen sie geringe Mengen Sauerstoff und Schwefelwasserstoff, zwei Elemente, die sich gewöhnlich nicht gut vertragen.

Die Schwefelfadenbakterien waren alte Bekannte für mich. Ich hatte sie mit dem Tauchboot GEO an heißen Hydrothermalquellen am Mittelatlantischen Rücken Islands hoch im Norden gesehen. Wir hatten sie aber auch im Faulschlamm des Starnberger Sees und an Wasserleichen gefunden, denen wir manchmal auf unseren Tauchfahrten in den Alpenseen begegnet waren. An Hydrothermalquellen der Tiefsee werden die Bakterienteppiche von einer Reihe von Tieren gefressen. In Kalifornien zum Beispiel raspeln im flachen Wasser Abalonen, die großen Seeohrschnecken, den weißen Überzug ab. *Beggiatoa* ist überall dort anwesend, wo in sauerstoffarmem Wasser Organisches abgebaut wird.

So wie draußen an Land grüne Pflanzen mithilfe des Sonnenlichts und der Fotosynthese chemische Energie produzieren, ersetzt im Finsteren die Chemosynthese die Energielieferung. Ohne Licht nutzen Bakterien den sonst giftigen Schwefelwasserstoff zur Energiegewinnung: Es ist ein Leben ohne Sonne. Die Mollys hatten sich in der Höhle offenbar in den Schwefelkreislauf eingeschleust und profitierten so konkurrenzlos von den chemischen Reichtümern der Höhlenquellen. Parzefall zeigte mir, wie die Fische an den Bakterienmatten fraßen.

Ich hatte aber auch gemerkt, dass die Höhle am besten mit geschlossenem Mund begangen werden sollte. Zu Millionen schwärmten nämlich kleine Mücken durch die fast 30 Grad warme Luft. Oft hatte ich sie bereits ungewollt eingeatmet. Dieses Luftplankton wurde von einem anderen Wirbeltier in der Höhle gefressen – von Fledermäusen. In riesigen Kolonien hingen

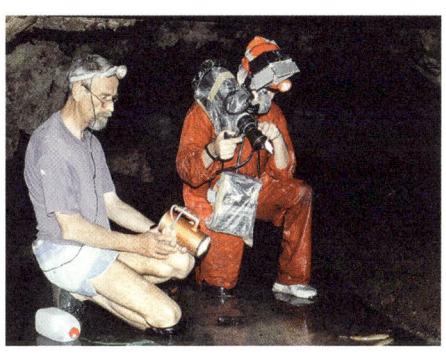

Filmaufnahmen in der Mollyhöhle. Plastiktüten schützten unsere Kameras vor der hohen Luftfeuchtigkeit.

sie stellenweise so dicht an den Wänden, dass der Hintergrund nicht mehr sichtbar war.

Ob die Bakterien im Wasser oder doch die Insekten aus der Luft Nahrungsquelle Nummer Eins der Höhlenfische waren, ließ sich nur im Labor untersuchen. Wurden vorzugsweise die Bakterienmatten gefressen, sollten sich Schwefelisotope im Gewebe der Fische nachweisen lassen. Eines wussten wir jedoch schon jetzt: Der Darm der Höhlenmollys ist, wie bei allen Pflanzenfressern, relativ lang. Bei reiner Insektennahrung wäre er – wie bei Fleischfressern – kurz. Mollys sind also hauptsächlich *Beggiatoa*-Fresser, wie auch unsere Untersuchungen zeigten.

Mir wurde bewusst, dass in der ewigen Nacht dieser tiefen Höhlen ein selbstständiges, abgeschlossenes Ökosystem existiert. Geothermik und Schwefelwasserstoff sind die Grundlage für das Wachstum der Schwefelfadenbakterien. Sie wurden von den Fischen wie Algenmatten abgegrast, die somit den Stoffwechsel der Bakterien indirekt ausbeuteten. Natürliche Fressfeinde, die wiederum die umgebaute Bakterienenergie in Gestalt der Fische erneut und noch effizienter verwerten könnten, haben die Mollys nicht. Obwohl, eigentlich doch – ein Räuber existierte, den ich vier Wochen später an gleicher Stelle mit Tonband und Kamera verfolgte.

Anfang April, kurz vor Ostern, waren wir zu viert wieder zur Cueva de la Sardina unterwegs. Unsere Stimmung war gedämpft. Ein Koffer voll unentbehrlichen Filmmaterials war auf dem Flug nach Mexiko City abhandengekommen.

Der Urwald war dieses Mal in Aufruhr. Hunderte Indios waren zur Höhle unterwegs. Die »Pesca de la Sardina« fand statt. Ein rituelles Tanzfest, das weit über die Grenzen des Staates Tabasco bekannt ist. Selbst der Gouverneur unterbrach seine Wahlkampfreise und eilte in den Urwald. Der monotone Klang einer Trommel und der hohe Ton einer indianischen Flöte erfüllten den grünen Dschungel.

Am Bach in einem Seitental der Arroyo del Solpho hatten sich Indios versammelt, die auf ausgewaschenen Steinen des Bachbetts die weichen Wurzeln einer Liane zu einem Brei verrieben, der wie Schweizer Müsli aussah. 400 Kilo Wurzeln lagen parat. »Barbasco, Barbasco«, rief ein älterer Zoque-Indio ins Tal, der die jüngere Generation zum Wurzelreiben animieren sollte. So rechte Lust kam aber unter den Jüngeren nicht auf. Einige lagen bereits volltrunken unter den Bäumen.

Barbasco, der Lianenbrei, enthält ein Gift: Saponin, das den Indios angeblich als Verhütungsmittel dient, aber auch Rotenon, mit dem sie Fische betäuben. Vermengt mit Kalk wird Barbasco in Palmenblätter eingewickelt und nach einem rituellen Tanz im Höhlenbach verteilt. Betäubt treiben dann die Schwefelmollys durch die Höhle, werden eingesammelt und mit Tabasco zu einer scharfen Paste verrieben oder in Öl gebacken.

Ich hatte Zweifel, ob sich der aufwendige Fang dieser winzigen Fische lohnte. Am Ende dieses Tages wusste ich aber, dass der Mensch in der Tat der größte »Fressfeind« der Höhlenmollys und ein nicht zu unterschätzender Selektionsfaktor im unterirdischen Ökosystem ist.

Nur mit Mühe erreichten wir den Eingang der Höhle. Fast 2000 Indios hatten sich jetzt versammelt, ein Volksfest war im Gange. Eine in weiße Leinengewänder gekleidete Tanzgruppe stampfte mit kurzen rhythmischen Schritten über den weichen Urwaldboden. An ihrer Kleidung, mit Lianen befestigt, baumelten grüne Barbascobündel. In den Händen hielten sie Körbe, angefüllt mit den schönsten Blüten Mexikos, und brennende Kerzen. Das monotone Trommeln im immer gleichen Rhythmus und die hohe Zoque-Flöte versetzte sie in Trance. Auch ich entkam dem Sound dieser Musik nicht – ein Ohrwurm, der sich tief ins Hirn einschlich.

Ein älterer Vortänzer hatte seine Haare mit Asche künstlich ergraut. Im Zoque-Dialekt rief er in die Höhle: »Guten Tag, Großvater, guten Tag, Großmutter, guten Tag, Vorfahre, empfange unseren Gruß und höre unsere Bitte. Deine Söhne hungern, unsere Familie hungert und im Namen Gottes und des Wassers, im Namen der Sonne, des Mondes und unserer Mutter Erde schenke uns deine Fische, erlaube uns in dein Haus einzutreten und aus der Quelle zu schöpfen. In deinem Namen bringen wir aus ganzem Herzen dieses Opfer.« Vor dem Höhleneingang stapelten sich Blumen. Die Tänzer stampften weiter ihren einfachen und eindringlichen Rhythmus in den Boden und bewegten sich dabei langsam auf den Höhleneingang zu. Eine lange bewegliche Lichterkette verschwand in der Finsternis. Am anderen Ende, in Kaverne 10, öffneten sie ihre Barbasco-Bündel und verteilten das Gift im Höhlensee.

Señor Martinez Paz, Tanzmeister des Dorfes Tapijulapa, berichtete, dass der Brauch seit vielen Generationen überliefert wurde. Er fand gewöhnlich am Ende der Trockenzeit statt. Früher begann es oft danach zu regnen, sodass die Indios in den folgenden Jahren zur gleichen Zeit zur Höhle zogen, um Regen zu erbitten und Fische fangen zu dürfen, denn ihre Familien darbten vor Hunger.

»Heute aber«, so Professor Paz, »kommen sie nur, weil es ihnen Spaß macht.« Er versuche, den alten Brauch zu erhalten, denn er sei Teil ihres kulturellen Erbes. Die Höhlenmollys sind das ganze Jahr über durch das Tabu vor den Indios sicher. Erst der Anruf des Höhlengottes hebt das Verbot auf.

Solcher »religiöse« Tierschutz ist gar nicht so selten. Mein geschätzter Kollege Professor Eibl-Eibesfeldt von der Seewiesener Forschungsstelle erzählte mir, dass zum Beispiel bei den Himbas durch Rituale Tabus aufgehoben werden, um den Verzehr sonst heiliger Rinder und Schafe zu ermöglichen. Aus Madagaskar ist bekannt, dass dort die heilige Seekuh gefangen und geschlachtet werden kann, nachdem der Häuptling des Stammes einen rituellen Geschlechtsverkehr mit der Seekuh vollzogen hat. Viele solcher kulturanaloger Rituale gestatten also der hungernden Bevölkerung den Zugang zu sonst verbotenen Nahrungsquellen erst, wenn Not am Mann ist.

Heute allerdings spielen die Mollys für die Ernährung der Zoques keine Rolle mehr. Die Indios sind durchweg gut genährt. Tanz und Fischfang sind mehr zu einem Event geworden. Ausgerüstet mit Keschern, Kaffeesieben, Plastiktüten und Nudelsieben aus dem Haushalt, strömen Jung und Alt in die Finsternis. Ein

Massenansturm setzt ein, der sogar von der Miliz geregelt werden muss. Den Mollys wird mit jedem nur denkbaren Fanggerät zu Leibe gerückt.

Das Gift tat bereits seine Wirkung. Die Mollys zogen sich benommen in die Randzonen zurück und einige trieben bereits tot auf der Wasseroberfläche. Eine alte Indiofrau bewegte ihr Nudelsieb so präzise und schnell, als ob sie Wasser damit schöpfen wolle. Ihr Enkel verteidigte währenddessen den Uferabschnitt gegen andere: Der Höhlenbach war familienweise in Jagdreviere aufgeteilt.

Einige alte Indios wälzten sich im Schwefelschlamm, denn der sollte gegen Rheuma helfen. Die fröhlichen Menschenmassen, ihr Lichtermeer und das lautstarke Geschnatter der Frauen ließen die sonst bedrückende Höhle plötzlich in ganz anderem Licht erscheinen: Heiterkeit lag in der Luft.

Zwei Stunden später waren die Kerzen abgebrannt – der Rückzug setzte ein. Ich postierte mich am

Die mit Barbasco betäubten Mollys wurden mit allerlei Küchengeräten gefangen und später frittiert.

Eingang und traute meinen Augen nicht. Jeder trug stolz seine Beute zur Schau. Tausende Mollys wurden an diesem Tag Opfer des einzigen Räubers Mensch. Hätte ich die Beute doch nur wiegen können! Wenn ich die Mengen in Gedanken überschlug, das Gewicht der gefangenen Fische in Biomasse der gefressenen Schwefelbakterien übertrug, begann ich zu ahnen, dass die stinkenden Schwefelquellen eine außergewöhnliche Produktivität hatten.

In dieser kleinen und noch jungen Höhle haben die blühenden Oasen, die das berühmte Tauchboot ALVIN an den Rändern der Tiefseeschwefelquellen im Pazifik entdeckte, eine zwar weniger spektakuläre, aber dennoch eindrucksvolle Entsprechung gefunden. In der Tiefsee sind es Bartwürmer, Krebse, große Muscheln und spezielle Fische, die in der Hierarchie der Nahrungspyramide ganz oben stehen. Hier in Mexiko aber ist es der Mensch – ein evolutionäres First.

Ich ahnte aber auch, dass den Mollys langfristig der Garaus droht. Immer mehr Menschen sind beim Barbasco-Fischen dabei, der Ertrag geht zurück. 1902 lebten hier im Urwald nur 20 Familien, heute aber über 4000. Die Indios registrierten, dass die
Fische von Jahr zu Jahr weniger wurden. Prof. Lopez Ordonez, ein Zoque-Indio, hat das Problem erkannt. Ganz früher fand die »Pesca de la Sardina« sogar zweimal im Jahr statt. Jetzt möchte er sie, den Fischen zuliebe, nur noch alle zwei Jahre veranstalten. Die Höhlenpopulation soll die Chance erhalten, sich zu erholen.

Am Ende des Tages lief ich als Letzter mit dem Einbruch der Dämmerung durch den Urwald zurück zum Fluss. Wetterleuchten erhellte die tief hängenden Wolken. Zikaden sangen im Unterholz und Myriaden von Insekten krochen aus ihren Verstecken. Die seidenweiche, feuchte Luft war angefüllt mit einem hundertfachen Chorus mir unbekannter Stimmen – und ließ mich erahnen, welcher Reichtum an Tieren hier unter dem Dach der Bäume lebte.

Ich musste in diesem Augenblick an die UNO-Umweltkonferenz denken, die gerade in Rio tagte, an den eindringlichen Appell, die biologische Vielfalt auf unserem Planeten zu erhalten, besonders in den exotischen Lebensräumen der Urwälder. Stündlich rotten wir drei Tier- und Pflanzenarten unwiederbringlich aus. Aber nicht nur das: Die westliche Zivilisation kriecht wie ein Krebsgeschwür über den Erdball und beginnt, auch die Vielfalt der Völker mit ihren Sitten und Gebräuchen zu vernichten. Selbst die Zoque-Indios in ihren einsamen Urwaldtälern hat die Zivilisation längst eingeholt. Sie trinken Coca-Cola, tragen amerikanische Baseball-Mützen und grelle T-Shirts mit englischen Aufdrucken. Nur ihre schönen indianischen Gesichter sind geblieben.

Und dennoch beginnen die Indios von sich aus, ohne gutgemeinte Worte westlicher Umwelt- und Naturschützer, ihre alten Traditionen zu bewahren und ihre Mitbewohner im Urwald zu schützen – selbst wenn es nur unscheinbare, kleine Fische wie die Höhlenmollys sind. Die International Union for Conservation of Nature (IUCN) hat die Schwefelfische dann auch auf die Rote Liste stark gefährdeter Arten gesetzt, um sie zu schützen. Das dachte ich jedenfalls damals – aber wie sehr sollte ich mich irren! Später erreichte mich nämlich eine deprimierende Nachricht von Manfred Schartl, mit dem ich nicht einmal zwei Dekaden zuvor die Cueva de la Sardinas besucht hatte. Manfred schrieb:

»Lieber Hans,

ich war vor einem Jahr wieder mal dort an der Höhle und es ist deprimierend. Das ganze Areal vor der Höhle wurde zu einem Visitor Center gestaltet mit Picknickgelände etc. Es gibt sogenannte »professionelle« Führer, die an Ferientagen (wir waren zwischen Weihnachten und Neujahr dort) und Wochenenden in 30-Minuten-Abständen Besucher in die Höhle führen. Du kannst Dir vorstellen, wie es dort unten jetzt aussieht. Du erinnerst Dich sicher an die Unmengen von Fledermäusen in der einen Nebenhöhle, davon sind jetzt nur noch eine Handvoll übrig, die aber den Besuchern stolz vorgeführt werden – bis sie dann auch irgendwann weg sein werden. Man muss befürchten, dass dieses einmalige, komplexe Ökosystem auf diese Weise bald zusammenbrechen wird. Traurig!«

Mich machte diese Nachricht fassungslos. Hatte ich doch immer noch geglaubt, dass die Höhle mit ihrem unvergleichlichen

Ökosystem durch die Indios gerettet war. Und doch reiht sich jetzt die Cueva mit ihren unterirdischen Einwohnern in die vielen Ökosysteme unseres Planeten ein, die durch *Homo sapiens* zerstört werden.

Ich als *Homo sapiens,* »der Vernunftbegabte«, beginne, mich wegen dieser Naturverbrechen für meine Artgenossen zu schämen. Man nennt das heute wohl Fremdschämen. Ich wünsche mir inständig, dass sich *Sapiens* recht bald zu einem *Homo Deus* entwickelte – vielleicht würde das auch den Mollys in Mexiko helfen.

13 Aale – die Spuren eines Jahrhunderträtsels

Es gibt Tiergeschichten, die uns schon in der Schulzeit als Mythos begegnen. Eine davon ist die geheimnisvolle Wanderung der Aale, von der der Dänische Forscher Johannes Schmidt bereits 1923 erzählte. Sie werden in der Sargassosee unweit des Bermudadreiecks geboren, entwickeln sich dann auf einer dreijährigen Wanderung von der Weidenblattlarve (*Leptocephalus*) zum Glasaal, und zwar auf einer ziemlich langen Ozeanreise von einigen Tausend Kilometern, und erreichen schließlich die Mündungen der großen europäischen Flüsse und verändern ihr Aussehen: Sie werden zu Gelbaalen. Hier steigen sie flussaufwärts und verweilen bis zu 20 Jahre in unseren Flüssen und Bächen. Und schließlich beginnt ihre lange Rückreise als Silber- oder Blanckaal in die Sargassosee. Nach Schätzungen sollen 12 000 Tonnen geschlechtsreifer Aale jährlich in unseren europäischen Flüssen auf eine fast 6000 Kilometer lange Seereise gehen.

Heute ist das lebensgefährlich für sie, nur wenige erreichen ihr Ziel. Begradigte Flüsse, Staustufen und Turbinen von Wasserkraftwerken versperren ihnen den Weg. Sie werden durch Turbinenblätter gehäckselt, verletzt, zweigeteilt und nur etwa 1 Prozent

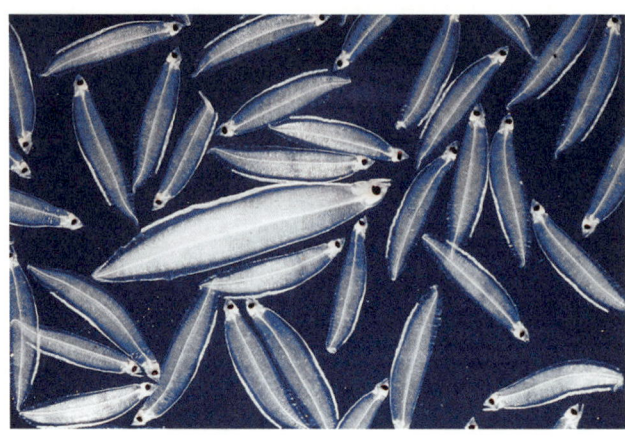

Die ersten beiden Stadien des Aales: Von der Weidenblattlarve
zum Glasaal.

schafft es zurück ins Meer. Eine traurige Gegenwartsgeschichte mit dem Resultat, dass der Aal jetzt auf die Rote Liste gefährdeter Tiere gesetzt wurde. Erreichen sie das Meer doch, beginnt ihre sehr lange Seereise zurück in die Sargassosee. Dort paaren sie sich und sterben vermutlich auch. Und an dieser Stelle beginnt meine Geschichte:

Als Schuljunge war ich an der Alten Elbe bei Magdeburg ein gefürchteter Aaljäger. Viele dieser Fische habe ich mit einer Harpune erlegt und bitte noch heute um Vergebung für diese brutalen Morde.

Als ich älter wurde und mehr vom Leben dieser Tiere wusste, bekam ich Respekt vor ihnen – und wollte mehr über ihre Geheimnisse erfahren. Ich sammelte alles, was ich über sie in die Hände bekommen konnte. Da gab es neben dem Dänen J. Schmidt auch den deutschen Aalforscher Friedrich-Wilhelm Tesch. Beide hatten eine Menge an Wissen über den Aal zusammengetragen. Und kein Geringerer als Aristoteles hatte behauptet, dass sich Aale weder durch Begattung noch durch Eier fortpflanzten. Vielmehr entstünden sie aus Regenwürmern, die sich in Schlamm und feuchter Erde von selbst bildeten.

Was mir schon in den ersten Tagen meiner Aalbegeisterung auffiel, war, dass Herr Tesch annahm, der Aal würde – wenn er denn die europäischen Gewässer verlassen hat – den direkten Weg über den Atlantik schwimmen. Als ich den sympathischen Aalforscher in Kiel traf, sagte ich ihm, dass ich daran nicht glaubte. Tesch erwiderte, dies sei doch der kürzeste Weg. Da hatte er zwar recht, vergaß aber, dass der Aal unter diesen Bedingungen immer gegen die große atlantische Zirkulation anschwimmen müsste – ein extrem anstrengendes Verfahren. Würden sie über den zentralen Atlantik schwimmen, ohne jegliche Orientierungshilfe und gegen Strömungen aus verschiedenen Richtungen, würden sie schwerlich die Sargassosee erreichen. Außerdem wurden noch nie laichreife Silberaale im zentralen Atlantik gefangen. Die Aale mussten einen anderen Weg nehmen!

Ich besorgte mir Strömungskarten des Atlantiks und sah deutlich, dass sie den gleichen Weg nehmen müssten wie einst Kolumbus, den Südkurs. In der Biskaya müssten sie auf den Azorenstrom treffen, der mit Geschwindigkeiten von mehr als 30 Zentimetern pro Sekunde eine erhebliche energetische Entlastung für den schwimmenden Aal bedeuten würde. Er könnte sich treiben lassen und geriete automatisch mit der Nordäquatorialströmung in die Sargassosee. Dies teilte ich in einem Artikel in der Zeitschrift *Naturwissenschaft* mit und erlebte eine erfreuliche Überraschung, die ich nur einmal in meinem wissenschaftlichen Leben erfuhr.

Professor Kaese, Ozeanograf an der Universität Kiel, war der eigentlich anonyme Gutachter meines eingereichten Artikels und teilte mir aber trotzdem mit, dass er meine Südkurs-Hypothese für richtig hielt. Er schlug vor, den modernsten Stand der Wissenschaft über Atlantikströmungen anzusehen. Er wies auch darauf hin, dass die Echobank in der Sargassosee eine große magnetische Anomalie bildete, die der Aal mit seinem nachgewiesenen magnetischen Orientierungssinn ausnutzen könnte. Er meinte, die Echobank sei doch ein schönes Projekt für mich und verwies auf die Forschungsreise der METEOR in den südlichen Atlantik, auf die ich mich bewerben sollte.

Wenige Wochen später schickte mir Professor Kaese eine Nachricht. Er hatte die großen mesoskalaren Wirbelfelder im Nordatlantik angesehen und von sich aus eine Computersimulation bezüglich der Aalwanderung durchgeführt. Er schrieb mir – und unterstrich den Satz »die Aale können nach dieser Simulation unmöglich von Norden her die Sargassosee erreichen«. Natürlich las ich das gern und mir war vollends klar: Sie kamen von Süden. Ich musste unbedingt dort tauchen. Schwammen sie tatsächlich zur Echobank?

Professor Kaese war Feuer und Flamme für meine südliche Aalroute. Er errechnete nicht nur das Modell, sondern wertete auch neueste Driftdaten aus. Die Silberaale müssten bis zu den Azoren aktiv schwimmen und könnten danach praktisch mit der Strömung driften. Sie kämen in der richtigen Zeit, Februar bis März, an. Ich war ganz besessen von der Nachricht und geriet ins Aalfieber. Leider hing ich von großen Schiffen ab.

Ich hatte in einer Bojen-Drift-Simulation von Kaese die Position der Echobank eingezeichnet. Es war kaum zu fassen. Die Boje erreichte nicht nur punktgenau die Echobank, sie hat sogar Driftschleifen kleinsten Ausmaßes dort gedreht. War das alles nur Zufall?

Natürlich wollte ich die Simulation mit handfesten Daten nachprüfen. Ich dachte an eine Satellitenbeobachtung mit sogenannten Pop-up-Sendern, die nach bestimmter Zeit automatisch an die Oberfläche schwimmen. Ich kontaktierte die Deutsche Gesellschaft für Luft- und Raumfahrt, um eine Schätzung der Kosten zu bekommen, und geriet an ein merkwürdig arrogantes Telefongegenüber. »Kein Problem«, sagte der Mann, »wir blasen [wörtlich] für Sie eine Rakete hoch.« Als ich ihm mitteilte, dass ich aber nur ca. 300 000 DM zur Verfügung hätte, kam die fast beleidigte, kurze Antwort, dass er für dieses Geld nicht einmal seinen Bleistift in die Hand nähme. Die Deutsche Gesellschaft für Luft- und Raumfahrt täte wirklich gut daran, diesen kundenunfreundlichen Mitarbeiter woanders einzusetzen.

Allerdings entwickelte sich die Echobank noch zu einem merkwürdigen Rätsel. Entdeckt wurde sie 1837 in ca. 65 Metern Tiefe, wurde dann 1898 von den Admiralty Charts entfernt und 1946 wieder entdeckt. Auch von Flugzeugen aus soll sie gesehen worden sein. Professor Siedler aus Kiel schickte mir die Position der Bank aufgrund von Schwerefeldmessungen, und mein Freund Dieter Paulmann machte einen detaillierten Survey von seiner

Jacht FOFTAIN, ohne die Bank im relativ flachen Wasser verorten zu können. Dann erhielt ich eine Admiralty-Seekarte von 2015, auf der die Echobank in 66 Metern Tiefe eingezeichnet war. In welcher Tiefe auch immer sie lag, eine submarine Struktur gab es dort, und diese stellte auf alle Fälle eine magnetische Orientierungshilfe für die Aale dar. Professor Siedler empfahl mir, ich solle das Aalprojekt doch der Ozeanografie-Kommission der Deutschen Forschungsgemeinschaft vortragen. Von acht Projekten wurde ich als einziger Biologe nach Bonn eingeladen. Ich stellte mir zwanglose Diskussionen vor und wusste nicht, was mich dort in Bonn erwartete. Ich hielt eine unvorbereitete flammende Aalrede und spürte durchaus Wohlwollen, aber an der Echobank gingen die Meinungen auseinander. Ich zeigte die Anomaliebilder von Professor Siedler, aber die Experten waren ziemlich einhellig der Meinung, dass man darauf nichts sehe, und widersprachen damit ihrem Kieler Kollegen.

Ich hörte auch, dass mein Antrag in die Planung wohlwollend aufgenommen und als sehr interessant eingestuft wurde. Professor Wefer aus Bremen rückte dann aber mit der Sprache heraus und sagte offen, dass bei der Unsicherheit der Position der Echobank das Risiko zu hoch sei. Ich hielt dagegen, dass dieses Paradigma der Zoologie ohne Risiko nicht lösbar sei, dazu gehörte auch ein finanzielles Risiko.

Ein Professor S. aus Kiel hatte noch während meines Vortrages einen Mitarbeiter kontaktiert und sich die Tiefenkarten des Gebietes faxen lassen. Warum diese Eile? Brauchte man meine eingeplante Schiffszeit vielleicht? Professor S. hielt die Karte hoch und sagte etwas lakonisch, dass die flachste Stelle der Bank 4500 Meter tief sei. So wurde ich in der Tat »ausgebootet«.

Mir wurde klar, dass ich – gewissermaßen als Neckermann-biologe – im Kreis von sieben Ozeanografen, die zeitlos ihre Messgeräte durch den Ozean ziehen konnten und im Minutentakt »big data« produzierten, chancenlos war. Was die Ozeanografen nicht wussten, war, dass sich der Aal elektromagnetisch orientieren kann, und die Echobank produzierte auch in 4500 Metern Tiefe eine magnetische Anomalie, die der Aal perzipieren konnte.

Ich fuhr ohne Groll nach München zurück. Draußen flog der Rhein vorbei. Die Buhnen waren durch den Dauerregen überflutet. Bäume und Sträucher schauten aus dem zähflüssigen Grau heraus, und Weinberge stiegen an der anderen Seite des Flusses an. Ich war innerlich ruhig und entspannt. Das Treffen in Bonn entwand sich meinem Gehirn, ich verdrängte es und dachte an einen neuen notwendigen Kampf. Mein Optimismus kam schnell wieder zurück.

Ich war erst kürzlich mit Professor Schnack aus Kiel und dem Forschungsschiff POSEIDON in die Sargassosee gefahren. Doktor Hilge vom Thünen-Institut für Fischereiökologie hatte für mich Aale hormonell laichreif gemacht, und wir passten sie bei der Überfahrt den Atlantiktemperaturen an. Was wir nicht wussten, war, dass die Aale in ihren großen Behältern bei den Schlingerbewegungen des Schiffes seekrank wurden. Viele Aale starben und nur zwei blieben übrig. Ihre Augen waren fast um das Doppelte vergrößert, ihre Flossen und die Rückenseite fast schwarz. Sie hatten sich äußerlich der Dämmerungszone des Ozeans angepasst. Außerdem begannen sie zu riechen, und ihre Haut wurde klebrig und bildete weiße Flecken.

Aale durch Hormone künstlich laichreif zu machen, ist gewissermaßen ein gängiges Verfahren. Ich ging in Tutzing mit einer großen Liste zu einer Apotheke und fragte, ob ich ein bestimmtes Wachstumshormon bekommen könne. Dazu muss man wissen, dass dieses Hormon von Bodybuildern zum Aufbau ihrer Muskelmasse gespritzt wird. Die Apothekerin sah mich konsterniert an. Sie wusste Bescheid und fragte nur: »Herr Fricke, ist das nötig?« Ich antwortete, ja, dass es nötig sei und rückte mit der Erklärung heraus. Wir mussten lachen, und noch heute, nach Jahren denke ich an die Geschichte und kann mir ein Schmunzeln nicht verkneifen.

Mit Sendern versehen, entließen wir die Aale über 6000 Meter tiefem Grund. Ich tauchte ihnen mit Atemgerät die ersten zwanzig Meter hinterher. Sie schwammen schnurstracks senkrecht nach unten. Jürgen und der Bootsmann der POSEIDON verfolgten den Abstieg vom Schlauchboot aus akustisch, mit einer Antenne. Beide Aale stoppten zwischen 150 und 250 Metern – ihre Ablaichtiefe war offenbar erreicht. So blieb es für viele Stunden.

Ich wollte vor Mitternacht die weitere Kontrolle übernehmen.

Jürgen gab an, ich solle in Richtung der Milchstraße südlich fahren und die Signale aufpicken. Das war mehr als Wunschdenken. Der Ozean blieb völlig still, keine Signale! Aber wenigstens hatten wir die ersten Hinweise für die mögliche Ablaichtiefe erhalten. Ein Tiefseephänomen hätte ich sowieso nicht erwartet, auch die morphologischen und farblichen Veränderungen sprachen dagegen.

Jetzt beschäftigte mich die mögliche Orientierung der Aale. Ich war ihnen in der Ostsee und in der Nordsee mit dem Tauchgerät gefolgt. Sie schwammen einzeln und nie in Gruppen, auch den offenen Ozean würden sie so überqueren. Strömungen führten sie in die Sargassosee und dort müssten sich die Geschlechtspartner treffen – was für ein Zufall wäre es, wenn die einzelnen Aale ohne irgendwelche Landmarken den genauen Ort finden. Ich dachte an meinen alten Lehrer Konrad Lorenz. Für ihn, den geborenen Holistiker unter den Biologen, war es immer wichtig, in die Haut eines Fisches oder einer Koralle zu schlüpfen und dabei zu verstehen, was das Tier bewegte. Er nannte es die voraussetzungslose Beobachtung, die Gestaltwahrnehmung, ob auf ein Individuum oder die Lebensweise einer ganzen Gattung bezogen.

Lorenz hatte einen berühmten Vorreiter: Alexander von Humboldt. Er hatte schon zu Beginn des frühen 20. Jahrhunderts die ganzheitliche Naturbeobachtung als wissenschaftliche Methode eingeführt und Lorenz war durch und durch Humboldtianer. So ganz begeistert war die damalige Wissenschaft von seinen Ideen allerdings wohl nicht – denn das Spezialistentum machte sich gerade breit. Doch einhundert Jahre später beklagte sich der spanische Philosoph Ortega y Gasset in seinem berühmten Buch *Der Aufstand der Massen* im Kapitel »Die Barbarei des Spezialistentums« über den kometenhaften Aufstieg der Spezialisten in der Hierarchie der Naturwissenschaften.

Im Methodengefüge der heutigen Wissenschaft, die von Spikes, komplizierten theoretischen Modellen, von den wunderbaren Möglichkeiten der DNA-Untersuchungen und zahllosen apparativen Innovationen dominiert wird, führt die voraussetzungslose Beobachtung in der Biologie ein mickriges Omega-Dasein, obwohl ihre Inventoren berühmte Leute waren: Humboldt, das weltweit gefeierte Universalgenie, und Konrad Lorenz, der Nobelpreisträger.

Ich hatte das voraussetzungslose Lorenzianische Sehen verinnerlicht und fragte mich deshalb: Was macht dieser einsame Aal, vollgepumpt mit seinen Pheromonen, wenn er allein, getrieben durch den Nordäquatorialstrom, sein Lebensziel erreicht? Er driftet in seiner eigenen Pheromonwolke, keiner kann ihn so erschnüffeln. Er muss anhalten. Aber wo, wenn nirgendwo eine Landmarke im offenen Ozean, der größten Wüste unseres Wasserplaneten, existiert? Aber doch, ein Signal gab es: die magnetische Anomalie der Echobank, auch wenn sie in 4500 Metern Tiefe lag.

Einige Fische haben Magnetite, die mit feinen Fasern mit Membranen der Nervenzellen verbunden sind. Das Magnetfeld der Erde übt auf die Magnetkristalle ein Drehmoment aus, sodass die Tiere Abweichungen von den magnetischen Feldlinien der Erde erfassen und sich an ihnen orientieren können. Die Echobank war eine solche Anomalie und könnte also von den Aalen geortet werden. Weil Geruchsstoffe, Pheromone, das Finden von Geschlechtspartnern ermöglichen, müssten die Aale aber auch anhalten, um eine Geruchsfahne zu erzeugen. Sonst würden sie in ihrer eigenen Geruchswolke mit der Strömung wegdriften und könnten als Signal nicht wahrgenommen werden. Aale haben eine besonders gute Nase. Ein Doktor Teichmann aus München hat durch Dressurversuche im Bodensee nachgewiesen, dass sie einen Kubikzentimeter Rosenöl in der achtundfünfzigfachen Menge Wasser noch erschnüffeln können. Dieses Geruchsvermögen könnte es ihnen erlauben, die Signale ihrer Artgenossen in der Sargassosee zu empfangen.

Unterseeische Berge wie die Echobank wären für das erfolgreiche Sexleben der Aale eine Notwendigkeit. Ich stellte diese Hypothese auf, die von den Aalforschern zunächst mit vielen Fragezeichen versehen wurde. Und ich wusste auch, dass ich in Deutschland durch die Notwendigkeit, große Schiffe einzusetzen, keine Forschungszukunft haben würde und dem Jahrhunderträtsel von J. Schmidt hier nicht auf die Schliche kommen würde.

Die Erlösung kam aus dem Fernen Osten – aus Japan. Im Ocean Research Center der Universität Tokyo forschte Katsumi Tsukamoto an Aalen. Er hatte im Pazifik ein riesiges Seegebiet von 6,7 Millionen Quadratkilometern zwischen dem 124. und dem 158. Längengrad und dem 8. bis 24. Breitengrad nach den *Leptocephalus*-Larven und Aaleiern abgesucht, um das Laichgebiet des japanischen Aales, *Anguilla japonica,* zu finden.

Genau in der Mitte seines Surveygebiets lag die Kette der Marianeninseln und zahlreicher Seamounts, unter ihnen Pathfinder, Arakane und Suruga Seamount. Die *Leptocephalus*-Larven fand er nur westlich stromabwärts der Seamounts und entdeckte sogar, dass sie mit ihrer Driftentfernung von den Seamounts beständig größer wurden. Sein koreanischer Kollege Tae Van Lee hatte sogar mithilfe der Ohrsteine, die für Altersbestimmungen benutzt werden, nachweisen können, dass die Aale gegen Neumond ablaichten. Mit Spannung las ich Katsumis Publikation und sah dort den ersten indirekten Beleg für die Seamount-Hypothese. Die Bedeutung der Seamounts für das Ablaichgeschehen erkannte er zunächst aber nicht. Ich schrieb ihm eine enthusiastische E-Mail und erhielt eine äußerst freundliche Antwort und Einladung nach Japan. Daraus wurde eine lange, inspirierende Forschungskooperation, und zusätzlich gewann ich einen verlässlichen Freund. Wir waren gewissermaßen – wie man im Volksmund sagt – auf der gleichen Wellenlänge.

Katsumis Forschungen gaben also den ersten Hinweis darauf, dass Seamounts eine entscheidende Rolle bei der Fortpflanzung der Aale spielten. Da die jüngsten Aallarven stromabwärts hinter den Seamounts gefunden wurden, bestätigte er meine Vermutungen, die ich in der Sargassosee gewonnen hatte. Wir veröffentlichten unsere gemeinsamen Ideen in dem Beitrag »Seamounts and the mystery of eel spawning« in der Zeitschrift *Naturwissenschaften*.

Ich freute mich natürlich darüber, wie schnell er meine Hypothese angenommen hatte, und ebenso freute ich mich auf Japan und eine Zusammenarbeit, die nicht von Gutachtern »kontaminiert« wurde. Katsumi hatte von einem Konzernchef, der die Instant-Nudel-Gerichte erfunden hatte und damit Multimillionär geworden war, eine fürstliche Spende erhalten, die mich auch finanziell miternährte. Ich brauchte nirgends einen Forschungsantrag stellen, ich war wie Hans im Glück. Den großen Gönner lernte ich später persönlich kennen und nannte ihn für mich privat und keineswegs despektierlich Shogun-Nudel.

Katsumi war bereits Ende Mai mit einem Forschungsschiff auf dem Weg in den Westpazifik. In Guam wollten wir uns treffen. Anfang Juni saß ich im Flugzeug zwischen Tokyo und Guam; es war 5 Uhr früh nach deutscher Zeit. Blauer tiefer Pazifik lag unter mir. Schäfchenwolken wurden von der Sonne seitwärts zwischen dem Wasser und dem dunklen Rand der Stratosphäre angeleuchtet. Die DC-10 schaukelte mich mit Autopilot gemächlich durch den Raum. Es war Mittagszeit und die Stewardess fragte mich, ob ich Aal haben möge, wohl das beliebteste Gericht auf dieser Strecke. Ich wollte nicht und dachte eher daran, ob die Aale wohl jetzt unter mir ihren Seamounts entgegeneilten. Noch hätten sie drei Wochen Zeit bis zum nächsten Neumond.

In Guam wurde ich von Katsumi herzlich empfangen, und ich merkte, dass er sich – wie auch ich mich – wirklich freute. Das Schiff war eine Pracht. Noch in der Nacht, gegen 22.30 Uhr, sollte ich ein Referat über die Atlantikaale halten, und meine Hypothese der Südwanderung und der Seamounts erklären. Beim Frühstück am nächsten Morgen verließ ich die Messe schnell und vor allem hungrig wieder. Es gab Reis, eine Sardine, Fischkuchen, einen blutigen Fischkopf, in Öl gebackene Fischlarven und eine dünne Fischsuppe. So wurde ich als Nichtfischesser auf dieser Reise gertenschlank.

Der Fisch hat unter den Japanern mehr Bedeutung als ich bis zu diesem Zeitpunkt angenommen hatte. Jährlich werden in Japan 100 000 Tonnen Aale verzehrt, davon 30 000 Tonnen aus eigener Produktion, 70 000 Tonnen werden importiert. Der Preis steigt. Jeder Glasaal kostete damals schon zwei Dollar.

Ich erinnerte mich, wie ich den Aufstieg der Glasaale an der Severn in England gefilmt hatte. 500 Fischer mit traditionellen kastenförmigen Netzen waren in dieser Nacht unterwegs. Früher hatten sie manchmal 25 Kilo Glasaale im Netz, heute waren es sehr viel weniger. Für jedes Kilo bekamen sie 60 Pfund. In dieser

Nacht wurden zwei Tonnen Glasaale bei dem Händler abgeliefert. Sie wurden wie Glasnudeln kiloweise gewogen und in Styropor-kartons in Eiswasser verschickt. Die Nachtausbeute ging nach China. Mein Weltbild brach zusammen. Der Ausverkauf des Europäischen Aals, hier fand er statt! Kein Wunder also, dass der Aalbestand zurückging.

Beim Auslaufen des Schiffes durfte ich wegen der Coast Guard nicht nach draußen – wir verließen die Territorialgewässer der USA, und dafür benötigte ich ein besonderes Visum, das ich nicht hatte. Mit Billigung des Kapitäns wurde ich im Schiff versteckt. Da verstand ich die japanische Mentalität nicht so ganz: Sie fühlen sich offensichtlich unwohl, wenn sie keinen vorgeschriebenen Plan befolgten, waren aber zur Vermeidung unnötiger

Katsumis Schiff, die HAKUHO MARU, im Pazifik.

Schwierigkeiten bereit, mich aus Guam raus- und später wieder reinzuschmuggeln.

Auf offener See stieg ich in der nächsten Nacht auf die Luxus-jacht ATHENEA über, die von dem marinen Journalisten Captain Mac zum Pathfinder-Seamount gefahren wurde, während Katsumi den Arakane-Seamount ansteuerte. Captain Mac war als Dokumentarist unserer Aalexpedition vorgesehen. Er kam mit seinem unbeweglichen asiatischen Gesicht auf mich zu. Er hatte ein spätes deutsches Dinner für mich vorbereitet, lächelte kurz und sagte nur: »Help yourself.« Es war delikat und kaum besser zu machen. Als ich zu ihm sagte, dass selbst meine Frau es nicht besser hinkriegen würde, war er sichtbar stolz. Das Eis war gebrochen. Dann sagte er plötzlich, ich könne auf der Jacht bleiben, wenn ich wolle.

Am nächsten Morgen tauchten wir gegen 11 Uhr auf 20 Meter Tiefe ab. Ein uninteressantes Riff und viele sandige Gullis, die alle in einer Richtung verliefen. Dann standen wir plötzlich vor einem fast senkrechten Abbruch. Und los ging es: Erst ein Hai, dann zwei und plötzlich kamen sie penetrant in Massen – aufdringlich und aggressiv. Diese Situation war so ganz anders als die harmlosen Massenbewegungen von Haien, die im Zuge ihrer Fortpflanzung in anderen Meeren beobachtet wurden und Taucher gewöhnlich ignorierten. Über zwei Dutzend umkreisten uns dicht, hinter ihnen schwammen unsichtbar viele andere. Ihre Unruhe störte mich und verhieß nichts Gutes. Wir zogen uns zurück und dekomprimierten kurz in drei Metern Tiefe. Bis zuletzt blieben die Haie bei uns und inspizierten selbst das Schlauchboot, in das wir uns zurückgezogen hatten. Es war ein aufregender Tauchgang und das Verhalten der Haie gefiel mir nicht. Waren sie wegen der Aalhochzeit hier?

Nach dem Lunch wagten wir den nächsten Abstieg. Kaum waren wir im Wasser, waren die Haie wieder da. Unten sah der Grund nicht sehr viel anders aus: ein mickriges Tiefwasserriff und wieder viele Sandgullis, ein Marderhai in einem von ihnen. Ich folgte ihm, und er führte mich zu einer Höhle. Husarenfische knurrten mich dort an. Fünf Haie waren hier, darunter ein großes schwangeres Weibchen. Immer wieder schwamm sie aus der Höhle, kam zurück und schwamm wieder hinein. Was sollte das? Bis zum letzten Atemzug blieb ich da, um die Haie zu beobachten. Dann sauste ich aufwärts, denn ich hatte ganz und gar die Zeit vergessen. Hitze überfiel mich an Bord. Das Wasser wurde knapp, die Sonne brannte.

Am nächsten Tag fuhren wir zum Arakane-Seamount. Ich dachte wieder viel an die Aale. Sie schwammen von Japan aus hierher, »mitten ins Nirgendwo«. Es war mir ein Rätsel, warum Selektion so etwas macht, so etwas zulässt. Oder war es vielleicht eine alte Reminiszenz an ein früheres Laichgebiet, das die Kontinentaldrift auseinandergezogen hatte, wie es auch für den Atlantikaal vermutet wurde?

Eine ordentliche Leistung war es, dass Katsumi die Weidenblattlarven in diesem riesigen Seegebiet gefunden hatte. Ich musste ihn fragen, wie er darauf gekommen war. Und wie anders war doch seine offene Einstellung zu meiner Seamount-Hypothese im Gegensatz zu dem von mir hochverehrten Herrn Tesch, dem Aalpapst Deutschlands, wie ihn die *Bild* einmal titulierte.

Ich hatte vor meiner Abreise noch einmal mit Herrn Tesch am Telefon gesprochen. Beharrlich hielt er an der sogenannten Schmidt-Zigarre fest, jenem Ort, wo sich die Aale aufgrund von Salinitätsunterschieden des Meerwassers trafen. Tesch folgte den Einzelheiten und Argumentationen der Seamount-Hypothese nicht, und ich gewann den Eindruck, dass sie nicht in sein Konzept passte. Eine vorgefasste Meinung nennt man das, und Tesch sagte mir, dass auch McCleave, ein amerikanischer Aalforscher, gegen die Hypothese sei.

Tesch nahm nicht wahr, dass ich Driftberechnungen gemacht und alle historischen Funde der Weidenblattlarven ausgewertet hatte. Ich gewann das Gefühl, dass er glaubte, alles sei nur eine fixe Idee von mir. Auf meine Frage, wie die Geschlechter dort im freien Ozean zusammenkommen sollten, wusste er aber dennoch keine Antwort. Wie anders war dagegen Katsumi! Jedes Argument griff er auf, dachte darüber nach und erwog aus seiner Sicht die Bedeutung.

Mich störte das Denken von Herrn Tesch, über die Salinitätsfronten und ihren auslösenden Faktor für das Laichen. Mich störte vor allem die Beurteilung des Tierverhaltens aufgrund von Messungen auf Instrumentenskalen. Katsumi war da ganz anders. Alles müsse betrachtet werden, sagte er mir einmal, und gab freimütig zu, dass er wie ein dummer Jäger sei und mit einer Schrotflinte wild um sich schösse. Das war sein Ansatz. Er bewies Offenheit in der Argumentation, war gewillt, seinem Gegenüber zuzuhören und nicht mit Gewalt auf seiner Meinung zu beharren, nicht auf die Atempause des Opponenten zu warten, nur um wieder eigene eingefahrene Wege kundzutun.

Katsumi ließ bei seinen Forschungsüberlegungen auch negative und zufällige Ereignisse nicht aus. Ein Aal war versehentlich für über 80 Jahre in einem Regenfass eingesperrt worden und überlebte im Winter Minusgrade mit Eis. Da fragte sich Katsumi, ob Aale vielleicht sogar in der Tiefsee laichten – er ließ an Möglichkeiten nichts aus.

Als wir am Arakane-Seamount ankamen, erwartete uns ein außerirdischer Anblick: Katsumis hell erleuchtetes Schiff vor den gerade noch sichtbaren Wolken am abendlichen Himmel. An Bord wurde gerade ein feinmaschiges, 200 Meter langes Kiemennetz in 200 Metern Tiefe abgesetzt. Katsumi ließ nichts unversucht, die Aale zu fangen. Hell erleuchtet war das Deck und verlieh dem Ganzen einen »spacigen« Eindruck vor dem jetzt nächtlichen Himmel bei sternenklarer Nacht. Das Kreuz des Südens stand handbreit über dem Horizont.

Katsumi mit seinem freundlichen strahlenden Gesicht und den feingliedrigen Händen, die beim Schreiben ganz filigrane Bewegungen ausführten, begrüßte mich voller Freude, und ich merkte, dass diese Freude sehr ehrlich war.

Wir mussten die Aale fangen. Ich fragte ihn, was in den durchlöcherten großen Kunststoffröhren sei. Darin seien Spermien und weibliche Hormone in einem Schwamm eingefroren, sie sollten die Aale anlocken. Auch ein großes IKMT-Netz wurde ins Wasser gelassen, ein spezielles Planktonnetz, welches besonders gern bei Expeditionen in die Kinderstube der Aale eingesetzt wird. Hier ging es besonders um das abgelaichte Ei, das der beste Makrobeleg für die unmittelbare Nähe des Ablaichortes ist. Alle Fazilitäten waren an Bord, um gesammelte Eier aufzunehmen und am Leben zu halten.

Ich hätte ja lieber befruchtete Eier in besonderen gläsernen Behältern zurück ins Meer transportiert. Dort hätten sie den gleichen Druck, Nahrungsdurchfluss und identische Lichtbedingungen. Katsumi ließ am späten Abend noch einen ROV ins Wasser, um mithilfe der Videotechnik den Aalen fotografisch auf den Leib zu rücken. Der Zug des Schiffes war aber zu stark und ließ keine Steuerung des Roboters zu. Und hier im Pazifik wurde uns klar, dass ein unkontrollierbarer ROV für ein Aal-Survey ungeeignet war. Auch war der Blickwinkel zu

Mit riesigen Planktonnetzen sollten winzige Aaleier und Aallarven aus der Wassermasse des Pazifiks gefischt werden.

klein. Wir entschieden hier, JAGO auf der Jagd nach den Aalen einzusetzen.

Kurz vor Mitternacht holten wir das IKMT-Netz aus der Tiefe. Ich half bei der Eiersuche. In durchsichtigen Plexiglasschalen offenbarten sich die wunderbaren Organismen der freien Wassersäule der Tiefsee. Das ganze Tierreich war darin versammelt. Wirbeltiere, besonders Laternenfische, und ein kleiner Tiefseeaal von vielleicht 10 Zentimetern Länge mit gewaltigem Maul waren dabei, dann viele Salpen, Krebse, kleine Tiefseetintenfische, Medusen, Meeresringelwürmer, immer wieder ein filigraner kleiner Kastendrachen von vielleicht drei Millimetern Kantenlänge oder auch viele flache Copepoden mit einem blauen irisierenden Flecken auf ihren Rücken. Auch zwei Eier fanden wir, aber nicht von *Anguilla japonica*. Bis 2.30 Uhr saßen wir über den Schalen, und ich kam aus dem Staunen nicht heraus.

Auch in der nächsten Nacht arbeiteten wir bis 7 Uhr in der Frühe. Im Scherz sagte ich zu Katsumi, wenn die Eier nicht bald kämen, würde ich eben eines legen. Alle lachten! Katsumi entgegnete: »Yes, Hans, we found one!« Das sagte er sehr unterkühlt und ohne große Aufregung. Mir trieb es den Herzschlag rauf. »Are you honest?«, fragte ich ihn. »I am always honest, this is my nature«, war seine schlichte, schöne Antwort. Allerdings machte mir diese Situation die asiatische Mentalität etwas fremd, dieses Fehlen von Emotion oder jedenfalls das Verstecken der Emotion. Beim Ei musste nun erst die mitochondriale DNA gemacht werden, um ganz sicher zu sein, dass es ein *Japonica*-Ei war. Form und Größe zumindest stimmten. Ich hatte jetzt einige Fischeier gesehen und in der Tat sah das gefangene Ei so aus wie die Aaleier, die ich in Publikationen gesehen hatte.

Zwei Tage später fand ich in meinem schwappenden Brei von Miniaturwunderkreationen einen durchsichtigen Ball, innen mit Vakuolen. Das war es. Mit einer Pipette fischte ich es aus der Schale und übergab es Professor Takashi Motonobu, Direktor eines Aal-Institutes. Er schob den Objektträger unter sein Mikroskop. Viel sprach er nicht. Auch aufgeregt war er nicht. Es schien ihm wie Routine: »Yes, this is an eel egg«, sagte er in seinem schwammigen, unverständlichen Englisch.

Aufregung machte sich nicht breit, in mir loderte indes ein Vulkan. Ich benötigte nur ein winziges Ei, das mit hundertprozentiger Gewissheit ein Aalei war. Katsumis Augen leuchteten, aber große Freude zeigte auch er nicht. Er wollte einen Aal in der Hand halten, am liebsten 1000 Stück. Ich fand in der Zwischenzeit noch ein zweites Aalei in meiner Probe.

Als Captain Mac und sein Kameramann ins Labor traten, war auch er nicht so beeindruckt. Ich dachte, mein Gott, Leute, hier hatten wir den ersten Beleg für die Seamount-Hypothese in der Hand, begreift doch endlich. Ich versuchte, es Katsumi klarzumachen. Er begriff schnell, als Perfektionist wollte er jedoch mehr. Mir reichte die kleine Ei-Lösung, die war genauso wertvoll und aussagekräftig, stammte sie doch aus dem Bauch eines Erwachsenen. Und er war hier, ein männlicher und ein weiblicher erwachsender Aal waren als Minimallösung hier auf dem Arakane-Seamount. Das Ei war jung und erst heute abgelegt worden.

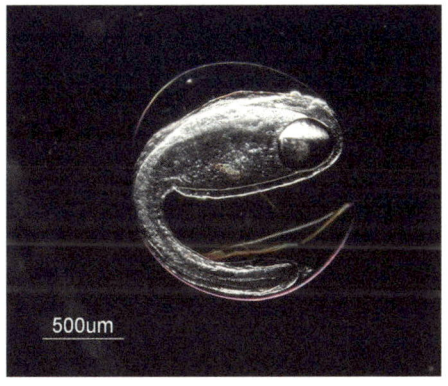

Ich versuchte meine Begeisterung in Katsumi einzupflanzen. Ihm war zu verdanken, dass es überhaupt so weit gekommen war. »Yes«, sagte er, »lets open a bottle of champagne.« Ich hatte ihm eine gute Flasche französischen Cham-

Das stundenlange Suchen in den Petrischalen lohnte sich – ein Aalei mit bereits sichtbarer Weidenblattlarve.

pagner mitgebracht, für den Fall eines ersten kleinen Erfolgs – nur war es 5 Uhr in der Frühe und uns stand noch eine Menge Arbeit bevor.

Etwas Seltsames ereignete sich dann. Katsumi kam zu mir und schien nervös; ich wurde zu einer Diskussion eingeladen, auch mein Kabinennachbar, der Koreaner Tae Van Lee. Katsumi musste etwas sagen, was ihm offenbar peinlich war, und seine fernöstliche Höflichkeit verbot es, direkt auf den Punkt zu kommen. Er machte einen großen Umweg.

»Science« entstünde durch drei Eckpfeiler, sagte er: Idee, Ausführung und Finanzierung. Wir als Gastwissenschaftler hätten sehr stimulierende Hypothesen und Ideen geliefert: die Neumond-Spawning-Hypothese von Tae Van Lee und meine Seamount-Hypothese der Laichgebiete. Wir wären die Besitzer dieser Ideen.

Er erinnerte uns aber, dass die Arbeit vieler hier im Schiff zur Forschung beigetragen habe; sie sammelten die Larven und Eier aus den schwappenden Töpfen bei jedem Seegang und andere bedienten draußen das schwere Netz. Sie alle sollten teilhaben als Besitzer (»shareholder«) dieser Hypothesen, die ohne sie nicht möglich wären. Katsumi war es offenbar wichtig, das zu betonen. Er sprach für die Harmonie seiner Gruppe. Ich antwortete ihm, dass ich dieses Problem kennen würde. Ich hätte keine Karriere zu machen und stellte keine wissenschaftlichen Alleinansprüche – für mich zählte nur das intellektuelle Abenteuer, die Lösung des Rätsels. Ich sagte auch, dass er, Katsumi Tsukamoto, hier so viel Vorarbeit geleistet habe, dass eigentlich ihm die Ehre gebühre. Ich säße in seinem topografischen Territorium und mir war klar, dass die Lösung des Aalproblems aller Voraussetzung nach hier im Pazifik erfolgen würde. Ich würde mich freuen, wenn ich dabei Augenzeuge sein könnte – Augenzeuge und Dokumentarist zu sein, das war es, was mich fasziniere.

An drei kleinen Eiern hing jetzt alles weitere Vorgehen ab. Ihre DNA entschied, was wir in Zukunft tun würden. Drei winzige Eier waren es, die jetzt ein 100 Meter langes Schiff mit fast 80 Mann Besatzung erwartungsvoll nach Tokyo trug. Ich hatte meine Zweifel. Denn nach den Messungen waren sie mit einem Durchmesser von 2,2 Millimetern eigentlich zu groß für Aaleier.

Am nächsten Tag tauchte eine spitze Nadel auf, unbewohnt – was für eine schlanke Insel in der Weite des Ozeans. Diese Strukturen waren es, auf die wir unser Augenmerk richten sollten. Sie sind meiner Meinung nach die geeigneten Orientierungshilfen der wandernden Aale. Dann kam bald Land in Sicht – kühl und grau, Nebel über der Bucht von Tokyo. Backbord lag ein riesiges Schulschiff mit vier Masten, reger Schiffsverkehr auf dem spiegelglatten Grau. Fast war es so, als ob ich hier mit den grauen Silhouetten der Küste schon zu Hause wäre. Und so war es ja auch, wir waren zurück im Schoß der Erde.

Am Kai warteten einige Mitarbeiter von Katsumis Abteilung. Unter ihnen war eine Frau mittleren Alters, die mich unbedingt sprechen wollte. Sie sprach mittelmäßiges Englisch und hob zu einer großen Lobrede an, dass mein Piper-Buch *Bericht aus dem Riff*, auf das ich nicht sonderlich stolz war, hier in Japan sehr bekannt wäre. Sie hätte Biologie studiert, wäre jetzt aber an der Kunstfakultät tätig und beschäftigte sich mit Film.

Es wurde ein interessantes Gespräch. Sie wollte offensichtlich besonders freundlich sein, sagte, dass meine Filme in Japan sehr bekannt wären und ihr Direktor gerne meine Motivation fürs Filmemachen erfahren würde. Er untersuchte die Diskrepanz zwischen Wissenschaftsfilm und Fernsehjournalismus, der übertrieben vereinfacht und daher oft falsch sei, während Wissenschaftler oft Unverdauliches produzierten.

Ich sei ein Pionier (wie schmeichelhaft), der die Gratwanderung richtig machte. Nun gut, in der Tat war mir dieses Problem bewusst. Da musste ich an Hans Lechleitner vom Bayrischen Rundfunk denken, der die Sendung *Bilder aus der Wissenschaft* moderierte. Dort hatte ich meine ersten Schritte in die TV-Welt getan und Lechleitner gab mir auf den Weg, dass die Zuschauer nicht blöd wären und ein Film so wissenschaftlich wie möglich gemacht werden müsste. Mir war es peinlich, als die Dame meine

Aluminiumkiste mit der Arriflex sehen wollte – damit hatte ich alle Quastenflosserfilme gedreht. Sie bat mich inständig, von der Kamera ein Foto machen zu dürfen. Das war Japan! Die verrückte Foto- und Videonation!

Nach unserer Expedition brachte ich Katsumi zu seiner Metrostation und irgendwo in den vollen Geschäftsstraßen von Shinjuku sagten wir »good bye«. Ein offenes, leicht rosafarbenes Hemd trug er, eine Hängetasche über den Schultern, die so gar nicht hineinpasste in diese anzugtragende, beschlipste Büromenschenwelt von Shinjuku. Ein Winken, dann tauchte er in der Menschenmenge unter.

Ein Jahr später sahen wir uns wieder – an Bord der HAKUHO MARU auf ihrem Weg nach Guam und auch unser Tauchboot JAGO war an Deck dabei. Jetzt waren wir ganz und gar darauf erpicht, in den Tagen um Neumond unsere Jagd nach den Aalen mit dem Tauchboot aufzunehmen.

Die Tauchgänge mit JAGO an den Seamounts fanden in ziemlich bewegtem Wasser statt. Oft erfassten uns Auf- und Abströmungen und trieben das Boot in unterschiedliche Richtungen. Einmal erfasste uns eine abwärtsgerichtete Strömung mit solcher Wucht, dass wir – wie von Windhosen an Land – von »Wasserhosen« nach unten gezogen wurden. Sandfahnen flogen hinter uns her, und jetzt begriffen wir auch, weshalb die Wände der Seamounts ziemlich glatt geschliffen waren. Einige Male bewegten wir uns kaum vom Fleck und stellten dann fest, dass uns ein großer Wirbel festhielt. Doch immer wieder lösten sie sich von selbst auf.

Haie waren die Bewohner dieser Welten. Einmal sah ein großer fetter Hai in unser Fenster und erschrak panisch, als er in den hellen Lampenkreis von JAGO geriet. Wir begegneten aber auch den bis zu 10 Meter langen, klebrigen Tentakeln einer noch unbekannten Art einer benthischen Wimperqualle. Trotzdem waren die Seamounts wegen ihrer Strömungen kein so geeigneter Lebensraum für größere Organismen.

Sehnsüchtig warteten wir auf unsere Ankömmlinge vom Japanischen Festland mit einem besonders empfindlichen Echogerät, dem Acoustic-Biomass-Finder. Das Gerät konnte angeblich sogar Copepoden von nur einem Millimeter Größe in 100 Metern Tiefe detektieren. Bisher hatten wir jedoch noch nicht einmal die Schwanzspitze eines Aales gesehen. Auf dem Pathfinder-Seamount gingen wir vor einem Bildschirm auf Beobachtungsposten. Es war Neumond, gewissermaßen die Stunde null des neuen Monats. Und tatsächlich – ein Bündel dichter farbiger Punkte erschien auf der Mattscheibe. Aber nicht an den steilen glatt geschliffenen Wänden des Seamounts, sondern als kompakter Pixelball im Freiwasser. Gebannt schauten wir auf dieses Echogebilde.

Gerne hätte ich jetzt mit JAGO dicht daneben gestanden, um das Gewusel der Fischleiber zu identifizieren. Wir mussten jedoch auf die Expertise von T. Inagaki vertrauen und seine Versicherung, dass wir hier in der Tat erste Augenzeugen der Aalhochzeit waren. Wenn die Abbildung stimmte, hatte die Aalwolke Ausmaße von wenigstens 450 Metern – ein beträchtlicher Massensex!

Zwei Tage später hatten wir erneuten Echoalarm und eilten in den Videoraum. Tatsächlich, eine riesige lange Wolke zeichnete sich in 150 Metern Tiefe ab, die langsam nach oben driftete. Sie war nicht kompakt, obwohl sie durchaus ein fertiges Gebilde darstellte. Trotzdem gefiel mir die Dichte und Form nicht, so schrieb ich es in mein Notizbuch.

Plötzlich war der Schwarm weg. Er hatte sich an der Oberfläche vermutlich aufgelöst. Jürgen berichtete später, dass er von neun Sweeps des JAGO-Echogerätes den Schwarm gut sah. Dann

241

war er plötzlich weg. Beim Aufsteigen sah er das Signal noch einmal aus ca. 30 Metern Entfernung: Es waren Sardinen, Teil der »deep scattering layer«, der Echostreuschicht, die jetzt aus der Tiefe nach oben stieg.

Ich sah große Enttäuschung in den munteren braunen Augen von Katsumi. Eigentlich hatte ich von Anfang an wenig Vertrauen in diese Echosignale gehabt. Wir lernten aber auch, dass der Einsatz von JAGO für diese Art von Aaljagd ungeeignet war. Das ganze Verfahren musste modifiziert werden. Eine geschleppte Kamera weit hinter dem Mutterschiff mit der Möglichkeit, sie nach Entdeckung der Aalsignale auf dem Bildschirm schnell in die Tiefe zu fieren. Der Acoustic-Biomass-Finder mit seiner hervorragenden Auflösung wäre dafür unerlässlich. Aber hätte er ein gutes Signal bei einer Fahrtgeschwindigkeit von zwei Knoten erwischt, so würde das Stoppen des Schiffes wie auch der Einsatz von JAGO zu viel Zeit in Anspruch nehmen, um erfolgreich das Echosignal unter Wasser zu finden und anzufahren: Es war nötig, die Kamera schneller in die Aaltiefe zu bringen, das wäre zu diesem Zeitpunkt ein Ziel der Zukunft gewesen. Heute wissen wir, dass es noch besser wäre, ein AUV (Autonomes Unterwasservehikel) einzusetzen, dass das Ziel vorprogrammiert und selbstständig anfährt.

Ich diskutierte die Idee mit Katsumi, und wir umrissen die zukünftigen Forschungen. Die Erforschung der Adultmigration wäre jetzt gefragt, vom Verlassen der Flussmündungen bis hierher zu den Laichgebieten.

Schon nach zwei Wochen erhielt ich von Katsumi eine E-Mail. Die DNA bewies, dass es keine Eier des japanischen *Anguilla japonica* waren, die wir gefunden hatten. Trotzdem blieb am Ende Hoffnung – wir machen weiter.

Acht Jahre später hielt ich einen *Nature*-Artikel, »Spawning of eels near a seamount«, in den Händen. Katsumi war noch einmal in unsere alten »Kampfgebiete« zurückgekehrt und hatte dieses Mal das ihm gebührende Glück. Er hatte mich zu dieser Forschungsreise eingeladen, doch leider war ich verhindert gewesen und suchte stattdessen Quastenflosser vor der ostafrikanischen Küste. Katsumi hatte Aaleier gefischt, die zweifelsfrei mit ihren genetischen Nachrichten echte *Anguilla japonica* waren. Ja, er hatte sogar die sich gerade entwickelnden *Japonica*-Babys kurz vor ihrer Geburt gesehen.

Es war ein Abenteuer der anderen Art gewesen, und ich beglückwünschte Katsumi, dessen Lebensaufgabe sich jetzt erfüllt hatte. Ich freute mich aber auch, dass meine Vorhersage eingetroffen war, dass die Seamount-Hypothese – erdacht an der Echobank in der Sargassosee – hier im Westlichen Pazifik ihre Gültigkeit fand. Ein großes Jahrhunderträtsel der Zoologie war endlich gelöst.

Und ich dachte auch an meinen alten Lehrer Konrad Lorenz, der mich gelehrt hatte, in die Haut eines Fisches zu schlüpfen, um sein gesamtes Leben zu verstehen. Die voraussetzungslose naive Beobachtung war Teil und wichtiger Motor der Seamount-Hypothese. Und Dank müsste auch an Alexander von Humboldt gehen, der schon vor fast 200 Jahren die ganzheitliche Sicht auf die Natur gelehrt hatte.

14 Verschollen 80 Grad Nord

Auf einem Flohmarkt in Hamburg beginnt diese Geschichte. Doktor Kerler, ein Zahnarzt und leidenschaftlicher Sammler polarhistorischer Souvenirs, ist auf der Suche nach einem Schnäppchen – und hat Glück. Er findet ein Bündel alter Telegramme aus dem Jahr 1913, Hilferufe der Deutschen Arktischen Expedition unter Leutnant Schröder-Stranz, einer unrühmlich geendeten, im Orkus des Vergessens versunkenen Unternehmung.

Doktor Kerler war es, der mich auf die Fährte dieser unglücklichen Expedition setzte. Ich ahnte nicht, dass ich in den folgenden Jahren dreimal in die Arktis reisen würde, um auf die Suche nach einem schneidigen Leutnant zu gehen, der berühmt werden wollte, aber den Tod fand. Und ich ahnte auch nicht, das ich unser Tauchboot JAGO in arktische Gewässer transportieren würde, um eines der am weitesten im Norden gelegenen Schiffswracks der Welt zu suchen – die LOEVENSKIOELD, das Schiff des Frankfurter Polarfahrers Theodor Lerner, der im April 1913 in Tromsö aufgebrochen war, um den verschollenen Leutnant an der Packeisgrenze am 80. Breitengrad zu suchen.

Ich hatte aber auch ein biologisches Ziel: Das Schiff war 1913 untergegangen – damit hatte ich einen klaren Zeitmarker, und ich wollte die Größe der Erstsiedler messen und herausfinden, ob sie als Indikatoren unserer Klimaerwärmung tauglich waren.

Allerdings kam es ganz anders. Statt ins Meer, tauchte ich anfangs tief in die Geschichte dieser verschollenen Expedition ein. Es entwickelte sich eine Spurensuche an Land und dann unter Wasser – hoch oben an den kargen, menschenleeren arktischen Küsten des Nordostlandes von Spitzbergen, da wo die Packeisgrenze beginnt, und wo ich nie in meinem Leben (frei- oder unfreiwillig) überwintern möchte. Hier in der Arktis ereignete sich eine Tragödie, die zu Deutschlands größter Polarkatastrophe werden sollte und zur Kaiserzeit das internationale Ansehen Deutschlands schwerstens schädigte – fast zeitgleich zum berühmten Drama um Scotts Expedition am anderen Ende der Welt, am Südpol.

Leutnant Schröder-Stranz wollte die Nordostpassage durchqueren, den kurzen Seeweg in den Fernen Osten. Der deutsche Kaiser liebte diese Idee, erhoffte sich dadurch Vorteile für den deutschen Seehandel. Einige deutsche Polarforscher trauten dem unerfahrenen, jungen Leutnant ein solches Unternehmen jedoch nicht zu. Eine Vorexpedition nach Spitzbergen sollte beweisen, ob er der richtige Mann für diese Aufgabe war. Ein Test also für Mannschaft und Ausrüstung. Es wurde eine Reise ohne Wiederkehr.

Schröder-Stranz war mit dem Schiff HERZOG ERNST Mitte August 1912 in Tromsö ausgelaufen. Eigentlich zu spät, um in den arktischen Norden zu reisen. Der Leutnant deutete deshalb seinen Mitfahrern an, dass eine Überwinterung möglich wäre. Am nördlichsten Punkt Spitzbergens, im Nordostland bei der Insel Scoesby, ließ er sich mit drei Kameraden im Eis absetzen, um von hier aus das große Inlandeis des Nordostlandes zu überqueren. Ein ehrgeiziges Ziel, denn Ähnliches war bisher nur dem Schweden Nordenskiöld gelungen.

Kapitän Ritscher sollte in der Zwischenzeit die HERZOG

ERNST zurück zur Westküste Spitzbergens fahren, um im Dezember in der Crossbay den Leutnant aufzusammeln. Außerdem sollte er am Sorgefjord am Westufer der Hinlopenstraße ein Depot einrichten, um den Rückweg des Leutnants zu sichern. Weit kam die HERZOG ERNST nicht. Im September 1912 versperrten Eisbarrieren den Rückweg aus dem Sorgefjord. Am 20. September setzte das Eis das Schiff endgültig fest. Die Norwegische Mannschaft und ein paar der deutschen Expeditionsteilnehmer mit dem Kunst- und Marinemaler Rave, dem Geografen Dr. Rüdiger, den beiden Biologen Doktor Detmers und Doktor Moeser sowie dem Techniker Eberhard entschieden sich, 300 Kilometer zu Fuß nach Adventbay-Longyearbyen zu laufen. Dort wurde Kohle abgebaut und nur von dort konnte Hilfe für den Leutnant und für seine drei Kameraden kommen.

Noch war jedermann frohgemut. Der junge Rüdiger schrieb später in seinem Buch *Die Sorgebay:* »Schließlich – was soll ich es leugnen – reizte uns junge Gelehrte eine Schlittenreise durch einen großen Teil Spitzbergens durch selten und nie betretene Gebiete, reizte uns tausendmal mehr als eine Überwinterung in der bis in den letzten Winkel erforschten Treurenberg-Bai.« Aber es wurden auch Ängste wach. »Wir schrieben Briefe an unsere Angehörigen in der Heimat, die wir uns gegenseitig zur Aufbewahrung übergaben; einige, die es vorsorglich zu Hause noch nicht gemacht hatten, machten ihr Testament.«

Während ein Teil der norwegischen Mannschaft schon nach wenigen Stunden zum Schiff zurückwollte, marschierten acht Teilnehmer weiter. Bald brach die polare Nacht an. Die beiden Biologen Detmers und Moeser glaubten, dass sie alleine schneller die Adventbay erreichen konnten, und trennten sich von der Gruppe. Moeser wurde nie wieder gesehen. Das Skelett Detmers wurde Jahre später von einem norwegischen Matrosen am Ufer des Widjefjords gefunden.

Auch Rüdiger hatte Pech. Die Zehen seines linken Fußes waren erfroren. Kapitän Ritscher und Eberhard sowie die beiden Norweger Stenertsen und Rotvold marschierten weiter, um aus Adventbay Hilfe für Rüdiger zu holen. Rave blieb bei seinem Kameraden zurück und ließ ihn nicht im Stich. Sechs Wochen hausten sie in einer primitiven Hütte. Ihre Nahrung wurde knapp; aus Rentierfett und abgeschnitzten Teilen ihrer Skistöcke bastelten sie Kerzen. Irgendwann erkannten sie: Nur die Rückkehr zum Schiff konnte sie noch retten. Rave fertigte für Rüdigers erfrorenen Fuß einen speziellen Schuh, um so die Schmerzen beim Rückmarsch zum Schiff zu mildern.

In einer Vollmondnacht brachen sie Richtung Norden auf. Neun Tage dauerte ihr 80 Kilometer langer Marsch, den Rüdiger unter unmenschlichen Qualen überlebte. Am 1. Dezember erreichten sie das Schiff. Rüdiger schrieb:»Ein Sonntag für unser ganzes Leben! Wir werden ihn nicht vergessen.« Sein erfrorener Fuß war schwarz. Wenn nicht bald Hilfe käme, war Rüdiger dem sicheren Tode geweiht. Rave entschloss sich zur Amputation. Ohne Narkose trennte er mit einer Metallsäge die inzwischen in Fäulnis übergegangene Hälfte des Fußes. Er arbeitete so perfekt und präzise, dass nach Rettung der beiden Überlebenden keine Nachoperation nötig war. Später erhielt Rave für seine aufopferungsvolle Arbeit von der Stadt Hamburg einen Verdienstorden.

Im Frühjahr 1913 siedelten Rave und Rüdiger in das Haus einer schwedischen Expedition über, die um 1900 an den Ufern des Sorgefjords einen Breitengrad vermaß. Hier wurden die beiden später von der Rettungsexpedition Staxrud gefunden.

Als ich an einem trüben Augusttag 2006 den Ort betrat, fand ich den gemauerten Schornstein des Hauses, Wände, Treppen und einen riesigen Haufen leer getrunkener Flaschen. Die trinkfreudigen Schweden hatten wohl ungewöhnlich großen Durst gehabt, kein Wunder, in dieser unfreundlichen, nebligen und feindlichen Umgebung. An den Wänden, gut erhalten, fand ich viele schwedische Inschriften. Doch folgen wir erst noch der Geschichte weiter.

Als Rave und Rüdiger von ihren Kameraden verlassen und ihrem eigenen Schicksal überlassen wurden, kämpfte in der bitterkalten Polarnacht auch der Rest der Gruppe bei Minustemperaturen von 30 bis 40 Grad ums eigene Überleben. Die zwei Norweger und Eberhard wollten zum Schiff zurück, während Kapitän Ritscher alleine weiter zog. Eberhard, völlig entkräftet, fiel ins Delirium. Er konnte das Tempo der beiden Norweger nicht mithalten und blieb zurück. Nie wieder wurde er gesehen. Später hatte das Zurücklassen von Eberhard ein gerichtliches Nachspiel. Der Vorwurf lautete: unterlassene Hilfeleistung. Doch die beiden Norweger wurden freigesprochen.

Die Schröder-Stranz-Expedition stand unter einem schlechten Stern, denn kurz vor Weihnachten starb auch der Schiffskoch an Tuberkulose. Kapitän Ritscher war jetzt auf sich alleine gestellt. Ohne Schlafsack und mit wenig Nahrung zog er in Richtung Adventbay weiter. Zum Schlafen grub er sich in Schneekuhlen ein, stülpte den Rucksack über den Kopf und stellte einen Wecker auf 15 Minuten. Er wusste: Längerer Schlaf bedeutete den sicheren Tod. Zweimal brach er beim Überqueren eines Fjords im dünnen Eis bis zum Hals ein. Steif gefroren machte er sich immer wieder auf den Weg und erreichte am 27. Dezember 1912, nach neun Tagen, mit schweren Erfrierungen die Adventbay.

Vor einem Haus brach er zusammen. Doch Ritscher überlebte die unmenschlichen Anstrengungen seines Marsches, der zu den dramatischsten Überlebenskämpfen polarer Abenteuer zählt. Am 7. Januar 1913 erfuhr die deutsche Öffentlichkeit zum ersten Mal vom tragischen Ende der Arktisexpedition. Zur Rettung der deutschen Ehre machte jetzt die kaiserliche Presse den abenteuerlichen Alleingang Ritschers zu einem nationalen Heldenepos, ähnlich dem englischen Polarvorbild Scott, der zwar im Wettlauf mit Amundsen den Südpol erreichte, aber auf dem Rückweg den Tod fand.

In den darauf folgenden Monaten gingen fünf Rettungsexpeditionen auf Suche. Ein Hilfsfonds für die verunglückten deutschen Forscher wurde gegründet, der norwegische Hauptmann Staxrud zum Führer einer offiziellen deutschen Hilfsexpedition ernannt. Ein in Frankfurt lebender zwielichtiger Polarfahrer, Theodor Lerner, rief eine private Hilfsexpedition ins Leben.

Im Stadtarchiv in Frankfurt suchte ich nach Archivalien Lerners. Ich wusste nur, dass sein Schiff LOEVENSKIOELD irgendwo im Norden Spitzbergens im Packeis eingefroren und gesunken war. Diesem Schiff galt mein Interesse. Lerner war bei den Behörden nicht sehr beliebt gewesen, hatte er doch früher schon einmal Schlagzeilen gemacht. Er hatte in einer privaten Aktion die Bäreninsel im Süden Spitzbergens besetzt und Deutschlands Flagge gehisst. Das führte zu erheblichen diplomatischen Verwicklungen zwischen Russland und dem Kaiser. Alle nahmen es Lerner gehörig übel.

Ich stöberte in seinem Nachlass, in seinen Tagebüchern und Aufzeichnungen. In mein Notizbuch schrieb ich: »Ich sah einen anderen Lerner, einen Verrückten, einen Arktisbesessenen. Er nennt als Beruf Polarfahrer und zeichnet überall, wenn in seinen privaten Papieren Platz ist, Polarschiffe auf. Überall sind Zahlenkolonnen, Kostenaufstellungen für Expeditionen. Ein Getriebener, der auch weiß, dass er der Beste in diesem Teil der Arktis ist.«

Lerner gelang es immerhin, eine Minimalfinanzierung seiner Hilfsexpedition zusammenzubekommen. Gemeinsam mit den jungen Medizinern Bieler, Graetz und Villinger vom Akademischen Skiclub Freiburg sowie dem 18-jährigen Kameramann Sepp Allgeier machte er sich mit dem Fangschiff LOVENSKIOELD im April 1913 von Tromsö aus auf den Weg.

Doktor Kerler hatte auf dem Flohmarkt ein wirres Telegramm von Lerner an Kapitän Ritscher gefunden: »Berechtigte Versuche Wahrheit über Schröder-Stranz-Abreise zu erfahren durch Ihr Eingreifen vereitelt. Hilfskommitee macht Sie zivil und kriminell verantwortlich falls aufgewendete Gelder zwecklos und Expedition und Hilfsaktion gefährdet wird. Theodor Lerner 20. April 1913.«

Lerner wollte offenbar wissen, wo er seine Suchaktion beginnen konnte. Ritscher nannte den Rijksfjord – eine falsche Spur. Stolz berichtete Lerner, dass noch nie ein Schiff zu dieser frühen Jahreszeit so weit in den hohen Norden gefahren sei. Es wurde ein zweifelhafter Rekord. Die jungen Mediziner legten 600 Kilometer vergebens zurück und suchten die 45 Kilometer breite Nordenskiöldbucht und den dort gelegenen Rijksfjord erfolglos ab. Die Schröder-Stranz-Expedition blieb spurlos verschwunden. Lerner kam zu dem Schluss, dass der Leutnant im Meereis umgekommen sein musste.

Aber auch seine eigene Hilfsexpedition war vom Pech verfolgt. Die LOEVENSKIOELD fror im Mai 1913 irgendwo in der Nähe des Nordkaps ein. Das Schiff wurde von heftigen Eisquetschungen erschüttert. Am 26. Juni schrieb Doktor Graetz in sein Tagebuch: »Um acht Uhr Pfundsstoß! Dann Krachen ein paar Sekunden lang. Alles stürzt zu den Luken im Lade- und Maschinenraum. Sie werden aufgerissen: Im Maschinenraum alles voll Wasser, an zwei Stellen strömt es in Armdicke ein und steigt unheimlich rasch. Man merkt, dass es jetzt ernst wird.«

Lerners Schiff musste aufgegeben werden, es wurde vom Eis noch für viele Tage festgehalten. Der junge Allgeier drehte den Untergang des Expeditionsschiffes – ein Novum in der Filmgeschichte. Sein Film wurde ein Hit des deutschen Stummfilms, und Allgeier avancierte später zum Star-Kameramann von Hitlers Lieblingsregisseurin Leni Riefenstahl.

Lerner und seine Mannschaft retteten sich ans Land. Sie fanden eine kleine Schutzhütte, nahe der ein Grab war: Vier Trapper waren hier 1909 an Skorbut gestorben. Lerner richtete ein Lager ein und nannte den Ort Kap Loevenskiöld. Wochen vergingen, doch das Eis wich nicht. Als endlich am Horizont ein dunkler Streifen sichtbar wurde, der »Wasserblink«, kam Hoffnung auf – das Eis öffnete sich, der Weg in die Freiheit. Rudernd und segelnd ging es jetzt gen Süden. Die Gruppe überquerte die Hinlopenstraße und erreichte den Sorgefjord. Hier trafen sie auf die HERZOG ERNST, die gerade von Staxrud aus dem Eis gesprengt worden war. Sie trafen auch auf Rave und Rüdiger. Des Leutnants eigenes Expeditionsschiff wurde zur Rettung der Hilfsexpedition, die eigentlich ausgezogen war, den Leutnant zu suchen.

Ein Glücksfund sorgte 1937 für weitere Aufklärung: Zwei Robbenjäger, Vater und Sohn, gingen im Duvefjord an Land. Sie fanden ein verlassenes Lager: Wärmegamaschen für Stiefel, Geschirr, Teile eines Kanus, Messinstrumente, eine Öljacke, Munition, Verbandsmaterial, ein Fernglas, ein Teleskop und diverse Kleinteile. Die Funde gingen über die deutsche Botschaft nach Leipzig. Im Museum für Länderkunde erkannte Rüdiger die Überreste der Schröder-Stranz-Expedition – der Leutnant war also nicht im Meer ertrunken, sondern er war am Duvefjord an Land gegangen.

Jahre später saß ich in Schweinfurt Dr. Graetz gegenüber, dem Sohn des Freiburger Mediziners Graetz, der Lerner 1913 ins Eis gefolgt war. Dr. Graetz schenkte mir eine alte Zigarrenkiste aus der Kaiserzeit. Darin befanden sich gut erhaltene und in Seidenpapier eingewickelte Glasplatten – Stereoaufnahmen ungewöhnlicher Qualität. Es waren die Bilder von Doktor Bieler, der damals die Lerner-Expedition fast lückenlos dokumentiert hatte. Ich hielt einen fast 100-jährigen fotografischen Schatz in der Hand. Die Fotos elektrisierten mich. Sie zeigten Packeisfelder mit dem eingefrorenen Schiff, aber auch Fotos, die vom Schiff aus gemacht wurden.

Die eingefrorene LOEVENSKIOELD der Lerner-Hilfsexpedition kurz vor dem Sinken. Die erste Filmszene dieser Zeit von einem Schiffsuntergang.

Damit war es möglich, den genauen Untergangsort des Schiffes zu ermitteln – und das gelang auch mithilfe von Experten. Die Wände meines Büros verwandelten sich in eine Fotogalerie. Eines Tages war es so weit: Wir kamen zu dem Schluss, dass das Wrack am Westufer des Beverlysunds am heutigen Kap Rubin liegen musste.

Im September 2004 flog mein Sohn Niko mit einem Hubschrauber vom Bord der POLARSTERN ans Kap Rubin und fand das Grabkreuz unweit des Lagers, in dem Lerner war. Auch identifizierte er einen prominenten Felsen, den Bieler 1913 aufgenommen hatte. Nichts hatte sich verändert, selbst die Flechtenmuster von 1913 waren noch zu sehen. Eine Firma, GEOSYSTEMS in München, ermittelte die genaue Position, die die LOEVENSKIOELD gehabt haben musste – sie war nur 1932 Meter von der Küste entfernt.

Ein Jahr später waren wir mit einem gecharterten norwegischen Eisbrecher vor dem Kap Rubin unterwegs, und ich sah die bizarren, von Schnee bedeckten Felshänge, die denen von 1913 aufs Haar glichen. Ich hatte sie so verinnerlicht, dass es für mich eine leichte Übung war, Kap Loevenskioeld zu finden.

Mit einem Side-Scan-Sonar, das mittels Schallwellen ein genaues Abbild des Meeresgrundes aufzeichnet, gingen wir auf Wracksuche. JAGO tauchte am berechneten Untergangsort ab. Im eisigen Wasser fuhren wir in nur 27 Metern Tiefe über riesige Algenfelder – und Millionen von Schlangensternen reckten ihre Arme aus den von Rotalgen überzogenen Kieseln.

Zu meiner großen Überraschung begegnete ich auf fast jedem größeren Stein alten Bekannten: Gorgonenhäuptern, die mir zu meinem Doktortitel verholfen hatten. Ich muss ehrlich gestehen, dass ich fast etwas gerührt war. Ihr Dasein bestätigte mir, dass der Planktonreichtum in diesen nördlichen arktischen Meeren ausreicht, um diese großen, zu den Schlangensternen gehörenden

Stachelhäuter zu ernähren. Doch was passiert mit ihnen im ewigen Dunkel des polaren Winters, wenn hier unten absolute Finsternis herrscht?

Das Oberflächensonar bewies, dass diese flachen Gebiete von vielen Eisbergspuren durchzogen waren. Da sich die Position der LOEVENSKIOELD im Eis von Mai bis Juli 1913 nicht verändert hatte, wurde das Schiff mit großer Wahrscheinlichkeit nicht verdriftet, wie mir norwegische Eisexperten bestätigten. Da es aber dennoch unauffindbar war, wurde das Schiff wohl, nachdem es gesunken war, am Meeresgrund von Eisbergen, die am Kap Rubin im beginnenden Sommer regelmäßig vorbeiziehen, buchstäblich zermalmt.

Wir sahen eine riesige eingefressene Schleifspur vor uns, in deren Mitte JAGO aufsetzte. Am flachen Boden ein Schotterfeld. Experten wissen: So sehen die Spuren eines großen Eisberges aus. An ihrer Unterseite transportieren Eisberge nämlich Steine vom Land mit sich, »dropstones« genannt. Vor Grönland werden solche Spuren in bis zu 1500 Metern Tiefe gefunden. Angetrieben durch den Wind, entwickeln driftende Eisberge am Grund zerstörerische Kräfte. Hier gab es keine Hoffnung mehr, noch ein erhaltenes Schiff zu finden.

Am Kap Rubin fanden wir viele Artefakte: einen Holzschuh, Munition, Schäkel, eine Teekanne, Kleidung, große Kupfernägel und vieles andere. Wir konnten aber nicht unterscheiden, ob dies Überbleibsel der Lerner-Expedition waren oder ob sie den Trappern gehört hatten, die hier 1909 gestorben waren. Unter dem Grabkreuz sahen wir die Bretter eines primitiven Sarges. Die Toten konnten wegen des felsigen Untergrunds nicht vergraben werden. Steinhaufen schützten sie vor dem Zugriff der Eisbären, die hier ihr Revier haben.

Bei unseren Streifzügen am Ostufer des Beverlysundes fanden wir zudem auch Zeichen weiterer Expeditionen. Amerikaner hatten 1898 Steine zusammengetragen, die Sowjets 1928, und dicht daneben entdeckten wir sogar ein aus Steinen geformtes Hakenkreuz, das 1937 hier an den steinigen Ufern gelegt wurde.

Ich hatte bereits viel Zeit in dieses Projekt investiert, und Schröder-Stranz erschien mir fast schon wie ein arktisches Gespenst. Aufgeben konnte ich jetzt nicht. Wo war der Leutnant im Duvefjord gelandet? Im Leibniz-Institut für Länderkunde in

Steinerne Botschaften aus der Vergangenheit am Beverlysund.

Leipzig inspizierte ich noch einmal die Überreste der Expedition. Da sagte mir eine Mitarbeiterin – fast nebensächlich –, dass noch zwei Fotos vorhanden seien, die ich vielleicht noch einmal anschauen sollte. Ich dachte zunächst, es seien wohl Abzüge der mir schon so vertrauten Bilder Doktor Bielers, die ich fast täglich in meinem Büro zu sehen bekam. Meine Neugier war deshalb gering.

Als ich die Fotos jedoch in den Händen hielt, durchfuhr mich fast ein elektrischer Schlag. Ein Foto zeigte Vater und Sohn – die Robbenjäger von 1937 – an einem Baumskelett mit der eingeschnitzten Inschrift DAE, Deutsche Arktische Expedition; das zweite Foto war ein Blick über den Duvefjord, auf der anderen Seite eine Bergkette des Prinz-Oscar-Landes. Wir hatten gewissermaßen den Landeplatz des Leutnants zu Hause entdeckt.

Ein Jahr später war ich wieder im Duvefjord. An einem bitterkalten, frühen Morgen näherten wir uns zu siebt der kleinen Schäre Holken. Dort, hinter den Umrissen der Insel, musste der Ort sich befinden, den ich schon so lange suchte. Wir näherten uns behutsam der Fundstelle und dokumentierten jeden Schritt. Dann lag der Felsen vor uns, der 1937 mit den Überresten der Schröder-Stranz Expedition von den Robbenjägern fotografiert worden war.

Ich hielt das Bild, eingeschweißt in einer PVC-Hülle, in der Hand. Hier war also der Leutnant mit seinen Kameraden gestrandet. Ich dachte dabei an Gespräche mit Katastrophenexperten der Polizei und des Landeskriminalamts, die ich konsultiert hatte, um aus den vorhandenen Überresten des Lagers ein Profil der damaligen Lage der Expedition zu erstellen.

Die kaputten Kanuteile waren trauriges Zeugnis davon, dass der Leutnant die Hinlopenstraße nicht mehr hatte

An ein und derselben Stelle: Die Robbenjäger von 1937 – und wir über 60 Jahre später.

überqueren können. Der Rückweg war ihm abgeschnitten. Auch Munition und Verbandsmaterial lässt man nicht zurück. Öljacke, Schlafsack und wärmende Gamaschen sind in der Arktis unentbehrlich, Fernglas und Fernrohr dienen nicht nur zur Navigation, sondern können auch vor Eisbären warnen.

Die Polizeiexperten kamen überein, dass möglicherweise ein oder zwei Teilnehmer zu diesem Zeitpunkt bereits tot waren.

Mich berührte dieses Wissen beim Anblick des Felsens, beim Blick auf die Flechten- und Mooswelt um mich herum.

Wir gingen an die Arbeit. Jürgen förderte mit seinem elektronischen Suchgerät Nägel, noch scharfe Patronen, Metallstangen und einen kleinen, vier Zentimeter großen Vierkantschlüssel zutage, der zum Aufziehen eines Messinstruments diente, das ich in Leipzig gesehen hatte. Niko förderte ein umnähtes Jutetuch aus dem Untergrund. Es sah so frisch aus, als sei es eben erst vergraben worden. Der Permafrost hatte es über Dekaden hinweg konserviert. Wenige Meter landeinwärts fand ich einen Lederschuh mit vielen Zahnabdrücken. Ein hungriger Bär hatte offenbar nach etwas Fressbarem gesucht. Ein Lederschuh war kein gutes Gehwerkzeug für diese Landschaft, und ich sah unwillkürlich auf meine gefütterten Arktisstiefel hinunter, eine Leihgabe des Alfred-Wegener-Institutes.

Mit einer Grabgenehmigung der norwegischen Behörden durfte ich an den historischen Orten nach Artefakten der Expedition suchen. Ich wollte einfach nicht glauben, dass der Leutnant keine schriftlichen Nachrichten hinterlassen hatte. Die Polarhistorikerin Dr. Lüdicke und der Paläontologe Dr. Wichmann suchten gezielt in Felsnischen, wo man vielleicht Nachrichten vor den Tatzen eines neugierigen Eisbären versteckt haben könnte.

Sie fanden unterhalb des Felsens, 10 bis 20 Zentimeter tief im Boden, sandverkrustete flache Blätter. Der Anblick überzeugte mich nicht. Ich hatte hier in der Umgebung Ähnliches gesehen, getrocknete Pflanzenteile der Meeralge *Ulva*.

Ich hatte den Behörden versprochen, alle Funde in Longyearbyen abzuliefern. Konnte ich mich der Lächerlichkeit preisgeben und zusammengeschrumpfte Blätter einer Meeralge abgeben? Nein, der Ehrenrettung der deutschen Wissenschaft war das nicht förderlich, und ich nahm sie deshalb mit nach Hause.

Dort stellte ein Experte des Landeskriminalamtes München fest, dass es doch Papier war. Unter dem Mikroskop sah er kurze Fasern, und das Spektrum verschiedener Quecksilberdampflampen bezeugte, dass keine Aufheller in diesem Papier enthalten waren. Würde das Papier leuchten, wären Aufheller darin, die erst nach dem Zweiten Weltkrieg auf den Markt kamen. Konnte man etwas lesen? Da sollte ich mir keine falschen Hoffnungen machen, meinte mein Experte. Dieses Papier habe fast 100 Jahre unter dem Sand gelegen, wurde hundertmal tiefgefroren, geriet hundertmal unter den Druck des Packeises und wurde hundertmal durch Schmelzwasser im kurzen arktischen Sommer aufgetaut. Da sei es ein Wunder, dass überhaupt noch etwas übrig geblieben war. Lesbares sei also nicht mehr zu erwarten, höchstens, wenn der Leutnant oder seine Kameraden gedruckte Nachrichten hinterlassen hätten. Sicher habe man aber damals mit Bleistift geschrieben. Das sei reiner Graphit, reiner Kohlenstoff also, der blättere einfach vollständig ab.

In der hellen Polarnacht saßen wir an diesem Abend in dicken Ledersesseln im Salon und tranken zum Abschluss einen alten Cognac, den unser aufmerksamer Freund Heinrich Vischer aus Basel mitgebracht hatte. Wir Menschen des 21. Jahrhunderts hatten es leicht, wir hatten allen modernen Komfort, den die Entdecker alten Stils niemals gekannt hatten. Es waren wirkliche Abenteurer.

Ich hatte zwar mein ursprüngliches Ziel nicht erreicht, die Erstsiedler am Wrack der LOEVENSKIOELD zu erforschen, dafür sah ich eine reiche Algenflora und eine hohe Dichte an Stachelhäutern in diesem hocharktischen Ozean. Und natürlich war auch das Wiedersehen mit meinen Gorgonenhäuptern ein Höhepunkt für mich gewesen.

Doch wie ging die Schröder-Stranz-Geschichte, dieses unrühmliche Stück deutscher Polarforschung, zu Ende? Von zehn deutschen Teilnehmern kehrten nur drei zurück – zwei davon als Invalide. Doktor Rüdiger bekennt offen in seinem Buch *Die Sorgebai. Aus den Schicksalstagen der Schröder-Stranz-Expedition:* »Was wir heimbringen durften, ist so verschwindend klein gegen die gewaltige Tragik des Ganzen, dass hier nicht der Platz ist, von diesen geringen Beobachtungen der polaren Natur zu sprechen.« Auch der Kaiser konnte nicht zufrieden sein. Nur Sepp Allgeiers großartige Aufnahmen machten Filmgeschichte. Der bedeutende deutsche Biologe W. Kükenthal war der Erste, der in einem Artikel in der Zeitschrift *Naturwissenschaften* den Untergang der Expedition beschrieb. Seiner Meinung nach war Rüdigers Rettung durch seinen treuen Freund Rave der einzige Lichtblick in dieser Episode voll düsterer Tragik. Niemals wieder dürften bei künftigen Unternehmungen die Schicksale vieler Menschen einem Leiter anvertraut werden, dem eigene Erfahrung noch völlig fehlte. Denn vor allem auf diese komme es an, und auf Besonnenheit, nicht aber auf die so viel gerühmte Schneidigkeit: »Wenn das traurige Schicksal der Schröder-Stranz-Expedition uns zu dieser Erkenntnis verhilft, so sind die beklagenswerten Opfer an Menschenleben doch nicht ganz vergeblich gewesen.«

Kükenthal mahnte aber auch bessere finanzielle Unterstützung und Ausrüstung für die jungen wissenschaftlichen Arktis-Eroberer an. Sicher trug das 1920 zur Gründung der »Notgemeinschaft deutscher Wissenschaft« und 1929 zur Gründung der »Deutschen Forschungsgemeinschaft« bei. Mit einem jährlichen Budget von über drei Milliarden Euro ist sie heute eine einzigartige Organisation zur Förderung der deutschen Wissenschaft in fast allen Fachrichtungen.

15 Sir Huberts Reise zum Nordpol

Sir Hubert war wohl besessen von Rekorden – und ein echter Forschungspionier.

Hubert Wilkins abenteuerliche Nordpolreise im April 1928 spielte sich im Cockpit eines Flugzeugs ab. Vor mehr als 10 Stunden war der Pilot in Point Barrow, Alaska gestartet. Jetzt war er über den Eisfeldern der Arktis. Und noch blieben 2000 Kilometer bis zum nächsten Festland, Spitzbergen: das Ziel dieses historischen Fluges. 10 Stunden und 20 Minuten später hatte dann erstmals ein Flugzeug den arktischen Luftweg über den Pol zwischen Amerika und Europa zurückgelegt. Wieder war ein weißer Fleck auf unseren Landkarten getilgt. Hubert Wilkins war der Glückliche, dem dieser Husarenstreich gelang – der erste Transarktisflug der Geschichte.

In New York wurde Wilkins enthusiastisch gefeiert – mit Konfettiregen auf der Fifth Avenue. Für seinen Pionierflug adelte ihn der englische König: Aus Hubert Wilkins wurde Sir Hubert!

»Der größte Flug der Geschichte«, titelte die *New York Times*. Aber Wilkins wollte noch mehr: die erste Durchquerung des Nordpolarmeeres in einem U-Boot. Ungestillter Hunger nach mehr Ruhm und Ehre trieb ihn.

Wilkins Nordpol-U-Boot NAUTILUS endete, wie das Lerner'sche Expeditionsschiff: am Grund eines Fjordes. Im Polarinstitut in Tromsö sah ich bei der Suche nach Literatur über Schröder-Stranz einen Film der gesunkenen NAUTILUS, die von einer geschleppten Videokamera aufgenommen worden war. Mein Biologenherz schlug höher. Ein Wrack in 346 Metern Tiefe? Dazu muss man wissen, dass Wracks Fischleben anziehen – was lebte dort unten? Zudem befand sich unser Tauchboot JAGO bereits im hohen Norden, Transportkosten würden nicht anfallen. So war mein Plan gefasst: Auf dem Rückweg von Spitzbergen würde ich zur NAUTILUS tauchen.

Ich lernte Arild Hansen vom Maritime Museum in Bergen kennen und erfuhr durch ihn von einem Dr. Steward Nelson, Fellow of the Maritime Technology Society, des Explorer Clubs New York und früherer Präsident der American Oceanic Organization. Steward war besessen von Wilkins zahlreichen Expeditionen. Das Erste, was er mir mitteilte, war, dass er »corporate interests« habe, und er versprach 25 000 $ von der Holland-Amerika-Linie und 4000 $ von der American Philosophical Society. Das hörte sich gut an, denn Finanzen spielen bei kurzfristig ins Leben gerufenen Forschungsvorhaben immer eine große Rolle.

Steward war überzeugt, dass unser Projekt weiteres Interesse generieren würde und sagte: »Only the winner counts and you have to be the winner.« Er hatte für uns bereits einen Titel gefunden, »Project Nautilus 2005«. Durch Hansen erhielt ich auch Kontakt zu Halvor Mohn, einem norwegischen Coast Guard Officer, der ein privates Schiff für Navigation, Survey und Unterwasserarbeiten besaß und es mir kostenlos und inklusive Service-arbeiten anbot. Am Telefon schätzte ich ihn auf Mitte 50 und war sehr überrascht, einem jungen, sanften Mitdreißiger zu begegnen. Er war Waldorfschüler, keineswegs ein kantiger Seebär, und zählte zu den angenehmen marinen Intellektuellen.

Anders als Theodor Lerner war Sir Hubert mehr an der Wissenschaft interessiert gewesen. Seine Idee: ein U-Boot als Laboratorium. Als Polarflieger kannte er die Bedeutung der Pole für unser globales Wetter, für unser Klima, nur zu gut. U-Boote würden sich für die Versorgung von dauerhaften Wetterstationen in den Polgebieten bestens eignen. Aber nicht nur das. Er schrieb: »Wenn wir zeigen können, dass U-Boote unter dem arktischen Eis tauchen können, dann glaube ich, dass sie auch nützlich sind für kommerzielle Unternehmungen entlang der arktischen Küsten von Amerika und Kanada.« Doch Sir Hubert brauchte zunächst ein geeignetes Tauchvehikel. Ein ausrangiertes Küsten-U-Boot aus dem Ersten Weltkrieg wurde ihm von der US-Navy zur Verfügung gestellt. Die Leihgebühr: ein symbolischer Preis von nur einem Dollar pro Jahr.

Zahlreiche Sicherheitsvorkehrungen mussten getroffen werden. Vorne am Bug brauchte das U-Boot eine Art Stoßdämpfer gegen Kollisionen mit Eisbergen und eine Eisfräse. Mit ihr konnte ein breites Loch ins Eis gebohrt werden. In einer Notsituation könnte die Besatzung durch den hohlen Bohrkanal an die Oberfläche gelangen. Nie zuvor waren derartige Bohrer in der Arktis eingesetzt worden.

Museumsmann Hansen klärte mich auf: »Man muss dieses U-Boot in seinem historischen Kontext sehen. Nie zuvor war von unten durch die Eisdecke gebohrt worden, und nie zuvor hatte es Stoßdämpfer am Bug gegeben, die vor Eisbergen schützen sollten. Das alles war ganz schön neu.«

Sir Hubert glaubte, dass er mit seinem U-Boot unter dem Eis

gleiten konnte – wie ein umgedrehter Schlitten mit den Kufen nach oben. Ein Arm mit einer Rolle sollte ihm dabei helfen, das U-Boot auf sicherem Abstand zur Eisunterseite zu halten. Damals war es Hoch-Technologie, aus heutiger Sicht eine abenteuerliche Konstruktion.

Sir Hubert erläuterte sein Vorhaben in einem 350 Seiten dicken Buch *Unter dem Nordpol*. Bevor die Expedition überhaupt begann, dokumentierte er seine Pläne im Detail. Im Falle des Scheiterns, so schrieb er, wolle er einen Bericht seiner Vorbereitungen hinterlassen, um denen zu helfen, die eines Tages erfolgreich unter dem arktischen Eis tauchen werden.

264 Voller Erwartungen und Neugier flog ich nach Bergen, wo die JAGO per Schiff angekommen war. Viel Regen sollte uns in den nächsten Tagen begleiten. Ich fuhr zur Werft und der Marina von Halvor Mohn. Alle waren sie dort bereits versammelt – die JAGOaner, Wolfgang Kerler, Halvor Mohn, Arild Hansen und Steward Nelson, der mich gleich warmherzig umarmte – ein Amerikaner, wie er im Buche stand und ein pensionierter Navy Mann, ein Ozeanograf. Wie viele nette E-Mails hatten wir geschrieben, wir verstanden uns auf Anhieb.

Dann gab mir Steward einen Bericht. Zuerst habe die US-Navy uns untersagt, an der NAUTILUS zu tauchen. Obwohl über 75 Jahre vergangen waren und das U-Boot in ausländischen Gewässern lag, sei die US-Navy immer noch der Eigner und habe das Hoheitsrecht. Steward klärte die Navy auf, dass wir biologische Forschungen und Fotos machen und keinesfalls das Wrack berühren würden. Das Okay der Navy sei erst kurz vor seiner Abreise eingetroffen.

Am nächsten Tag wurde die JAGO bei vollem Sonnenschein aus der großen Halle gezogen und zum Untergangsort der NAUTILUS geschleppt, einem Fjord, wenige Kilometer von Bergen entfernt. Einige Wochen zuvor hatte die norwegische Marine mit HUGIN 1000, einem automatischen Unterwasservehikel (AUV), die NAUTILUS lokalisiert und hervorragende Side-Scan-Bilder produziert.

Wir tauchten in das braune, dunkle und unheimliche Wasser ab. Wie immer bei solchen Anlässen, war ich erwartungsvoll aufgeregt. Wir landeten tatsächlich 50 Meter neben der NAUTILUS. Ein scharfes rotes Signal erschien auf dem Bildschirm unseres horizontalen Echolotes. Chimären paddelten freundlich über dem Boden, zum ersten Mal sah ich diese Fische in natura. Dann stand plötzlich die NAUTILUS vor uns.

Wir waren vorn am Bug und hatten eine riesige Sedimentwolke produziert. Jürgen gab ein bisschen Auftrieb, und wir sahen vor uns am Bug den hydraulischen Stoßdämpfer, der ins freie Wasser ragte. Er sollte bei Eisbergkontakten den Aufprall abfangen. Das war also das Markenzeichen der gesunkenen NAUTILUS! Hier, in 343 Metern Tiefe am Grund eines eiskalten Fjordes, lag – als Schrotthaufen – das Lebenswerk eines begnadeten Polarforschers. Was hatte ihn angetrieben? Abenteuerlust? Wissenschaft?

Auf Deckhöhe fuhren wir in Richtung Bug. Riesige Wolken von roten Garnelen hüllten Teile des Wracks ein. Sie waren die dominanten heutigen Siedler der NAUTILUS. Man glaubte fast, es seien Sedimentwolken. Eine merkwürdige Tonne, oben geschlossen, mit kleinen runden Fenstern tauchte auf – der berühmte Eisbohrer, der damals die Teilnehmer der Expedition ins Freie führen sollte. Überall hingen Seile herum. Unten in Kielnähe sahen wir durchbohrte Filterplatten. Rostfahnen von Eisen hingen an der Außenwand. Man sah dem Wrack die 75 Jahre Unterwasseraufenthalt an. Auch den Namen NAUTILUS konnten wir kaum entziffern. Er war von marinem Bewuchs eingehüllt.

Eine Art Schnorchel, oben mit einem Deckel und Garnelen besetzt, stand senkrecht vor uns. Aber auch eine Luke, die damals am 20. November 1931 ein wenig geöffnet worden war, um die NAUTILUS schneller versenken zu können. Hinter einem Turm war das Wrack zerbrochen.

Offenbar hatte das schwerere Heck beim Aufschlag zuerst Grundkontakt gehabt, war dann zerbrochen und das U-Boot war in zwei Hälften geteilt worden. Der vordere Teil wurde von einer Schottenluke abgeriegelt. Hier war die NAUTILUS messerscharf getrennt worden. Etwa 5 bis 10 Meter entfernt lag das Heckteil. Es war zerfallen und wies die schwersten Beschädigungen auf. Tiefenruder und Schraube fanden wir nicht. Sie mussten im weichen Boden versunken sein.

Auf der Steuerbordseite sahen wir kleine Stege, auf denen die Mannschaft seitwärts gelaufen war. Ein großer Wolfsfisch, wir nannten ihn Sir Hubert, wohnte hier im Untergrund. Später fanden Jürgen und Steward einen großen Mondfisch über dem Wrack, ein seltener Besucher, denn er lebte gewöhnlich in der dämmrigen Zone des Ozeans. Hier unten jedoch herrschte pechschwarze Nacht.

Vier Stunden blieben wir unter Wasser und dokumentierten das Leben rund um die NAUTILUS ausgiebig. Dann tauchten wir auf. Zwei Meter unter der Oberfläche blieben wir plötzlich stehen. Offenbar fehlte Auftrieb. Wir waren in Süßwasser geraten, das von Land her in den Fjord floss und sich nicht mit dem salzhaltigen Meereswasser mischte. Doch folgen wir nun dem weiteren Schicksal von Sir Hubert auf seinem Abenteuer ins ewige Eis:

24. März 1931. Es war geschafft und doch sollte es noch 10 Wochen bis zur Abfahrt dauern. Im Brooklyn Navy Yard, New York, warteten 800 Schaulustige auf die Taufe des weltweit ersten arktischen U-Bootes der Geschichte. Ehrengast war Jean Jules Verne, Enkel des berühmten französischen Schriftstellers Jules Verne – Autor

des klassischen Romans *20 000 Meilen unter dem Meer* und die Geschichte von Kapitän Nemo mit seinem U-Boot Nautilus. Auch Nemo brach zum Nordpol auf.

Da in Amerika zu dieser Zeit immer noch Alkoholverbot bestand, durfte Champagner für eine Bootstaufe nicht verwendet werden. Ein Eimer voll Eis diente als Ersatz. Lady Wilkins taufte das U-Boot ihres Gatten: »Ship, I name you NAUTILUS. Go on your wonderful adventure. In your heart is a sacred treasure. Bring that treasure safely back to me.« Zu Ehren von Jules Verne erklang die Nationalhymne Frankreichs.

Zwei Jahre vorher war die Finanzierung zustande gekommen: Wilkins hatte eine Einladung des New Yorker Zeitungsmoguls William Randolph Hearst erhalten, an der Weltumrundung mit dem Luftschiff GRAF ZEPPELIN teilzunehmen. Dabei war auch Dr. Hugo Eckner, der Erbauer des Luftschiffes. Hoch oben in der Luft war Sir Hubert auf eine verrückte Idee gekommen: ein Rendezvous des deutschen Luftschiffs GRAF ZEPPELIN mit einem U-Boot. Und Hubert Eckner, Chef der Luftschiff-Erbauer, hatte gesagt: Warum nicht, wenn du dich am Nordpol durchs Eis nach oben bohren kannst?! Aber der GRAF ZEPPELIN musste im Juli dort oben sein, wenn das Wetter am besten war.

Die Ausstiegluke der untergegangenen NAUTILUS ist ein wenig geöffnet. NAUTILUS wurde auf Befehl der amerikanischen Marine absichtlich versenkt.

Hearst war von der Idee begeistert und versprach Unterstützung. Er erhielt dafür die exklusiven Rechte an der Berichterstattung. Sir Huberts Idee machte Schlagzeilen weltweit. Eine Expedition

Die NAUTILUS vor ihrer Reise in Richtung Nordpol.

wie diese würde eine riesige Summe kosten – wenigstens eine halbe Million Dollar. Mehr als die Hälfte investierte Sir Hubert selbst, der Rest kam durch Spenden und Sponsoren zusammen und William Randall Hearst versprach, alles Geld zurückzuzahlen und sogar etwas zuzulegen, wenn Sir Hubert den Pol erreichte. Wenn nicht, würde Hearst nicht zahlen: das war eine Herausforderung, ein starker Antrieb – aber auch eine Art Kampfansage für Sir Hubert. Würde er es nicht schaffen, wäre sein privates Geld verloren, und er wäre am Rand des finanziellen Ruins.

Es dauerte noch Wochen, bis die NAUTILUS für die große Reise endlich startklar war. Ein erster Tauchtest stand bevor – und verlief dramatisch. Die NAUTILUS stürzte unkontrolliert ab und überschritt die vorgesehene Tauchtiefe. Wasser tropfte in den Innenraum, Nieten platzten. Die Mannschaft geriet in Panik. Zwar konnte das Schiff sich fangen und auftauchen, aber von jetzt an wurde Wilkins' Expedition als »Suicide Club« bezeichnet, als Himmelfahrtskommando. Die *Washington Post* warnte: Die Gefahr, ein Desaster zu erleben, sei groß. Die Verantwortung für das Leben von 22 Männern wiege schwer. Sir Hubert und sein Vorhaben gerieten ins Kreuzfeuer der Kritik. Aber auch Glückwünsche blieben nicht aus. Von Walt Disney kam kurz vor Abfahrt eine Grußkarte aus Hollywood: »With best wishes for success in all your adventures – sincerely Mickey Mouse and Walt Disney.«

4. Juni 1931. Mit vier Wochen Verspätung begann die große Reise. Die NAUTILUS verließ New York. Das erste Ziel: die Überquerung des Atlantiks. Nie zuvor in der Geschichte hatte sich ein U-Boot auf den Weg zum Nordpol begeben. Amerikas Enthusiasmus kannte keine Grenzen. Wilkins erhielt 1200 Zuschriften von Männern und Frauen, die mit in die Arktis wollten.

Die NAUTILUS, ein Küsten-U-Boot, war für eine Reise über den offenen Ozean eigentlich nicht geeignet. In der amerikanischen Navy hatte es keinen guten Ruf. Man nannte es »pig boat« – nicht gerade ein Kompliment für ein Schiff. Viele bezweifelten deshalb auch, dass die Mannschaft jemals wieder zurückkehren würde.

Eine Woche nach Verlassen der Ostküste Amerikas geriet NAU-TILUS in einen schweren Sturm. Beide Antriebsmotoren fielen aus. Unkontrolliert trieb das U-Boot mitten im Atlantik. Durch Abgase im Innenraum drohte die Mannschaft zu ersticken, viele Matrosen waren seekrank. Der Kapitän befahl Ray Meyers, SOS zu senden. Erst 19 Jahre zuvor war das internationale Notrufsignal eingeführt worden – das erste Schiff, das SOS gesendet hatte, war die TITANIC gewesen.

Zufällig war das Kriegsschiff USS WYOMING in der Nähe und hörte den Notruf. Mit großer Mühe wurde ein Schleppseil befestigt. Über 1000 Meilen wurde die NAUTILUS nach Europa gezogen. Die Männer begannen daran zu zweifeln, ob sie diesen Trip unter dem Eis überleben würden.

August 1931. Die NAUTILUS erreichte Bergen. Neben Proviant und Arktisausrüstung ging der wissenschaftliche Stab der Expedition an Bord: der berühmteste Ozeanograf der Welt, Doktor Harald Sverdrup aus Bergen, und der Arzt Bernhard Villinger aus Freiburg im Breisgau. In Deutschland wurde er als »der Jules Vernes aus Freiburg« gefeiert.

Im September 2005 lernte ich in Kirchzarten die Tochter von Villinger kennen. Beim Abschied schenkte sie mir ein originales Kaffeeservice von Bord der NAUTILUS, ein kleines Messingschild des U-Bootes und ein großes Vortragsplakat ihres Vaters mit der Aufschrift »Mit U-Boot NAUTILUS im Polareis«. Ich hielt ein Tagebuch von damals in der Hand und erfuhr auch, dass ihr Vater einen kurzen 16-mm-Film gedreht hatte, den ich später von ihrem Neffen erhielt; Devotionalien, die eigentlich in ein

Museum gehören. Doch folgen wir jetzt dem weiteren Schicksal der NAUTILUS auf ihrem Weg zum Nordpol.

Der Oberbefehlshaber der norwegischen U-Boot-Flotte, Kapitän Tank-Nielson, kam in Bergen an Bord, um das Boot zu inspizieren. Sein Urteil war vernichtend:»Niemals würde ich meine Crew an Bord dieses U-Bootes lassen.« Zur Ausfahrt von Bergen schrieb ein Expeditionsmitglied:»Die Abfahrt in Bergen war sehr bewegend.« Wenigstens 300 Leute standen am Kai und viele waren sich sicher, dass keiner zurückkommen würde. Noch waren es 4000 Kilometer bis zum Pol.

Die NAUTILUS nahm Kurs auf Spitzbergen. Die Eis- und Gletscherwelt dieser nördlichsten Inselgruppe Norwegens hielt die Mannschaft bei guter Laune. Im Inneren des Bootes wurde es jedoch eiskalt. Es gab keine Isolierung, die Innentemperatur lag nur wenig über dem Gefrierpunkt. Aus Kondenswasser bildeten sich Eiszapfen, die von den Decken herabhingen. In vollständiger Bekleidung und Schuhen an den Füßen lagen die Männer zum Schlafen in ihren Kojen. Die NAUTILUS erreichte die Packeisgrenze.

Hier sollte das U-Boot abtauchen, doch nur einer war dazu bereit: Sir Hubert selbst. Er schrieb:»Die anderen im Boot würden ohne Ausnahme sofort zurückkehren und den absoluten Misserfolg einräumen. Als Führer dieser Expedition werde ich dafür sorgen, dass das Boot unter das Eis tauchen wird.« Doch er musste feststellen, dass das Tiefenruder auf unerklärliche Weise vom Tauchboot abgefallen war. Der Verdacht kam auf, dass die NAUTILUS von einigen Besatzungsmitgliedern – aus Angst um ihr Leben – sabotiert worden war.

Der Helmtaucher Frank Crilley ging für eine Kontrolle des U-Bootrumpfes und der Steueranlage über Bord. Seine Nachrichten waren schlecht. Tatsächlich: Das Tiefenruder am Heck fehlte.

So konnte die NAUTILUS niemals den Pol erreichen, denn nur das Tiefenruder ermöglicht ein Auf- und Abtauchen. War Wilkins kurz vor dem Aus?

Am 28. August 1931 erreichte die NAUTILUS den nördlichsten Punkt, 81° 59' Nord. Noch nie war ein Schiff so weit in den Norden vorgedrungen. Und Sir Hubert wollte weiter – auch ohne Tiefenruder. »Dies ist der erste Tag nach dem Verlust unseres Tiefenruders, dass wir ruhiges Wetter haben – und ich war fest entschlossen, mit dem Boot unter das Eis zu gehen.« Mit Anlauf sollte der Kapitän die NAUTILUS unter das Eis fahren. Tatsächlich gelang es. Doch Mannschaft und Wilkins verfielen in Angst und Schrecken: »Es lief uns eiskalt über den Rücken, den Ton hören zu müssen, wenn das Boot an der Eiskante entlang schrammte. Es schien uns, als ob alle Deckaufbauten zerstört würden.«

Zum ersten Mal in der Geschichte tauchte ein U-Boot für einige Minuten unter das arktische Packeis. Ein historischer Augenblick. Auch die ersten Filmaufnahmen von der Unterseite des Eises entstanden. Hier war es viel heller als bisher vermutet, und Sir Hubert vermerkte stolz: »Kein menschliches Auge hatte dies jemals zuvor gesehen.«

Da seit einigen Tagen der Funkkontakt zur Außenwelt abgebrochen war, erhielt die Weltöffentlichkeit vom ersten Erfolg der Expedition keine Nachricht. Sir Hubert befahl einen zweiten Tauchversuch, um das Abtauchen des U-Bootes von außen zu filmen. Er und der Kameramann blieben mit einem Ruderboot auf einer Eisscholle zurück. Was wäre, wenn die NAUTILUS nicht mehr auftauchte? Ein grausamer Tod, auch für die auf dem Eis Zurückgebliebenen.

In New York war Hearst zunehmend besorgt über die Funkstille der NAUTILUS-Expedition. Schon wurden Vermutungen über ein Unglück laut. Sogar erste Rettungsmaßnahmen wurden eingeleitet. Die norwegische und dänische Regierung bereiteten Suchtrupps vor.

Doch der Mannschaft ging es relativ gut. Sie vertrieb sich die Zeit auf einer Eisscholle. Die Wissenschaftler führten Ortsbestimmungen durch. Nur über den Stand der Sonne konnte mithilfe eines Theodolithen die Position ermittelt werden.

Ray Meyers, der Funker, installierte eine provisorische Funk-Antenne. In der Tat empfing er ein Signal und konnte wieder mit New York kommunizieren. Auf Wilkins wartete jedoch eine schlechte Nachricht. Hearst schrieb:»Mein lieber Sir Hubert, ich bin überaus glücklich, gute Nachrichten von Ihnen zu hören, doch ich habe zunehmenden Zweifel am Wohlergehen Ihrer selbst und der Besatzung. Kommen Sie doch jetzt bitte zurück.«

Die letzten Tage im August 1931. Das Rendezvous mit der GRAF ZEPPELIN am Pol hatte nicht stattgefunden, Hearst zahlte keine Sponsorengelder. Fast sein gesamtes Privatvermögen hatte Sir Hubert verloren. Er wusste: Die Rückkehr in die Zivilisation würde für ihn ein Desaster werden. Er versuchte zu retten, was noch zu retten war. Die Tauchkammer der NAUTILUS wurde zum Laboratorium. Durch eine Luke am Boden wurden wissenschaftliche Instrumente in den Ozean hinabgelassen. Druckluft verhinderte, dass Wasser in die Kammer strömte. Die Forscher verspürten den Druck auf den Ohren. War er draußen und drinnen gleich, konnte die Luke geöffnet werden. Ein Blick direkt in den Ozean war möglich.

Zum ersten Mal in der Geschichte wurde Wissenschaft von einem U-Boot aus betrieben. Ein Planktonnetz wurde heruntergelassen. Welche Kreaturen würde es aus den Tiefen heraufbringen? Dicht an der Oberfläche schwebten Ohrenquallen vorbei – einfache Organismen ohne Hirn und Darm, die aus fast 100 Prozent Wasser bestehen. In den Tiefen der Ozeane unterhalb von 500 Metern herrscht weltweit fast die gleiche Temperatur, auch

an den Polen. Tag und Nacht gibt es hier nicht, und die Tierge-
meinschaften dort unten sind überall erstaunlich ähnlich. Einige
von ihnen haben leuchtende Angeln, um Beute anzulocken. Bakterien helfen ihnen dabei, in ihren Organen Licht zu erzeugen.
War die Erde am Pol kreisrund oder war sie etwas abgeflacht?
Mit einem speziellen Pendel wurde die Erdanziehung gemessen.
Die Dicke der Erdkruste hat nämlich Einfluss auf die Pendeldauer.
Am Pol ist die Erdkruste dünner und die Gravitation stärker – der
Mensch ist am Äquator deshalb im Durchschnitt 400 Gramm
leichter. Ein System von Spiegeln zeichnete den Weg des Pen-
dels auf. So konnte die Schwingung präzise gemessen werden,
und die Versuche bestätigten, dass unsere Erde nicht kreisrund

ist. Sie ist an den Polen 1:273 abgeflacht. 22 Kilometer ist sie dort
dünner als am Äquator. All diese Erkenntnisse haben die Wissenschaft damals bewegt. Man fand auch heraus, dass das Meerwasser am Pol kälter und auch schwerer ist. Bei vier Grad Celsius hat
es seine größte Dichte. Heute wissen wir, dass dies unser Wetter-
und Klimageschehen in Europa bestimmt.

Ein Draht wurde in die Tiefe geführt, eine Reihe von Gerä-
ten daran heruntergelassen. Mit einer Metallröhre, der Nansen-
flasche, wurden Wasserproben aus bis zu 3500 Metern Tiefe genommen. Die Wasserproben belegten: Kaltes Wasser fällt nahe
dem Nordpol in die Tiefe ab. Warmes Oberflächenwasser strömt
aus dem Süden nach – das war der Golfstrom. Er bestimmt das
milde Klima Westeuropas. Sogar in Bergen blüht der Rhododen-
dron und auch Palmen gedeihen dort prächtig.

Sebastian und ich waren beide vom bewegten Leben Sir Huberts
fasziniert. Wir dachten daran, einen Dokumentarfilm zu machen, NDR und ARTE sagten zu. In einer Scheune bauten wir
die Tauchkammer der NAUTILUS mit vielen Originalen dieser
Zeit nach. Der BR erlaubte uns sogar, einige Sequenzen in Günter

Buchheims weltberühmt gewordenem U-Boot-Nachbau zu drehen. Sogar das Platzen der Nieten beim unfreiwilligen Absturz der NAUTILUS wurde durch eine komplizierte mechanische Konstruktion nachgestellt, die mein Jugendfreund Horst erdacht und gebaut hatte. Große Freude bei uns, als der Film bei ARTE mit fünf goldenen Sternen beurteilt wurde.

Im Polarinstitut in Cambridge besuchten Sebastian und ich die Polarhistorikerin Pia Casarini-Wadhams. Sie hatte sich lange mit den wissenschaftlichen Resultaten der NAUTILUS-Expedition beschäftigt und sprach vor der Kamera darüber. Heute sind sie die Grundlage moderner Klimaforschung, Sir Hubert war als Wetterforscher ein Pionier.

4. September 1931. Nach zwei Wochen an der Packeisgrenze brach Sir Hubert die Expedition ab, und NAUTILUS nahm Kurs auf Norwegen. Noch einmal musste die Mannschaft durch einen schweren Sturm. Und noch einmal erlitt sie Höllenqualen. Bis zu 57 Grad neigte sich NAUTILUS zur Seite. Dann war es geschafft. Das Boot und seine Besatzung kehrten nach Bergen zurück. Vor einigen Wochen waren sie hier gestartet, voller Hoffnungen. Auch jetzt wurde die Mannschaft von einer großen Menschenmenge empfangen.

Die Motoren waren defekt und da eine Rückfahrt über den Atlantik nach New York zu risikoreich gewesen wäre, wurde das U-Boot im Fjord vor Bergen versenkt. Am 20. November 1931 machte die NAUTILUS den finalen Tauchgang und Ray Meyers sandte eine letzte Nachricht in den Äther: »Good bye Nautilus. Es wird für dich immer einen Platz im Herzen deines Funkers geben. Für das erste U-Boot, das jemals in die Arktis aufbrach.«

Bis zu seinem Tod blieb Wilkins überzeugt, dass U-Boote ideale Vehikel für die Erforschung der Arktis seien. Mit der NAUTILUS hatte er bewiesen, dass sie unter dem arktischen Eis tauchen können. Und auch wenn er den Pol nicht erreicht hatte: Seine wissenschaftlichen Ergebnisse waren immens wichtig.

Der bekannte Kieler Ozeanograf Latif sagt in einem Interview: »Die NAUTILUS hat schon damals einen ganz wichtigen Befund aufgezeichnet, nämlich den, dass es einen Ast des Golfstroms gibt, der weit in die Arktis hineinreicht. Und diesen Ast kann man feststellen anhand des Salzgehalts und anhand der Temperatur, denn der Golfstrom ist verbunden mit einem hohen Salzgehalt und selbstverständlich mit einer relativ hohen Temperatur.« Die NAUTILUS-Expedition veränderte Sir Huberts Leben. Pia Casarini-Wadhams aus Cambridge meinte: »Nach seinem Scheitern schrieb er kein Buch über die Expedition. Dies war ein wichtiger Beleg dafür, wie sehr ihm der Misserfolg naheging, denn Sir Hubert war ein begnadeter Autor und veröffentlichte viele Bücher. Ich glaube, man strebt nach immer größerem Ruhm und größeren Ehren, sodass man immer ungewöhnlichere Dinge tun möchte. Was gab es noch Ungewöhnlicheres als mit einem U-Boot an der Unterseite des Arktischen Packeises entlangzugleiten?«

Mit JAGO wollten wir den Zustand des NAUTILUS-Wracks genauer erforschen, es sollte ein maritimes Kulturerbe werden. Ziel war aber auch, Indizien am Wrack zu suchen, die den Verlust der Tiefenruder im Sommer 1931 erklärten. War es Sabotage gewesen oder nicht? Was ist wohl wahrscheinlicher: Ein willentlicher Akt der Crew oder ein Schlag durch einen großen Brocken Eis? Oder war alles eine Notlüge von Sir Hubert gewesen, um seinen Misserfolg zu kaschieren?

Das Wrack musste vor Ort genau inspiziert werden. Wir hatten einen Bauplan von NAUTILUS mitgebracht und suchten den Ort, an dem wir beginnen konnten. Wir fragten uns, wie wir an das Tiefenruder herankommen sollten – es war nicht unmöglich, doch wir brauchten eine besondere Pumpe.

Halvor Mohn hatte einen Roboter an Bord seines Schiffes, der einige Kilometer tief tauchen konnte. ARGUS hieß die Tauchmaschine. In den Klauen seines Greifarms konnte er eine Saugpumpe halten. Sie würde uns helfen, das Sediment am Heck der NAUTILUS zu beseitigen. Nur so würden wir Hinweise auf die uns brennend interessierende Frage finden. Gierig saugte sich die Pumpe in den Untergrund. Um den Blick nicht ganz zu vernebeln, wurde der Abraum über Schläuche weit nach hinten befördert: ein rauchender Schlot. Trotzdem war der Roboter bald von einer dicken Sedimentwolke eingehüllt.

Ein bisschen Stolz erfüllte uns, denn wir hatten Neuland betreten: eine der ersten quasi archäologischen Ausgrabungen im Vorzimmer zur Tiefsee. Wir waren zu Unterwasserdetektiven geworden. Stewart entdeckte zwei Poller, eingegraben im Schlick. Der Bauplan von NAUTILUS verriet uns, dass sich das Tiefenruder einige Meter unterhalb dieser Poller befinden müsste. Unmöglich, eine Sedimentschicht dieser Dicke abzusaugen. Wir gaben auf, denn der Job würde einige Tage dauern. Auch wir waren Verlierer in diesem Epilog der NAUTILUS-Geschichte.

Später diskutierte ich die Sabotage-Hypothese mit dem norwegischen U-Boot-Experten und Fregattenkapitän Kjeldrup. Er meinte, dass bei der Fahrt durch dichtes Eis die dünnen Halterungen des Tiefenruders beschädigt worden sein könnten, er halte Sabotage für unmöglich – dafür wäre ein heimlicher Tauchgang nötig gewesen. Bei meinen Recherchen fand ich auch Fotos, die eindeutig belegen, dass der Propeller der NAUTILUS ungeschützt war und eine natürliche Ursache mithin wahrscheinlich war. Ich stimmte Kjeldrup zu.

Am Abend unseres letzten Tages in Bergen fand uns zu Ehren ein kleiner Empfang im Maritim Museum statt. Viele Bekannte waren anwesend: Arild Hansen, Atle und Halver Mohn mit Familie, Kjeldrup von der Marine und andere. Ich übergab dem

Museum das NAUTILUS-Kaffeeservice, das ich von der Tochter Villingers in Kirchzarten geschenkt bekommen hatte. Am Schluss sprach Steward. Dann zog er sich langsam bis aufs letzte Hemd aus, ein »Project Nautilus 2005«-T-Shirt. Dann zog er auch dieses aus und übergab es Arild mit den Worten: »Für den Mann, dem ich diese Reise verdanke, mein letztes Hemd« – der ganze Saal lachte.

Obwohl die NAUTILUS in Norwegen versenkt wurde, ging Sir Huberts Traum, den Nordpol zu erreichen, doch noch in Erfüllung. Allerdings auf ziemlichen Umwegen: Auf dem Höhepunkt des Kalten Krieges umkreiste Russlands Sputnik die Erde. Amerika verlor den Wettlauf im All und damit Ansehen und Prestige. In einer eiligen Geheimaktion schickte die US-Navy das Atom-U-Boot USS NAUTILUS zum Nordpol, der am 4. Oktober 1957 erreicht wurde. Die erste unterseeische Durchquerung des Nordpolarmeeres mit einem U-Boot ging in die Geschichte ein, und Amerika setzte ein Zeichen für seinen Status als Weltmacht.

Am 18. Oktober 1958 wurde Wilkins an Bord des zweiten amerikanischen Atom-U-Bootes SKATE empfangen. Mit dem Kommandanten, James Calvert, schmiedete er Pläne für eine weitere U-Boot-Expedition in die Arktis. Diese erlebte er aber nicht mehr, denn sechs Wochen später starb er einsam in einem Hotelzimmer.

Und doch war Sir Hubert dabei, als die SKATE als erstes U-Boot das Packeis am Nordpol durchbrach. Kapitän Calvert, ein Freund von Sir Hubert, führte die Asche seines Freundes mit sich. Am 17. März 1959 wurde in einer feierlichen Zeremonie Sir Huberts Asche in die kalte Einöde treibenden Eises verstreut. Er hatte endlich den Nordpol erreicht. Auch die Asche seiner Frau wurde am 4. Mai 1975 den arktischen Winden übergeben, eine symbolische Vereinigung nach vielen Jahren.

Kapitän Calvert hielt für seinen Freund eine berührende Rede: »An diesem Tag ehren wir einen der größten Männer dieses Jahrhunderts. Er opferte sein gesamtes Leben den verdienstvollsten Aufgaben und dem Versuch, die Horizonte der Menschheit zu erweitern.«

Sir Hubert hatte mehr Quadratmeilen an den Polen erforscht als die großen Namen der Polarforschung: Amundsen, Nansen, Shackleton oder Byrd. Aber nur wenige kennen ihn heute noch. Sir Hubert suchte wissenschaftliche Anerkennung, doch die akademische Gemeinschaft nahm ihn bis ans Ende seines Lebens nicht wirklich auf. Ähnlich wie die Namen der Arktisfahrer Lerner und Leutnant Schröder-Stranz wurde der seine vergessen. Nur der Erfolgreiche bleibt im kulturellen Gedächtnis der Menschheit.

Sir Huberts NAUTILUS wurde später ein nationales maritimes Kulturerbe Norwegens und auch unsere Beobachtungen über den Zustand des heutigen Wracks haben dazu beigetragen.

279

16 Die Alpenseen – Welten im Dauerdunkel

Vor fast vier Dekaden traf ich in Hamburg den Chefredakteur des *GEO*-Magazins Rolf Winter, und wir diskutierten heftig, was wir in Zukunft mit unserem gerade erworbenen Tauchboot GEO alles erforschen wollten. Zusammen mit seinem Herausgeber Henri Nannen saßen wir in einem Restaurant an der Außenalster, als dieser mir ein ungewöhnliches Angebot machte: Er würde einen Flugzeugträger für mich mieten, wenn ich ihn für ein Foto benötigte. Das fand ich sehr großzügig und betrachtete es auch als ein Zeichen, dass er mich in die *GEO*-Redaktion als Fotograf und Schreiberling aufnehmen wollte. Damals, im Zeitalter des goldenen Magazinjournalismus, hätte sich jeder junge Mann darüber gefreut. Ich mich eigentlich auch.

Kurze Zeit später fragte mich Alfred Schmitt, ein väterlicher Freund, Redakteur und Moderator des Tierfilms im ZDF, ob ich sein Nachfolger werden wollte. Moderator beim Fernsehen? Auch das konnte ich mir eigentlich gut vorstellen. Doch das Biologenherz schlug für das Rote Meer, ich dachte an die vielen beglückenden Stunden, in denen ich Fischen im Riff zugesehen hatte. Das alles aufgeben? Nein, ich wollte weder fotografierender *GEO*-Reporter noch unterhaltender Fernsehmoderator werden – meine Zukunft lag in der Wissenschaft, in der Erforschung der Meere. Das Schreiben und Filmemachen würde ich sowieso nebenberuflich weitermachen.

Rolf Winter war von meinem Vorschlag begeistert, einen »Gipfelsturm nach unten« zu wagen – nämlich in die lichtlosen Tiefen der Alpenseen abzutauchen, ein Lebensraum, den bisher nur wenige Menschen gesehen hatten. Lediglich Jacques Piccard hatte mit seinem Tauchboot FOREL den Grund des Genfer Sees in 330 Metern Tiefe erreicht. Ich machte Winter darauf aufmerksam, dass die großen Tiefen der Alpenseen nicht mit denen der Ozeane zu vergleichen waren. Es sind erdgeschichtlich junge Seen, und man dürfte deshalb vonseiten der Biologie nicht zu viel erwarten.

Aber Winter schwebte eine große Zusammenschau vor. Nicht nur Biologie, auch Geologie, Historie, Mythos und der heutige Zustand interessierten ihn. Erleiden die Seen das gleiche Schicksal wie der große Ozean? Es spielen ja nicht nur die großen Ölkatastrophen eine Rolle, auch Kleinkatastrophen schädigen Lebensräume. Winters Sicht der Dinge gefiel mir.

Der Gipfelsturm nach unten uferte ganz schön aus: Auf insgesamt 423 Tauchfahrten, vom GEO-Magazin großzügig unterstützt, tauchten wir in acht Seen und blieben dabei insgesamt viele Wochen unter Wasser. In fünf Seen war vor uns niemand jemals unten gewesen.

Nun wäre es langweilig, jeden See einzeln vorzustellen. Einen, den Toplitzsee, habe ich ja im Kapitel 10 mit allen seinen biologischen und historischen Besonderheiten vorgestellt. Er war eine Ausnahme unter den Alpenseen, seine sulfidische Natur hat eine besondere Tier- und Bakterienwelt hervorgebracht.

Wir konzentrierten uns auf den Königssee, denn er hat uns interessante Geschichten zu erzählen. Beginnen wir mit dem schockierenden Anfang. Der Königssee als ein oligotropher See war

Kurz vor dem Tauchgang im winterlichen Königssee.

von außen gesehen ein Gewässer, das gewissermaßen mit sich selbst im Reinen war, so schien es jedenfalls auf den ersten Blick. Mit gutem Gewissen könnte er zukünftigen Generationen als ein alpines Gewässer in einem ökologisch einwandfreien Zustand übergeben werden. Aber war er unter Wasser wirklich so unbefleckt, wie er sich jedem Urlauber offenbarte? Wir fanden tatsächlich einiges, was uns bestürzte.

Wir tauchten an der Falkensteiner Wand. Vorher hatten wir gelesen, dass an dieser Stelle im 17. Jahrhundert ein Pilgerschiff mit 71 Personen an Bord verunglückt war. Eine Gedenktafel und ein steinernes rotes Kreuz an der senkrechten Felswand wiesen darauf hin. Nebel hing überall auf dem Wasser. Der See dampfte.

Ich liebte diesen Augenblick, diese Stimmung am See und die Erwartung, in den nächsten Minuten an einer senkrechten Wand hinunterzugleiten. Jürgen schloss den gläsernen Einstiegsdom und öffnete das Flutventil der GEO. Beträchtliche Luftmengen blubberten draußen der Oberfläche entgegen, und das Boot glitt geräuschlos und sachte ins Tiefe. In 20 Metern sahen wir lange frische Verwerfungen im sauberen Kalkgestein. In 50 Metern erschienen im Kalk zahlreiche Fossilien – große Schalen einer 190 Millionen alten zweiklappigen Muschel, Kuhtritte nennt man sie. Das Schloss, welches beide Schalen zusammenhält, war sauber sichtbar, als ob ein versierter Präparator am Werkeln gewesen wäre. Draußen an Land hätten Wind und Sand den Kuhtritt durch Erosion längst glatt geschliffen. Auch Abdrücke von gestielten Federsternen traten hervor, jene Zeugen aus der Urzeit, die in Holzmaden im Hauff-Museum die Besucher faszinieren. In 120 Metern Tiefe sah ich am Fels eine gerade Linie. Der Ansatz des Kalkgesteins am hellbraunen, weichen Boden? Nein, es war eine Felslinie und dahinter ging die Wand weiter steil abwärts.

Da sahen wir eine große Druckerpresse, rechts daneben einen Eimer und etwa sechs Meter davon entfernt einen Koffer. Im

Schein unserer Lampen ein kleines Häufchen von Schmuckstücken. Ich zerrte mit dem Greifarm eine Decke aus dem Koffer. Ein Messer und ein Handtuch fielen heraus. Vorsichtig bohrte ich mit einem Zahn des Greifarms im Untergrund. Tatsächlich kam eine goldene Brosche zum Vorschein, mehrere andere Schmuckstücke folgten. Schatzfieber packte uns, und Jürgen, der als Pilot untätig hinter mir saß, sagte, er könne gar nicht hinsehen, so anstrengend sei es, nichts tun zu können.

Je mehr Sediment ich mit dem Greifarm weg wedelte, umso mehr Schmuck kam zum Vorschein. Mussten wir das auch noch erleben: zu Schatzsuchern zu werden? Wir überlegten, wer wohl den Koffer verloren oder auch absichtlich versenkt haben könnte. Ein flüchtender SS-ler? Oder war alles nur billiger Kitsch? Dann wäre das alles aber nicht so sorgfältig in einem Tuch eingewickelt worden.

Wir saßen über fünf Stunden in anstrengender Embryohaltung in unserem engen Tauchgefährt. Die Atmosphäre war gelöst. Zum Schluss bliesen wir noch einmal mit JAGOs Propellern in den Boden, und zwei weitere Stücke kamen zum Vorschein.

In Starnberg ging ich in einen Juwelierladen und wollte mir Gewissheit verschaffen. Unser Schatz war verdächtig leicht. War er nur aus vergoldetem Blech? Der Besitzer fragte ziemlich konsterniert, ob ich nicht selbst sähe, dass alles nur billiger Modeschmuck sei. Damit konnte ich leben. Als ich dieselben Fundstücke einer Freundin vorlegte, die eine Boutique betrieb, sagte sie aber, dies sei wertvoller Jugendstilschmuck. Das hörte ich natürlich auch gern.

Doch unsere Arbeit am See ging weiter. Wir erreichten den Grund in 132 Metern Tiefe im kristallklaren, grünlich-blauen Wasser. JAGO landete kaum zwei Meter neben dem Skelett eines Menschen. Die Augenhöhlen waren gefüllt mit *Beggiatoa*, den Schwefelfadenbakterien. Der Rest des Körpers war halb im Sediment verschwunden, aber zeichnete sich ebenso wie die herausschauenden Knie durch weiße Bakterienspuren ab. Die Eckzähne waren vergoldet. Die Kleidungsreste verrieten, dass hier die Überreste eines Menschen aus längst vergangenen Zeiten lagen. Er war wahrscheinlich 1864 an der Falkensteiner Wand abgestürzt. Das Bild strahlte Ruhe und Frieden aus. Wir fragten uns, ob dieses Skelett das einzige in diesem großen See war – das war es nicht. Am nächsten Tag machten wir eine andere gespenstische Entdeckung und nannten die Falkensteiner Wand fortan Frankensteinwand.

Die weißen Schwefelbakterien *Beggiatoa* leben im Grenzbereich von wenig Sauerstoff und Schwefelwasserstoff. Organisches ist ihre Nahrung.

Am Königssee gibt es eine alte Legende, die Geschichte vom Volkswagen. 1964 war der See zugefroren, und Anton Krischka wollte in der Nacht im volltrunkenen Zustand seine Frau in St. Bartholomä am Ende des Sees abholen. Er schaffte es, seinen VW aufs Eis zu bringen, verpasste aber den von Behörden vorgeschriebenen sicheren Weg auf dem Eis. Er verlor die Orientierung und steuerte an der Falkensteiner Wand das einzige Loch in der stabilen Eisdecke an. Ein Polizeifoto zeigte eine kurze Bremsspur, dann verschwand das Auto im Wasser. Anton Krischka fand den Tod.

Es entstanden Verschwörungstheorien. Angeblich wurde Anton nach dem Unfall in Salzburg gesehen. Ob wahr oder unwahr, die Kriminalpolizei musste dem Fall nachgehen. Als unsere Tauchgänge bekannter wurden, erschienen Beamte am See und baten uns um Aufklärung. Wieder mussten wir Sherlock Holmes spielen, doch wir taten es für die noch lebende Witwe gern.

Wir tauchten in südlicher Richtung und fanden den VW in 134 Metern Tiefe am Hang. Die Motorhaube war offen. Der dunkelblaue Wagen mit roten Felgen war gut erhalten, alle Fenster in heilem Zustand. Auch das Nummernschild BGD-DS 55 war deutlich zu lesen. Wenig Sediment lag auf der Karosserie. Wir richteten unsere Kameras ein und begannen unsere Arbeit.

Zunächst näherten wir uns von der Fahrerseite. Dort war der Fahrer nicht. Offenbar hatte er den VW durch die andere Seitentür verlassen. Tatsächlich war dort die Tür etwas offen, und ich konnte sie mit dem Greifarm bewegen. Der Schlüssel steckte im Schloss. Seltsamerweise befand sich eine sichtbare Spur am hinteren Fenster – eine Luftblase muss sich dort lange gehalten haben.

Um ganz sicher zu sein, ob Anton Krischka sich nicht eventuell nach hinten begeben hatte, um Luft zu holen, fuhren wir mit der unteren Kante von JAGO das schöne zweigeteilte Fenster ein. Auch hier war er nicht, der Fahrer hatte wohl noch an der Oberfläche den VW verlassen und war dann vermutlich an der Eiskante ertrunken – kein schöner Tod. Wir fanden ihn kurze Zeit später in der Nähe des Autos. Jürgen gelang es, mit dem Greifarm eine Bankkarte aus seiner Hose zu ziehen – ein wichtiges Beweisstück für die Kriminalpolizei.

Sebastian als angehender Filmemacher wollte die Geschichte des VW in einer Dokumentation erzählen. Das Auto musste geborgen werden, was ohnehin sinnvoll war, denn das Motoröl des Wagens würde nach Durchrosten des Motors ausperlen und als monomolekulare Schicht große Flächen des Sees bedecken. Schlecht für die Umwelt und kein schöner Anblick für den Touristen! Der VW wäre ein gutes Ausstellungsstück für das »Museum der Berge«, das in Berchtesgaden in Planung war. Sebastian gewann den VW-Konzern für eine kostenlose Renovierung des Wracks, und ich versprach, die Bergung vorzunehmen.

Doch der neue Chef des Nationalparks war dagegen. Gründe nannte er nicht, aber Anton Krischka und sein VW liegen noch heute am Grunde des Sees.

Bei einem anderen Tauchgang fanden wir in der Mitte des Sees ein großes, aber begrenztes Feld von merkwürdigen weißen Trichtern, in denen Koppen saßen. Tief im weichen Sediment, aber für uns nicht sichtbar, musste eine organische Substanz vorhanden gewesen sein, die einstmals Schwefelbakterien als Nahrung gedient hatte, die jetzt ihrerseits von den Koppen gefressen

wurden. Der Verdacht kam auf, dass hier die Überreste der Wallfahrer aus dem 17. Jahrhundert lagen. Nirgends im See hatten wir ähnliche Trichter gefunden.

Allerdings gab es ein altes Votivbild in der Kapelle von Almdorf, das Ertrinkende im freien Wasser zeigt, und einen auf flachem Boden stehenden Wallfahrer, der versucht, eine

Ende einer Fahrt auf dem Eis: Anton Krischkas VW am Grund des Königsees.

Frau zu retten. Das wäre vor der Frankensteinwand unmöglich, dort fällt das Gelände senkrecht ab. Wir hätten dieser Geschichte auf den Grund gehen können, aber der Chef des Naturparks gab uns für die nähere Untersuchung keine Tauchgenehmigung. Offenbar darf man an alten Mythen nicht rütteln.

Bei einem anderen Tauchgang durchquerten wir den gesamten Königssee vom Ort Königssee bis nach St. Bartholomä. Wir fanden eine Stelle mit ungewöhnlich vielen toten und halb toten Saiblingen. Angeleuchtet von unseren Scheinwerfern, erhob sich einer mit unkoordinierten, zuckenden Bewegungen ins Freiwasser, fiel dann seitwärts um und versank bewegungslos im Sediment. Wir konnten kaum glauben, dass sich Fische zum Sterben an einem bestimmten Ort versammeln, offenbar ist das aber der Fall. Als wir den Hang von St. Bartholomä erreichten, trauten wir unseren Augen wieder nicht. Diesmal aber aus einem ganz anderen Grund. Eine riesige Halde von Büchsen lag dort, jede versehen mit einem Loch, damit sie schnell unterging. Wahrscheinlich hatte die nahe gelegene Gastwirtschaft sie dort versenkt. Am selben Abend führten wir unsere Videos den Mitarbeitern der Werft am Nordende des Sees vor. Sie und ihr technischer Leiter Ellinger waren begeistert von ihrem See. Nur der Anblick der Blechbüchsenhalde dämpfte ihren Stolz.

Mich stimmten unsere Entdeckungen nachdenklich. An diesem kalten Wintertag kurz vor Weihnachten herrschte am See eine friedliche winterliche Stimmung. Hirsche röhrten in den Wäldern, weicher Nebel breitete sich über dem Wasser aus. Gerne hätte ich den See auch unter Wasser als paradiesische Landschaft erlebt – ich denke, er muss vor weiteren Zugriffen durch *Homo sapiens* geschützt werden, auch seine Welten unten im Dauerdunkel. Wer kann ausschließen, dass die gelösten Schwermetallionen der Büchsenhalde dort unten im kalten Wasser des Sees irgendwann zur gesundheitlichen Gefahrenquelle werden? Es ist pure Faulheit, den eigenen Unrat nicht richtig zu entsorgen, Gewässer als Müllhalden zu missbrauchen. Wer hätte jemals gedacht, dass Mikropartikel unseres Plastikmülls inzwischen selbst in der Antarktis nachweisbar sind? Sie werden von zahllosen Meeresbewohnern gefressen – selbst ein toter Quastenflosser hatte eine Plastiktüte mit Kartoffelchips im Magen.

Ich wurde von der Gemeinde Königssee zu einem Vortrag eingeladen. Über 800 Leute kamen. Sie staunten über ihren schönen See und waren betroffen vom Müllberg. Ein zweiter Vortrag drei Tage später war ausverkauft. Ein Beamter des Nationalparks sagte mir danach, die Versenkungsentsorgung würde ab jetzt kontrolliert. Ich betrachtete meine Vorträge als meinen persönlichen Beitrag zur Erhaltung des Sees. Die Öffentlichkeit muss aus erster Hand über den Zustand ihrer Umwelt informiert werden. Jetzt wollte ich auch andere Seen begutachten. Nicht weit vom Königssee entfernt liegt in Oberösterreich der Traunsee, dort wurde seit vielen Jahren ungelöschter Kalk der Solvay-Werke in den See geleitet. An dieser Industriehalde wollte ich tauchen. Wir fuhren zur Austrittsanlage der Solvay-Abflüsse und folgten dem Strom weißen Wassers. Trüb wurde es, und wir sahen kaum einen Meter weit.

In 85 Metern Tiefe erreichten wir den Grund, der mit weißlich grauem Schlamm bedeckt war. Zu unserer Überraschung schwammen viele Fische über der schwammigen Masse. Der Hang war leicht geneigt und die Sicht wurde in Richtung des Schlammaustritts zunehmend schlechter. Laufend lösten wir kleine Lawinen aus. Diese waren flach und rannten hurtig vor uns her. Es waren sogenannte Trübeströme, englisch »turbidity currents«, die den Meeresgeologen schon lange bekannt sind.

Dann erreichten wir das westliche Ende der Industriehalde. Einzelne Steine schauten aus dem anoxischen schwarzen Schlamm heraus. Wir hatten genug gesehen und tauchten auf. Die Beweglichkeit der riesigen Industriehalde war erschreckend. Was würde passieren, wenn diese Masse mit einem Schlag in Bewegung geriete?

Wir hatten gerade unseren Freund Peter Baumgartner, einen freiberuflichen Hydrogeologen, in seinem Bauernhaus unweit von Ebensee besucht. Er hatte am Morgen Erdströme am Gschliefgraben inspiziert und bestätigte uns, dass ähnliche Vorgänge sich auch an der unterseeischen Industriehalde im See abspielen könnten. Die Folgen eines Erdrutsches wären – auch für den Ort – unvorhersehbar.

Da musste ich an unsere Taucharbeiten im Bodensee denken. In Meersburg hatten wir am steilen Ufer der Seepromenade bis weit hinunter metertiefe Rillen im Sand entdeckt, und auch hier war der Hang ständig in Bewegung – allerdings war dieser Hang nicht anthropogener, also menschengemachter Industrieabfall, sondern er war natürlichen Ursprungs.

Ich erinnerte mich an das Rote Meer. Dort hatten wir tiefe Canyons gefunden, in denen Trübeströme gewaltige Mengen von Sediment, Steinen und Geröll in die Tiefsee beförderten. Heute wissen wir, dass solche Canyons und ihre Dynamiken zum Alltag in der Meeresgeologie gehören. Mit Geschwindigkeiten von bis zu 200 Kilometern pro Stunde sausen sie vor großen Flüssen dieser Welt in die Tiefe und reißen alles mit sich. Auch radioaktiven Abfall, den einige Nationen sorglos ins Wasser kippen. Zudem sind die USA, aber auch Deutschland, in der Entsorgung ihrer kriegerischen Überreste nicht zimperlich. Auf Seekarten wird vor den Gefahren der Dumping Sites gewarnt. Schwedische Fischer haben oft noch deutsche Kriegsreste in ihren Netzen.

Selbst die saubere Schweiz hat bis 1962 sorglos ihre Munition in den Thunersee geworfen. Jetzt rosten die Granaten vor sich hin und das schwer lösliche TNT gerät langsam ins Wasser. Dieser Sprengstoff hat – aufgelöst – üble Eigenschaften: Er ist giftig, führt zu genetischen Mutationen, ist physiologisch wirksam und krebsauslösend. Die Auswirkungen sind sichtbar: Eglis, beliebte Speisefische dieses Sees, haben verkrüppelte Geschlechtsorgane. Die Regierung wollte an der Dumping Site in über 200 Metern Tiefe die Kriegsreste durch Vereisung nach oben schwemmen und dort entsorgen.

Eine Offshore-Firma fragte mich, ob wir mit JAGO eine Vor-Ort-Besichtigung durchführen könnten. Dann aber stellten die Schweizer Entscheidungsträger fest, dass alles zu teuer würde – außerdem verschwinde das Problem sowieso bald von selbst unter Sediment. Die Welten im Dauerdunkel unserer Alpenseen werden noch so manches üble Geheimnis lange für sich behalten, wenn kenntnislose Beamte am Schreibtisch weiterhin ähnliche Entscheidungen treffen dürfen.

Kürzlich sah ich die Dokumentation *Bomben im Meer* und mir wurde bewusst, was die Militärs dem Ozean angetan haben. Dumping Sites, verteilt über den Planeten, auch in Ostsee und Nordsee, kontaminieren mit allen nur möglichen Sprengstoffen die Meere. Phosphorbomben der Alliierten wurden an Land gespült und bringen Touristen schlimme Brandwunden bei. Giftgas-Bomben sind keine Seltenheit, und es wird Dekaden dauern, bis diese Gefahren beseitigt werden können – wenn überhaupt.

Auch wenn schon Jahrzehnte seit den Versenkungen vergangen sind, sollten die Militärs in Ost und West für diese Umweltschäden verantwortlich gemacht werden – heute wird jede illegale Giftentsorgung schwer bestraft und das sollte auch den maritimen Bombenentsorgern früherer Zeiten geschehen.

17 Flohkrebse – eine Obsession von mir

Die Provence lag hinter mir – Marseille war heiß und ausgedörrt, mediterranes Ambiente. Ich suchte Raph Plante, meinen langjährigen Freund; er hatte eine Tauchgenehmigung für die fünftgrößte Karstquelle der Welt erhalten, die Fontaine-de-Vaucluse, die durch Cousteau Berühmtheit erlangt hatte. Als wir schließlich in das nur 12 Grad kalte Wasser abtauchten, empfingen uns glatte, steile Wände. Kein Wunder, spuckt die Fontaine zur Zeit der Schneeschmelze doch jährlich 600 Millionen Kubikmeter Wasser aus, und zwar ab März, für fünf Wochen lang.

In 30 Metern Tiefe machten wir halt. Finster war es unter uns, und ich bemerkte im Schein meiner Unterwasserlampe einen Schwarm kleiner Flohkrebse, nur 8 bis 10 Millimeter groß. Französische Höhlenforscher kannten sie. Sie hatten einen verrückten Namen: *Niphargus rhenorhodanensis.*

Ich ahnte nicht, dass Vertreter dieser Gattung mich eines Tages in den tiefsten Brunnen der Welt und in ein schauerlich geflutetes Außenlager des KZ Buchenwald tief in einem Berg führen würden, wo Hitler einstmals seine Vernichtungswaffen, die Flugbombe V1 und die Wunderwaffe V2 gebaut hatte. Ja, der

In der Fontaine-de-Vaucluse in Südfrankreich begann die Suche nach *Niphargus*.

Flohkrebs wurde für mich gar so etwas wie eine Obsession. Und das kam so:

Nach der Fontaine-de-Vaucluse ging ich auf Suche und fand ihn in einer tiefen Karstquelle am Hallstätter See im Salzkammergut. Hier hatte er einen anderen, verständlicheren Namen und hieß *Niphargus bavarica*. Jedes Mal zur Schneeschmelze sprudelte die Quelle Unmengen von Wasser nach draußen – genauso wie die Fontaine-de-Vaucluse im Frühjahr. Waren die Flohkrebse im Gefieder der Vögel in die Quelle gekommen oder waren sie vielleicht sogar im Grundwasser dorthin marschiert? Damals gab es noch kein Internet, das mir die Naturgeschichte der Flohkrebse schon vorher hätte erzählen können. So wurde es eine aufregende Suche, die mir einige außergewöhnliche Taucherlebnisse bescheren sollte.

Blind, klein und rätselhaft: Wie gelangt der Flohkrebs in seinen Lebensraum?

Als Biologe fragte ich mich, ob diese Flohkrebse auch in künstlichen, durch uns Menschen geschaffenen Lebensräumen vorkommen, in Brunnen, gefluteten Bergwerken oder dergleichen.

In der Karstquelle am Hallstätter See verstand ich sehr schnell, wie der Flohkrebs ohne Augen in der Finsternis leben konnte. Er hatte zwei sehr lange Antennen, vermutlich Fühler für chemische Signale und Kontaktanzeiger für Hindernisse. Stieß er nämlich auf ein Hindernis, machte er – wie ein Rückenschwimmer bei der Wende – eine elegante Rolle rückwärts und schwamm dann vorwärts bis zum nächsten Hindernis. Offenbar genügte dieses Verhalten zum Überleben in seiner finsteren Welt. In der

Fontaine-de-Vaucluse hatte ich sogar kopulierende Paare gesehen. Ob sie den Partner mit ihren Antennen zart ertasteten oder ob auch chemische Kommunikation bei der Partnersuche eine Rolle spielte, ließ sich nicht so schnell eruieren.

Ich ging in Deutschland auf Brunnensuche und fand in der Kaiserburg in Nürnberg einen geeigneten Ort, einen 50 Meter tiefen Brunnen mit vier Meter Wasserstand. Und noch dazu einen begeisterten Enthusiasten, Professor Baier, Hydrobiologe an der Universität, der sich für mein Vorhaben sofort begeisterte. Ich hatte auch Kontakt zu Florian Huber aufgenommen, Unterwasserarchäologe an der Universität Kiel.

Schon seit einigen Jahren hatte die Archäologie entdeckt, dass unter Wasser ein unermessliches Forschungsfeld lag. Der Franzose Goddio hatte vor dem Nildelta sensationelle Funde zur frühen Geschichte Ägyptens gemacht und war damit weltbekannt geworden. Er verhalf der Unterwasserarchäologie zum internationalen Durchbruch. In Brunnen finden sich viele Relikte der Menschenwelt, sie sind damit eine ideale archäologische Fundgrube. Mittelalterliche Toiletten zum Beispiel geben uns Auskunft über die Essgewohnheiten unserer Vorfahren. Und sie verraten auch, dass Kondome schon im Mittelalter benutzt wurden.

Ich jedoch wollte den Flohkrebs suchen, denn mich interessierte brennend, auf welchem Weg dieser Winzling in den Brunnen geraten sein konnte – wenn er denn überhaupt dort vorkam. Ich ließ eine Videokamera in den dunklen Schacht und wartete gespannt auf das Ergebnis. Es war negativ: Unser bayrischer *Niphargus* lebte dort unten nicht. Und doch machte die Kamera eine interessante Entdeckung, denn auf dem Bildschirm erschienen abgebrannte Balken am Grund des Brunnens. Nürnberg war im Zweiten Weltkrieg zu 80 Prozent zerstört worden, auch Dachbalken des Brunnenhauses brannten ab und fielen nach unten ins Wasser. Als später Forschungstaucher einige davon nach oben beförderten, fanden wir zahlreiche Münzen aus vielen Ländern, die inzwischen in die verbrannte Oberfläche eingewachsen waren.

Professor Baier erzählte uns eine aufregende Geschichte: Um den Nürnberger Tiefbrunnen war einst ein Extragebäude errichtet worden, um das Wasser vor möglichen Vergiftungsanschlägen durch politische Gegner des Kaisers oder auch durch Kriminelle zu schützen. Ein in den Brunnen geworfener Tierkadaver konnte Cholera oder Typhus auslösen und verheerende gesundheitliche Auswirkungen haben. Die Fenster des Brunnenhauses waren sehr schmal und sehr hoch angebracht, um unliebsamen Zeitgenossen den Einstieg zu erschweren.

Der damalige bayrische Finanzminister Söder stellte für das Brunnenforschungsvorhaben Geld zur Verfügung, sodass eine Spezialeinheit, die Höhenretter der Feuerwehr, die Taucharbeiten absichern konnte. Minister Söder zeigte uns auch, dass er ein unerschrockener Politiker war, und ließ sich in den engen Brunnenschacht abseilen. Chapeau vor seinem Mut, denn es ist nicht jedermanns Sache, sich in die klaustrophobische Enge eines finsteren Brunnens zu begeben. Söder nutzte seinen Abstieg auch für den Wahlkampf – sein Konterfei erschien, am Seile hängend, in den Zeitungen.

Nach ihm stieg ich in den Brunnen, ließ mich alleine in die schwarze Röhre abseilen. Weder Klaustrophobie noch irgendwelche sonstigen Ängste plagten mich, dabei war es mein erster Abstieg unter solchen Bedingungen. Das Lichtloch über mir wurde kleiner und kleiner. Was für ein Anblick – ein Abstieg in die totale Finsternis, ins Reich Mephistos. Im Schein meiner Stirnlampe sah ich die senkrechten Wände neben mir und wunderte mich, dass nicht der geringste Anflug von Angst aufkam. Im Gegenteil, es fühlte sich gut an, ich genoss es.

Bei der Rückkehr zum Licht ging es zügig aufwärts, das Ende des Tunnels kam schnell näher. So muss es sein, wenn man nach einem Scheintod ins Leben zurückgeholt wird. Ein gutes Gefühl. Dann hüpfte ich auf den Brunnenrand, kräftige Männerarme packten mich. Ich sah noch einmal in den 50 Meter tiefen Schacht, der mir jetzt gar nicht mehr so unheimlich vorkam wie das erste Mal. Ein richtiges Abenteuer.

Kurz vor Weihnachten setzten wir unsere Taucharbeiten fort. Florian Huber hatte zwei Forschungstaucherinnen mitgebracht, die den Abraum aus dem Brunnen säuberten, etwa zwei Tonnen Material waren es. Mit einer Handdusche entfernten sie den

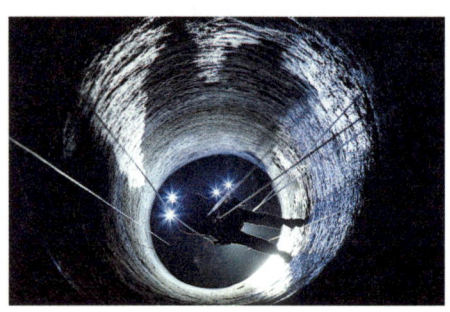

Mein erster Tauchabstieg in einen Brunnen an der Nürnberger Kaiserburg.

Schlamm, Geldmünze nach Geldmünze erschien. Italienische Lira schimmerten silbern und waren nicht korrodiert, anders als das deutsche Geld aus der Zeit der Deutschen Mark. Die Dachstuhlbalken waren wohlverpackt in Folien eingewickelt. Erste Proben hatten durch C14-Datierung ergeben, dass sie in der Tat aus dem 14. Jahrhundert stammten.

Die beiden Damen brachten auch eine Menge Zivilisationsmüll an den Tag: Sonnenbrillen, Billigschmuck, Taschentücher, Fotoapparate, Nippes und so weiter. Ein Querschnitt unseres heutigen Lebens, Tourismus-Archäologie. Ans Tageslicht kam aber auch eine Statue aus Gusseisen, die mit den Balken in den Brunnen gefallen war. Sie stellte Kaiserin Kunigunde, die Ehefrau von Heinrich dem Zweiten, dar. Wie alt war die Statue und wo war sie hergestellt worden? Ihre Fund-Schicht im Brunnen, in der sie entdeckt wurde, bewies, dass sie noch relativ jung sein musste. Aber langsam ging uns das Geld aus, wir mussten aufhören.

Niphargus lebte hier unten nicht, ein Ergebnis, das ich eigentlich nicht erwartet hatte. Oder war die Nürnberger Kaiserpfalz ein Zufall? Ich hatte von den gefluteten, 20 Kilometer langen unterirdischen Gängen von Mittelbau-Dora unweit von Nordhausen in Thüringen im Südharz gehört; einem Außenlager vom KZ Buchenwald, wo Hitler seine Geheimwaffe V1 und V2 hatte herstellen lassen – in einem Raketentunnel.

Nachdem die Alliierten angerückt waren und die Wasserpumpen abgestellt hatten, die das reichlich vorhandene Grundwasser entfernen sollten, kamen die Russen sogar auf die Idee, die Pumpen als Kriegsentschädigungszahlung abzubauen. Die langen Produktionsgänge und Werkstätten wurden teilweise überflutet. Hier, maximal 9 Meter tief, konnte sich der Flohkrebs ungehindert ausgebreitet haben – Platz war genug da, so dachte ich jedenfalls.

Ich nahm Kontakt zur Gedenkstätte Mittelbau-Dora auf. Der Leiter, ein Doktor Wagner, antwortete zügig und lud mich ein, die Gedenkstätte zu besuchen. Er war Historiker und hatte viel darüber veröffentlicht. Ich schrieb ihm:»Beim Einlesen in die Literatur über Mittelbau-Dora muss ich staunen, dass Leute – wie Sie – den Mut aufbringen, sich mit diesen barbarischen Zeiten beruflich jahrelang auseinanderzusetzen. Respekt dafür. Mittelbau-Dora muss die Inkarnation des Bösen gewesen sein. Noch heute fühle ich Scham dafür, wie es Thomas Mann einmal sagte: Wie konnte es nur zu der Koexistenz von Buchenwald und Weimar kommen? Könnte man doch nur die Historie ungeschehen machen und könnte man noch einmal einen ganz neuen, besseren Anfang wagen?! Fein wäre es, wenn ich Sie demnächst einmal treffen könnte.«

Ich fragte mich, wie es einen Menschen beeinflusst, wenn er sich so lange mit solchen Gräueltaten beschäftigt. Das bisschen Recherche meinerseits hatte bereits Unwohlsein aufkommen lassen und gehörige Scham vor so viel Grausamkeit deutscher Vorfahren – Schande über uns. Mich überfiel regelrechtes »Generationsschämen«. Ein Berg von Literatur über das Lager existierte, den ich allein wegen seiner Größe nicht detailliert durcharbeiten konnte. Ich wollte dort tauchen, in den überfluteten Werkstätten der V1- und V2-Produktion, in denen 20000 Menschen gestorben waren. Ich stellte mich auf Schlimmes ein.

In dieser Zeit beschäftigte ich mich auch mit der großen Skagerrak-Schlacht im Ersten Weltkrieg, einem unnötigen und nutzlosen Sterben, eine Massenschlächterei, die nicht einmal den Kriegsverlauf beeinflusst hatte. Ich wollte dort einen Dokumentarfilm für das ZDF drehen, nahm aber Abstand, weil nur ein Anti-Kriegsfilm die Quintessenz eines solchen Vorhabens sein konnte. Doch das war nicht mein Genre, dergleichen sollten Spielfilmregisseure machen. Und ich hatte zunehmend das Gefühl, dass Mittelbau-Dora ein ähnlicher Fall war. Die Unterwassersuche nach einem kleinen Flohkrebs kam mir vor den historischen Ereignissen ziemlich unverhältnismäßig vor – damit wollte ich auf keinen Fall an die Öffentlichkeit treten.

Erst im Herbst des nächsten Jahres wurde es ernst, und wir trafen Doktor Hess, einen professionellen Besserwisser, allerdings mit Fachkompetenz: Er bezeichnete sich selbst als puristischen Historiker und seine Meinung über die Arbeit anreisender Dokumentaristen war eindeutig: »Alles Scheiße«, so Doktor Hess wörtlich.

Ich entwickelte den Verdacht, dass die Enge der Provinz einen misstrauischen Menschentyp hervorbringt, der zu allem eine negative Einstellung hat und stets zunächst Nein sagt. Hess führte uns in den Besucherschacht, wo es acht Grad Celsius kalt war. Kälte kroch durch meine noch sommerliche Kleidung.

Im Schacht stand ein V2-Modell und ein originales Triebwerk lag gleich daneben. Dann sahen wir rechts und links der Besucherbalustrade Berge von Gyrokompass-Gehäusen, Brennkammern, V2-Nasen und jede Menge nicht identifizierbare Kleinteile. Weiter hinten erschien ein ungeheiztes »Bürogebäude« gehobenen Stils, daneben eine Reihe von Kloschüsseln – auf Privatsphäre wurde hier keine Rücksicht genommen.

Mit einer Unterwasserkamera gingen wir dann in dem gefluteten Stollen auf Erkundung. Wir sahen vieles, was uns berührte: Kleidungsstücke in den Ecken oder Schuhe in erstaunlich gutem Zustand. Ich dachte an das Motto der SS, »Vernichtung durch Arbeit«: Arbeiten, arbeiten, arbeiten, bis das der Tod euch von den Lebenden scheidet. Es gab aber auch Versuchsprotokolle von Raketentests, die trotz ihrer langen Wasserung noch sehr gut lesbar waren. Große eierförmige Tanks sollten angeblich Wasserstoffsuperoxid enthalten, Sauerstofflieferant beim Start der großen V2. Und wir sahen auch an einer über dem Wasser liegenden Hallenwand eine Kreideinschrift, die uns Kopfzerbrechen bereitete: Da gratulierten Menschen den Erbauern von Mittelbau-Dora. Die Inschrift stammte vom 8. Oktober 1993. Was sollte das bedeuten? War es ein Hinweis, dass es jemand nachts tauchend oder zu Fuß bis hierher geschafft hatte? Wer schrieb so etwas? Bald kam heraus, dass bis zu 70 Tonnen museale Devotionalien um und nach der Wende heimlich aus dem Kohnsteinberg entwendet worden waren. Ja, in Westdeutschland eröffneten zwei Plünderer sogar ein Privatmuseum. Ich dachte sofort daran, einen sorgfältigen Unterwassersurvey mit geschulten Unterwasserarchäologen zu machen. Es musste gerettet werden, was noch zu retten war – und da gab es vieles.

Ich machte den Fehler, Herrn Hess meinen Plan zu erläutern. Er kam schnell zur Sache: Die Kohnstein-Bergwerk-GmbH würde meinen Antrag dort zu tauchen ablehnen, sagte er mir. Er war nicht konstruktiv, sah überall nur Gefahren, ein richtiger Negativbeißer.

Ich schrieb einen Brief an die Kohnstein-GmbH und erhielt eine erfreuliche Nachricht. Nur die Gedenkstätte könne die Genehmigung geben. Die wiederum verwies aber auf die Kohnstein-GmbH. So ging es hin und her und zum Schluss sagte die Kohnstein-GmbH Nein. Ich gewann den Eindruck, dass die Umgebung die Menschen hier negativ beeinflusste, sie sagen prinzipiell immer Nein. Selbst die Bedienung der Gedenkstätten-Cafeteria empfand es als eine Zumutung, dass ich bei ihr einen Kaffee bestellte. Wortlos und muffig schmiss sie das Wechselgeld auf den Tresen.

Parallel zu den Tauchgängen in Mittelbau-Dora hatte ich bereits den tiefsten Burgbrunnen der Welt auf der Kyffhäuser Burg avisiert. Auch dort wollte ich *Niphargus* in 184 Metern Tiefe suchen. Darüber berichte ich im nächsten Kapitel detailliert, doch vorweg gesagt: Auch im Kyffhäuserbrunnen lebte er nicht.

Ich hatte am Ende drei künstliche menschengeschaffene Lebensräume untersucht, doch in keinem kamen die Flohkrebse vor. Allen dreien war gemeinsam, dass sie keinen offenen Zugang nach draußen hatten. Den Nürnberger Brunnen umgab ein extra gebautes Haus, Mittelbau-Dora lag tief im Berg und war durch Tore abgeriegelt, und dem Wasser im tiefen Kyffhäuserbrunnen begegnete man erst in 176 Metern Tiefe. Die Fontaine-de-Vaucluse dagegen hatte – wie auch die Riesenkarstquelle in Hallstatt – periodisch Kontakt mit der Außenwelt. War das das Eintrittstor für *Niphargus*? Dann konnten nur Vögel die Überbringer der heimlichen Fracht sein.

Unter Biologen gibt es irgendwo auf dieser Welt immer jemanden, der etwas Interessantes erforscht hat, und das Internet ermöglicht schnelle Kontakte. Durch Raph Plante fand ich Professor Pierre Marmonier von der Universität Lyon. Er war Experte für Ökologie und Evolution von unterirdischen Hydro-Ökosystemen, also genau der Mann, den ich zur Beantwortung meiner Frage brauchte: Vogel oder nicht? Professor Marmonier antwortete, die Flohkrebse hätten sehr limitierte Verbreitungsmöglichkeiten. Sie hingen sehr von den hydrologischen Bedingungen ihres Standortes ab und seien stets an das Grundwasser und das Substrat des Untergrundes gebunden. Ihre Ausbreitung sei dadurch sehr beschränkt. Die Eiszeiten hätten die Populationen zerstreut und einige kleine Inseln im Karst der Alpen zurückgelassen. Mir war klar, dass zu meinen drei menschengemachten Habitaten keinerlei unterirdische Verbindungen bestanden. Meine Frage »Vogel oder nicht?« hätte ich nur stellen können, wenn die drei künstlichen Habitate besiedelt gewesen wären. Professor Marmonier hat *Niphargus* außerdem nie im Gefieder eines Vogels gefunden.

Meine Frage war geklärt, und ich musste mir eingestehen, dass ich von völlig falschen Voraussetzungen ausgegangen war, ich hatte mich gewaltig geirrt. Trotzdem staunte ich über die immense Anpassungsfähigkeit eines kleinen Flohkrebses, der – blind und nur mit Tastsinn ausgestattet – in dem ganz speziellen Höhlenbiotop mit grobem steinigen Untergrund bis heute erfolgreich überlebt.

18 Der Elefant im tiefsten Burgbrunnen der Welt

An einem kalten Dezembertag, auf einer privaten Adventsfeier meiner Nachbarn Sonja und Martin Stuchtey, hörte ich von einer aufregenden Geschichte. Sonja erzählte von ihrem Onkel Hugo, dem Verwalter auf der Burg Kyffhausen im Südharz. Als der Krieg 1945 seinem Ende entgegenging und die alliierten Truppen bereits 20 Kilometer vor dem Kyffhäuser standen, warf Onkel Hugo einen großen Beutel voller Wertsachen aus dem Bestand des Kyffhäuser-Museums in den tiefsten Burgbrunnen der Welt. Als Beweis zeigte mir Sonja Hosenträger des deutschen Kaisers mit dem signierten Stempel seiner Kaiserlichen Hoheit. Onkel Hugo hatte dieses wertvolle Stück und ein Paar weiße Handschuhe nicht dem Brunnenwasser übergeben wollen, fürchtete er doch, dass sie dort verrotten würden. Die Hosenträger und Handschuhe wurden Familienbesitz der Stuchteys.

Ich glaubte Sonja ihre Geschichte, dachte sogleich an *Niphargus* und überlegte, ob man nicht einen Dokumentarfilm über die Suche nach dem Schatz und den Tieren drehen konnte. Der Entschluss stand bald fest – ich würde mich im Kyffhäuserbrunnen auf *Niphargus*-Suche begeben, den Geheimnissen um Onkel Hugos großen Beutel nachgehen, und außerdem die spannende

Hintergrundgeschichte erzählen. Ich ahnte nicht, dass sie mich jahrelang beschäftigen würde.

Der mittelalterliche Kyffhäuserbrunnen war mit 176 Metern dreimal so tief wie der in Nürnberg – und er hatte eine interessante Geschichte. Am Ende des Mittelalters wurde er zugeschüttet und erst 1934 durch den Arbeitsdienst wieder ausgegraben. 4500 Kubikmeter Geröll wurden dabei entfernt. Bei diesen Arbeiten fand man in unterschiedlichen Tiefen drei Skelette, die von den Archäologen aufbewahrt wurden. Noch ist nicht bekannt, ob Unfälle, Selbstmorde oder kriminelle Akte im Spiel waren – ein interessantes Rätsel für die forensische Archäologie.

Hier spielte sich das Drama um die »Museumsschätze« ab – die Kyffhäuserburg.

Ich machte erst einmal einen Kurzbesuch, um das Gelände zu besichtigen. Der technische Verwalter Heiko Kolbe teilte mir dabei mit, dass die Firma Bennert drei Mal im Jahr den Brunnen befährt, um Wurfsteine von Touristen aus der Tiefe zu bergen. Diese werden mit einem aufgespannten Netz aufgefangen und bei der Reinigung nach oben befördert. Ich kontaktierte die Firma und bat um eine Mitfahrt bei der nächsten Säuberung.

Touristen haben die Möglichkeit, für 50 Cent einen viereckigen Stein von 4 mal 4 Zentimetern Kantenlänge aus einem Automaten zu ziehen. Den Stein werfen sie in den Brunnen, und ein Schaudern läuft ihnen über den Rücken, wenn er erst nach 6 Sekunden unten auf dem Wasser aufschlägt – man bekommt ein Gefühl dafür, wie tief der Brunnen ist. Ein Mikrofon dient sogar als Lautverstärker.

Ein halbes Jahr später machte ich mich auf den Weg zum Kyffhäuser, Naturwald rechts und links der Straße. Ich fragte mich
im Stillen, ob ich mich bei der Fahrt Richtung Mittelpunkt der
Erde nicht doch unbehaglich fühlen würde. Doch die Vorfreude
war größer, eine positive Erregung überkam mich. Das Engege-
fühl in einer Brunnenröhre, umgeben von Finsternis, machte
mir ja nicht viel aus, das kannte ich ja vom Tiefenbrunnen in
Nürnberg.

Vor Ort stand ein riesiger
Autokran am Brunnen, links
lag das Brunnenhäuschen. Die
Arbeiter der Firma Bennert
scharten sich um den Schacht.
Ich wurde bereits erwartet und
stellte mich jedem Einzelnen
vor. Ich suchte einen Roland
Schmidt, bei dem sollte ich
mich melden. Ein untersetz-
ter, sympathischer Mann mit
Schnauzbart erschien, in der
Hand hatte er eine Konsole für

Der Abstieg in den tiefsten Brunnen der
Welt ist nur mit einem Kran möglich.

die Fernsteuerung des Krans. Sein Handy lag gefährlich nahe am
Brunnenrand. Ein kräftiger Handschlag. Sein Gesicht sagte mir,
dass hier ein verlässlicher Könner am Werk war.

Die Mannschaft war startklar. Ein älterer kräftiger Mann stieg
unbeholfen in eine Art Blechdose mit Dach. Sicherheitsvorkehrungen wie in Nürnberg gab es hier nicht. Alles lief ruhig und
ohne Hast ab. Alle kannten ihren Job, sie machten ihn schon seit
Jahren. Dann ging es abwärts.

Da der Brunnen nicht genau senkrecht nach unten verlief,
musste die Blechkabine per Hand auf Abstand von der Brunnenwand gehalten werden. Von oben waren das Aluminiumdach

und zwei darunter hervorragende Arme mit rot-orangenen Handschuhe zu sehen, ein seltsamer Anblick. Die Kabine ging immer tiefer abwärts. Ich hörte lautes Scheppern, wenn sie gegen den Felsen stieß. Kleiner und kleiner wurde das rechteckige Aluminiumdach, das vor herabstürzenden Steinen schützen sollte. Minuten vergingen ohne Kommunikation. Dann griff Roland zum Funkgerät:»Lebst Du noch?« Lange keine Antwort. Dann die Stimme aus der Tiefe: Er sei gerade dabei, den vollgefüllten Korb am Fangnetz für den Aufstieg vorzubereiten.

Die Ruhe aller Beteiligten zeigte mir, dass sie diese Arbeit schon oft gemacht hatten. Während unten im Brunnen ihr Kollege den vollen Behälter mit einem Stahlseil verband, hörte ich oben am Brunnenrand den Gesprächen der Arbeiter zu. Große Geschäfte machte Bennert hier nicht. Der Ertrag aus dem Verkauf der präparierten Steine gehörte zur Hälfte der Firma, doch der technische und personelle Aufwand zu ihrer Bergung war hoch.

Bei der dritten Brunnenfahrt des Tages war dann ich dabei. Ich stieg in die enge Blechkabine ein, meine Kamera an einem Gummiband am Schäkel gesichert, den Batteriekasten für die Filmleuchten um den Hals gehängt. Es ging abwärts. Bewegen konnte ich mich neben dem korpulenten Dosenpiloten kaum. Seine Handschuhe glitten über den feuchten Fels: Er hielt uns auf Abstand. Trotzdem quietschte es, und oft schlugen wir hart gegen die Brunnenwand. Ein markerschütterndes Kreischen folgte, als ob unsere Dose vor Schmerzen schrie.

Ich war weder aufgeregt noch hatte ich Angst, das wunderte mich bei diesem lauten Szenario. Beim Blick nach oben sah ich den uns anleuchtenden Scheinwerfer, der bald auf die Größe des Abendsterns schrumpfte. Die Wände waren feucht, oben noch von grünen Cyanobakterien, aber auch von Farnen besiedelt. Sinnigerweise nannten die Spaleobiologen diese pflanzliche Sozietät »Lampenflora«.

Der rötliche Sandstein der Brunnenwände war an vielen Stellen von den Arbeitsspuren der mittelalterlichen Brunnenbauer durchzogen. Auch viereckige Aussparungen gab es, in die Verstrebungen dicker Balken eingepasst waren. Selbst Spuren von Meißelar-

beiten hatten die Arbeiter hinterlassen. Irgendwann waren wir unten, dicht über dem Netz. Beim Blick nach oben sah ich nur noch einen sternengroßen Lichtfleck, sonst gab es nichts außer undurchdringliche Finsternis. Die Sicht im Brunnenwasser selbst war extrem schlecht: Unterwasseraufnahmen waren zwecklos. Wie sollten wir da Onkel Hugos Sack finden?

Dann ging es wieder nach oben. Als wir uns durch die engste Stelle des Brunnens fädelten, machte ich die Kamera an und nahm die Finsternis und das Stakkato der quietschenden, schleifenden und

Runter oder rauf? Die Lampenflora an den Brunnenwänden ist deutlich zu sehen.

kaum ausdenkbaren Geräusche auf, die wir mit unserer Metallkabine erzeugten. Hinauf ging es etwas schneller als in entgegengesetzter Richtung. Im oberen Drittel begann sich die Gondel heftig zu drehen. Oben empfingen uns Sonnenschein und Wärme. Der Ausstieg erfolgte ohne irgendwelche Absicherungen – einen unfreiwilligen Flug in die Tiefe wollte ich mir nicht unbedingt vorstellen.

Ich überlegte, wie wir hier zu brauchbaren Unterwasseraufnahmen kommen könnten. Wie ließe sich das Aufwühlen des Brunnenwassers verhindern? Wohlwollen und Zutrauen zu den Bennert-Mitarbeitern entstand, denn sie waren auch in dieser Frage hilfsbereit und außerordentlich nett. Ich hatte einen Videofilm der Monumedia Gruppe von Bennert analysiert. Der Streifen war aufgenommen worden, bevor die Touristen Steine einwerfen konnten, und zeigte den Brunnen bis auf seinen Boden in fast 176 Metern Tiefe. Auch hier eine miserable Sicht und miserable Aufnahmen, die mit einer heruntergelassenen Kamera gemacht worden war. Bilder flitzten in Sekundenschnelle vorbei. Und doch sah ich am Ende, was ich suchte: einen großen Beutel, der aufrecht am Boden stand. Es sah aus wie eine überdimensionierte Plastiktüte. Ausbuchtungen an den Seiten zeigten deutlich, dass etwas Schweres darin enthalten war.

Ich musste unbedingt Jürgen informieren und schickte ihm den Videostreifen nach Kiel in sein Institut. Jetzt konnten wir übers Telefon den Film diskutieren. Die Tasche, den Beutel oder was immer es war, fand auch Jürgen aufregend. Hatte das alles Onkel Hugo gehört, waren wir kurz vorm Ziel?

Auf dem Film war außer dem Beutel viel anderes Menschengemachtes zu sehen. Zwei Räder, schätzungsweise 10 Zentimeter im Durchmesser, und Jürgen glaubte, sogar Löffel und Gabeln zu sehen, die ich allerdings nicht erkennen konnte. Zwei Stunden parlierten wir am Telefon: Jürgen mit seiner Schatzgräberseele, und ich selbst mit der Sicht durch eine Kamera, der Dokumentarist. Eines störte uns jedoch gewaltig: Die Seiten des Beutels standen aufrecht, sie hatten Auftrieb, sie mussten aus Plastik sein. Doch hatte es am Ende des Krieges überhaupt schon Plastik gegeben? Das würde ich leicht herausfinden können. Wir kamen überein, dass wir beide in den Brunnen müssten – mit einer Fingerkamera. Jürgen sagte, dass er eine Teleskopverlängerung habe, sodass wir gezielt suchen könnten.

Die Bennert-Arbeiter schlugen vor, den Brunnen gegebenenfalls leer zu pumpen, sodass man ihn gleichzeitig säubern könnte. Und auch sonst gab es viele Ideen. Heiko Kolbe wollte sich gar um Originalgewänder bemühen, sodass wir eine Nachinszenierung des Brunnenbaus im Mittelalter drehen könnten.

Nach drei Monaten holte die Firma wieder Steine aus dem Brunnen und ließ freundlicherweise den Kran einen Tag länger vor Ort, damit das Brunnenwasser für unsere Suche klarer wurde. Der Staub der zerbröselten Wurfsteine konnte sich über Nacht absetzen.

Am nächsten Morgen fuhren Jürgen und ich abwärts. Die Sonne beleuchtete die zarten grünen Farne am oberen Brunnenrand, wir fuhren durch die Lampenflora. Die Aluminiumdose kratzte an den Brunnenwänden und machte diese unnachahmlichen Geräusche, die durch den Brunnenschacht hallten. Es waren gewissermaßen vertraute Begleiter, die wir schon fast ein wenig mochten.

Das Wasser unten an der Sohle war klar. Jürgen führte die kleine Fingerkamera an seiner Teleskopstange abwärts, während ich die Aufnahmen der Kamera auf einem kleinen Bildschirm verfolgte. Ein Baumstamm lag quer im Schacht. Jürgen konnte ihn umschiffen und die Kamera vorbeiführen. Dann, in sieben Metern Tiefe, der vermeintliche Boden. Doch es war ein Berg von Wurfsteinen, der sich in der Mitte des Brunnens angehäuft hatte. Überall lagen die kleinen Quader, es mussten immer noch sehr große Mengen sein. Onkel Hugos Devotionaliensack lag unter einem gewaltigen Steinhaufen begraben. Acht Tonnen Steine schätzten wir – aus der Traum!

Ich zeigte Roland unsere Videoaufnahmen und er sagte sofort, dass er so etwas erwartet habe. Bei Überfüllung des Bergebehälters fallen viele Steine seitwärts neben dem Netz herunter. Auch seien einige Male größere Mengen von Steinen in den Brunnen zurückgefallen. Was sollten wir jetzt machen? Es gab mehrere Optionen. Entweder konnten Taucher per Hand die Steine aufsammeln oder man konnte das Wasser des Brunnens abpumpen und die Steine körbeweise nach oben bringen. Eine dritte Option wäre, mit einer staubsaugerartigen Pumpe die Steine aufsaugen. Ich war gegen diese Methode, weil wir dabei Fundgegenstände schwer beschädigen könnten. Wir entschieden uns schließlich für das Leerpumpen des Brunnens, also die zweite Methode.

Im nahen Dorf Roßla gab es die Bohrgesellschaft Roßla, die eine Pumpe installierte, die den großen Höhenunterschied von 180 Metern verkraften konnte. Gegen 15 Uhr wurden die Pumpen angestellt, um 17 Uhr war der Wasserspiegel bereits um 60 Zentimeter gesunken. Als das erste Nass floss, fing Heiko Kolbe den ersten Liter mit einem Bierkrug auf und prostete mir zu. Geschafft! Am nächsten Morgen war der Wasserspiegel bereits um vier Meter gesunken. Der Steinberg war erreicht: Hurra!

Die Bennert-Brunnenfahrer nahmen ihre Arbeit auf. Frank war besonders fleißig. Er schaufelte unter ziemlichen Anstrengungen, mit den Stiefeln noch im Wasser stehend, bis die große gelbe Bergekiste voll war. Oben wurde alles in einen riesigen Container geschüttet, der zum Treffpunkt der Schatzsucher wurde. Jürgen war ein Meister im Sortieren. Er fand Silberbesteck mit kyrillischen Gravuren, einen wunderschönen Anhänger mit einem silbernen Papagei, eine Schmuckkette mit roten Steinen, Verlobungsringe mit Namensgravuren. Es war eine erdrückende Menge an Steinen, Münzen, zerschmetterter Keramik, vergoldeter Tellerränder edler Herkunft oder vergoldeter Griffe von Kaffeeservicen.

Frank gelang der interessanteste Fund – ein kleiner vergoldeter Elefant. Er ließ sich durch ein Gelenk aufklappen und in seinem

Inneren war eine kleine erbsengroße Höhlung. Was wurde einstmals darin versteckt? Wer trug dieses kleine, edle Stück um seinen Hals? Auch eine winzige hölzerne Kaffeekanne von nur wenigen Zentimetern Größe hatte innen ein winziges Versteck.

Und wir hatten noch eine merkwürdige Entdeckung unten im Brunnen gemacht: Drei Magneten, umgeben von einer Schar verrosteter Münzen. Waren hier Münzenjäger unterwegs gewesen? Wir fanden ein Netz, das auch auf dem Bennert-Film zu sehen gewesen war. Jürgen brachte ein Bündel Schnur nach oben. Hatte Onkel Hugo damit vielleicht seinen Sack später aus dem Brunnen ziehen wollen?

Die Schnur ließ sich testen. Wenn sie aus Hanf bestand, musste sie brennen, wäre sie aus Kunststoff, würde sie schmelzen und stammte aus jüngerer Zeit. Sie brannte nicht, musste also ein Nachkriegsprodukt sein. Heiko Kolbe gestand mir, dass er im November 1983, also vor 32 Jahren, im Brunnen gefischt hatte. Er habe Orden sammeln wollen, doch der Magnet verhakte sich, und er schnitt die Schnur durch, weil er nicht entdeckt werden wollte.

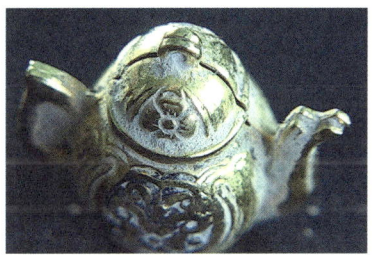

Eine Auswahl der Schmuckstücke, die wir am Grund des Brunnens fanden.

Die Magnetgeschichte war also gelöst und Orden hingen freilich nicht an den Magneten, nur Geld.

Wir konnten im langsam kleiner werdenden Quaderberg auch historische Verläufe erkennen – die deutsche Wiedervereinigung und Währungswechsel. Das DDR-Alugeld war in allen Bergekisten enthalten, wurde aber nach unten zahlreicher. Umgekehrt nahmen die Euromünzen nach unten natürlich ab, ganz unten am Grund gab es sie nicht mehr. Und man konnte an den wenigen D-Mark sehen, dass nach der Wende trotzdem nur wenige Westtouristen den Kyffhäuser besucht hatten. Bevölkerungsdynamiken und Geschichte wurden so sichtbar.

Rührend fand ich eine Geste der Bennert-Arbeiter. Ihr Kollege Roland, unser ausgezeichneter Kranpilot, war kurz vor der Rente. Seine Arbeitskollegen übergaben ihm eine große Handvoll aus dem Schlamm geretteter Euromünzen zur Aufbesserung seiner spärlichen Rente. Roland lachte. Überhaupt waren wir an diesem Tag alle bei guter Laune, wir hatten Spaß miteinander. Jürgen hat mit seiner persönlichen, stets freundlichen Art viel dazu beigetragen. Uli und Sebastian zeigten unruhiges Wessi-Verhalten, immer auf Achse, was für die Südharzer noch gewöhnungsbedürftig war.

Frank hatte auf der letzten Brunnenfahrt eine wichtige Entdeckung gemacht. In der noch nassen Fuhre steckte ein Wald von Gabeln, Löffeln und Küchenmessern aus Silber. Onkel Hugos Beutel konnte nicht mehr weit sein. Leichter Regen setzte ein. Ich ging zu meiner Arbeitsstelle und buddelte weiter. Aufgeregt war ich – und das zu Recht.

Der letzte Bergungstag brach an: Zerschlagenes, wunderschönes Porzellan kam zum Vorschein, Intarsien, vergoldet mit grazilen Zeichnungen. Und das alles kurz vor Schluss, in der letzten Minute. Musste es immer so sein? Zuerst die Tage des Zweifels – und dann der erfolgreiche Schlussakkord? Ich erinnerte mich an die Jagd nach dem Quastenflosser, die auch erst in den allerletzten Tagen Erfolg hatte. Onkel Hugo warf ich vor, dass er das wunderschöne Porzellan offenbar ohne größeren Schutz in den Brunnen geworfen hatte. Aber sicher war er unter Zeitdruck gewesen. Ich machte mir Sorgen um den großen Container, der die Funde des letzten Tages enthielt. Keiner würde ihn bewachen können. Ich hatte langsam Bedenken, dass sich jedermann daran bedienen würde. Weihnachten stand vor der Tür, und wir unterbrachen unsere Arbeit. Ich selbst fuhr nach Hause.

Frau Wäldchen vom Museum teilte ich meine Bedenken mit, sie schrieb zurück: Keine Sorge, am Kyffhäuser sei der Winter eingezogen, alles sei steinhart gefroren. Allerdings, wie das bei unserem deutschen Wetter so ist, kam kurz vor Weihnachten eine Warmfront, und Heiko Kolbe übernahm das Kommando.

Anfang Januar nahmen wir unseren »Schatzsucher«-Einsatz wieder auf, und Heiko Kolbe lud vor Beginn der Arbeiten zu einem geheimnisvollen Treffen. Er goss Prosecco in Pappbecher und berichtete, dass Frank aus dem breiigen schwarzen Brunnenschlamm Onkel Hugos Sack gezogen habe. Heiko zeigte ihn uns: Da war er endlich!

Ich betastete ihn und merkte, dass er nicht aus Stoff, sondern aus einem weichen glatten Kunststoff war. Er war durch den Aufprall aufs Wasser unten zerrissen. Dann öffnete Heiko die anderen verbleibenden Dosen, in denen er die Funde aufbewahrte, jede innen mit rotem Papier ausgelegt. Ein zerknautschtes Diadem mit wunderbar kunstvollen Verzierungen kam zum Vorschein, besetzt mit Steinen, die wie Diamanten funkelten. Ein wunderschönes Medaillon lag am Boden der nächsten Dose. Auch Franks kleiner Elefant hatte ein rotes Bett bekommen. Alle diese Pretiosen hatten 70 Jahre im Wasser gelegen und seit 2003 unter Tonnen von Bennert-Quadern. Jetzt wurden sie Museumsrestauratoren übergeben.

Am Nachmittag dieses Montags kamen noch weitere Fuhren aus der Tiefe nach oben. Ich durchwühlte sie, fand Namensschilder, Bleche mit Blattgold, eine Plakette der 5. Jugendspiele in Dresden, eine Plakette des Porzellanerfinders, jede Menge DDR-Geld, Modeschmuck – und eine wunderschöne alte Granatkette. Überraschend fand ich auch modernes Besteck, Löffel, Gabeln, Teelöffel, Messer und schließlich eine Suppenkelle, vernietet am halbkugeligen Schöpfkopf. Modernes und Altes lag dicht nebeneinander. Am Boden des Brunnens hatten Dinge gelegen, die von 1945 bis 2003 hineingelangt waren. Erst nach 2003 begann die »touristische Verunreinigung« mit den Bennert-Steinen.

Sonja Stuchtey war aus Pöcking angereist, ihre Geschichte war Auslöser für die ganze Aktion gewesen und hätte ich damals nicht ihre Adventsfeier besucht, hätte es auch die Pressekonferenz nicht gegeben, die für den Spätnachmittag um 17 Uhr angesetzt war und auf der die Funde des Kyffhäuserbrunnens dem Staat Thüringen übergeben werden sollten.

Vertreter des Bauamtes und der Denkmalspflege kamen, ein Herr Knorr von der Kur- und Touristik-GmbH. Schließlich der freundliche Herr Frobel von der Firma Bennert. Ich stellte sie vor und bedankte mich besonders bei Herrn Frobel und Herrn Kühne für ihre großzügige technische Unterstützung und erzählte etwas über unsere Arbeit. Sonja berichtete über Onkel Hugo. Knorr hob die Bedeutung unserer Aktion für den Fremdenverkehr hervor, und Heiko Kolbe erzählte von unserer vierjährigen Odyssee auf der Suche nach Finanzierungen.

Sonja überreichte dann dem Bauamt die Hosenträger des Kaisers sowie kaiserliche Zinnsoldaten unbekannter hoheitlicher Anwendung. Und dann übergaben wir das Fundgut und die kaiserlichen Devotionalien dem Kyffhäuser-Museum. Sie kehrten gewissermaßen heim. Draußen war es bereits stockdunkel geworden. Alles sollte am 125. Geburtstag des Kyffhäusers im Juni in einer Ausstellung gezeigt werden.

Mir stand noch viel Arbeit bevor, denn die Fundstücke mussten bearbeitet werden; ich wollte herausfinden, wann und wo sie entstanden waren und wie sie ihren Weg auf die Kyffhäuserburg genommen hatten. Die Archivarin des kleinen Kyffhäuser-Museums, Frau Wäldchen, war dabei sehr hilfreich. Ich benötigte die Fundstücke für Identifizierungen in verschiedenen Museen und Institutionen, die ich vorwiegend in Bayern und Baden-Württemberg vornehmen lassen wollte.

In der Wissenschaftswelt ist es gang und gäbe, dass Sammlungsstücke für Untersuchungen weltweit verschickt werden. Davon schien Herr Hauskeller, der Leiter des Bauamtes und damit Chef des Museums, aber nichts zu wissen: Er lehnte es ab. Er dachte wohl, jetzt wolle ein Wessi alles in den Westen entführen. Ich war entsetzt und konnte es kaum glauben. In Bayern und Württemberg gab es spezielle Museen, die in Thüringen nicht vorhanden waren. Gott sei Dank hatte ich von den Fundstücken aber gute Fotografien, mit denen ich zunächst arbeiten konnte.

Ich schrieb Herrn Hauskeller eine E-Mail: »Ich bin entsetzt, dass meine ziemlich aufwendigen Bemühungen für die Bearbeitung des Fundmaterials von Ihrer Seite aus aktiv unterbunden wurden. Sie hätten durch die freundliche Unterstützung des Deutschen Nationalmuseums in Nürnberg, des Bayrischen Nationalmuseums und der Rechtsmedizin der Universität München Kenntnis und Restaurierung kostenlos bekommen. Selbstverständlich wäre das gesamte Material wieder an Sie zurückgegangen. Ich hatte mich sehr bemüht, Ihre Ausstellung am 25.6. zu unterstützen, dazu wäre eine wissenschaftliche Bearbeitung Voraussetzung gewesen.« Weder Sonja Stuchtey noch ich wurden später zu dieser Veranstaltung eingeladen.

Eine Anfrage, die ich auch ohne die Originale stellen konnte, ging an das Kunststoffmuseum in Düsseldorf. Die Kuratorin Dr. Scholten klärte mich auf, dass es Kunststoffe in der Nazizeit in Deutschland durchaus gab. Und zwar PVC- und Polyamidfolien, sodass Onkel Hugos Sack daraus bestanden haben könnte. Das wäre leicht zu testen. Brenne das Material in einer Flamme grün, sei Chlor enthalten, der Beutel wäre dann also aus PVC. Eine grüne Flamme hatte ich, als ich die Probe machte, nicht gesehen, sodass er aus Polyamid bestehen musste.

Der Elefant lag mir besonders am Herzen. Er sah goldig aus, aber ich musste wissen, ob er wirklich aus Gold bestand, ich wollte Gewissheit. In Erfurt gab es den freiberuflichen Metallrestaurator Karlheinz Hütter. Nach seiner Analyse bestand der Elefant zu 57 Prozent aus Kupfer und 33 Prozent aus Nickel, Neusilber war galvanisch aufgetragen. Kupfer und Neusilber zusammen ergaben diesen besonderen Goldappeal.

Auch über die Porzellanfragmente wollte ich mehr wissen und schickte Fotos davon an die Kuratorin Werner vom Porzellanikum, einem Porzellanmuseum in Hohenberg an der Eger. Sie schrieb zurück, dass die Scherben mit gedrucktem Goldornament in Form von Rosenblüten in der Porzellanfabrik Weimar Blankenhain in Thüringen hergestellt worden waren. Diese Fabrik existiert heute noch und gehört Turpin Rosenthal. Die Art der Dekoration könnte aus den 30er-Jahren stammen.

Ich investierte wirklich viel Zeit, um mehr über unsere Funde herauszubringen. Und so wollte ich dann auch wissen, was im Bauch unseres Kupfer-Nickel-Elefanten gewesen war. Wer könnte das besser beantworten als die Gerichtsmedizin? Und so wandte ich mich an Professor Graw von der Münchener Rechtsmedizin mit der Frage, ob ein Duftstoff, Drogen oder gar Gift sich darin befunden haben mochten. Zwar hatte der Fund schon über 70 Jahre in Wasser und Schlamm gelegen, und eigentlich machte ich mir keine große Hoffnung, Professor Graw klärte mich aber auf, dass heute dank spektroskopischer Methoden gute Chancen bestünden, Antworten zu bekommen. Die Untersuchung kam nicht zustande, weil dem kleinen Elefanten die Reise in den Westen verboten wurde.

Frau Dr. Schommers vom Bayrischen Nationalmuseum bekam die Fotos der kleinen Krone, des Medaillons und anderer Schmuckstücke. Sie sprach aus, was ich im Stillen vermutet hatte: »Leider sieht es so aus, als sei der Schatz nicht so wertvoll wie seine Geschichte abenteuerlich. Bei den Schmuckstücken tippe ich aufgrund der Fotos auf Arbeiten des späten 19. bzw. Anfang des 20. Jahrhunderts. Bei dem Diadem könnten Markasite verarbeitet worden sein, was für Anfang bis erstes Viertel des 20. Jahrhunderts spräche. Aber man müsste die Stücke auf jeden Fall im Original sehen, um Genaueres sagen zu können.«

Noch weitere Ereignisse vergällten mir unseren Kyffhäuser-Einsatz, dabei spielte vermutlich der ostdeutsche Staatssicherheitsdienst eine Rolle. Wie bei allen solchen sinistren Begebenheiten muss leider alles im Konjunktiv ausgesprochen werden.

Im Sommer 2017 fuhr ich noch einmal in den Südharz. Bei mildem Sonnenschein genoss ich die Schönheit dieser deutschen Landschaft. Was hatte ich alles in der Vergangenheit verpasst! Ich hatte Urwälder, Wüsten, fantastische Korallenstrände, Atolle, spuckende Vulkane und fließende Lava erlebt – und dabei die eigene Heimat vergessen. Doch jetzt war ich da.

Ich betrat das monumentale Bauwerk deutscher Großmannssucht, das Kyffhäuserdenkmal. Links, in einem Seitenflügel, stand die hell erleuchtete Büste des deutschen Kaisers Wilhelm II. – und dahinter war eine Ausstellung über unsere Brunnenexpedition. Man konnte sogar mit einer 3D-Brille steil abwärts in die Tiefe fliegen. Onkel Hugos großer Beutel, der vermeintliche Goldelefant und das wohl restaurierte kleine Krönchen waren sehr gut angeleuchtet und durchaus ein Blickfang.

Weniger schön war, was ich zu den Fundstücken las. Onkel Hugos Sack sei ein Einkaufsbeutel, grafisch bemustert um 1970 und auch unser Kupfer-Nickel-Elefant sei in gleicher Zeit entstanden. Anhand des Beutels wurde ein Loblied auf die DDR-Wunderseide Dederon, Abkürzung für DDR, gesungen. Wer hatte da Interesse, verspätet die Errungenschaften der untergegangenen DDR zu preisen?

Wir hatten Onkel Hugos großen Beutel unterhalb des Bennert-Steinberges im Horizont des Brunnenbodens von 1945 gefunden. Hatte man das vergessen? Ärgerlich war, dass ich lange vor der Ausstellung den Metallrestaurator Hütter in Erfurt um seine Expertise gebeten hatte. Hütter schrieb in zwei E-Mails: »Eine genaue Datierung der Objekte sollte ein Kunsthistoriker festlegen. Als Restaurator bin ich sehr vorsichtig mit den Altersangaben der Objekte, denn, das ist das Revier der Kunsthistoriker.« Wer waren also diese »Experten«, die unsere Brunnenfunde unbedingt in der DDR verorten wollten?

Das wollte ich wissen, stellte also bei der Gauck-Behörde in Berlin einen Forschungsantrag, »Der Kyffhäuser im Fokus des MfS«, und erlebte eine große Überraschung. Die Außenstelle Halle teilte mir mit, dass über MfS-Umtriebe auf dem Kyffhäuser nichts bekannt sei. Dabei hatte mir die gut informierte freundliche Frau Wäldchen, die auch schon zu Stasi-Zeiten am Kyffhäuser Fremdenführerin gewesen war, mitgeteilt, dass sich auf dem Kyffhäuser das MfS-Erholungszentrum Thomas Münzer befunden hatte.

Aus dem Erholungszentrum war jetzt ein Hotel geworden, in dem ich gerne schlief, war es doch ein nostalgischer Trip in die DDR-Zeit – das Ambiente in den Zimmern war ein Zeitsprung in eine Vergangenheit, die ich als Jüngling noch persönlich erfahren hatte. Dass die Gauck-Behörde in Halle von all dem nichts wissen sollte, schien mir unglaubwürdig. Oder waren in der Wendezeit in der Tat alle Stasi-Spuren restlos vernichtet worden?

Ich sprach mit vielen Mitarbeitern des Kyffhäusers und erfuhr so manche traurige Geschichte. Eine Mitarbeiterin hatte selbst nach der Wende unter einem angeblichen Stasi-Kollegen so gelitten, dass sie später psychologische Hilfe in Anspruch nehmen musste. Es wurde denunziert, um an höhere Positionen zu kommen. Unter der Hand erfuhr ich von Netzwerken, viele hatten Angst. Die Crux war, dass sich keiner in die Öffentlichkeit traute. Es fehlte der Mut! Ich dachte an den berühmten Ausspruch von Winston Churchill: »If you don't learn from history, you are condemned to repeat it.«

Durch meinen Forschungsantrag und Zugang zu besonderen Archiven erfuhr ich, dass eine Kyffhäuser-Mitarbeiterin von der Gauck-Behörde wissen wollte, ob über sie eine Stasi-Akte existiere. Auch ich fragte nach. Ja, da sei eine Anfrage, die aber zurückgezogen wurde, antwortete die Behörde. Warum das? Es folgte eine merkwürdige Erklärung. Sie, die Mitarbeiterin, habe wissen wollen, ob die Stasi ihre Unterschrift für die Beitrittserklärung – vermutlich als informelle Mitarbeiterin – gefälscht habe. Sie habe sich als vom MfS missbraucht bezeichnet. Nach der Aufforderung, nach Berlin zu kommen, hatte sie aber bezweifelt, ob das Fahrgeld es wert sei, zu erfahren, wie sie missbraucht wurde. Im gleichen Atemzug habe sie auch mitgeteilt, dass sie nie für die »Institution« gearbeitet habe.

Das alles erschien mir doch sehr seltsam, hörte sich nach Notlüge an – aber wie so vieles rund um unsere Kyffhäuser-Funde bleibt auch hier vieles im Dunkeln; irgendwo im Untergrund gab es sie aber noch, die ewig Gestrigen.

19 Korallenriffe – Diaspora eines Lebensraumes

Als Jugendlicher hatte ich von den Korallenriffen im Roten Meer geträumt und verließ dafür sogar Elternhaus und Freunde. Hätte ich jemals geglaubt, dass ich ein halbes Jahrhundert später zu einer Mission aufbrechen würde, um den in Not geratenen Riffen zu helfen, um ihren »Krankheitszustand« zu messen? Sicherlich nicht. Doch die Zeichen für die Zukunft der Riffe sehen schlecht aus.

30 Prozent aller Korallenriffe der Welt sind bereits zerstört und 60 Prozent werden innerhalb der nächsten zwei Dekaden dasselbe Schicksal erleiden. Auch meine Beobachtungsgebiete im Golf von Akaba waren in den letzten Dekaden unter ziemlichen zivilisatorischen Stress geraten: Neben der wachsenden Tauchsportindustrie setzen Phosphatwolken im Hafen von Eilat ihnen zu, außerdem kommunale Abwässer, Nährstoffeintrag beim Fischfarming, heiße Laugen einer Meerwasserentsalzungsanlage, Müllentsorgung durch kommerzielle und touristische Schiffe und schließlich die vielen Öllachen vom Löschen der riesigen bis zu 300 000 Bruttoregistertonnen großen Tanker, die regelmäßig die zwei Ölpiers von Eilat anlaufen.

Ich erinnerte mich, wie ich einst früh um fünf Uhr Röhrenaale beobachtet hatte, als es über mir schwarz wurde und ein riesi-

Der Giga-Propeller eines Öltankers, der sich nur sehr langsam drehte, war für uns ein Abenteuerspielplatz besonderer Art. Gut, dass der Kapitän davon nichts wusste.

ger Propeller von etwa elf Metern Durchmesser neben mir vorbei durchs Wasser zog. Er drehte sich Gott sei Dank nicht. Der Tanker hatte sich vom nahe gelegenen Ölpier beim Löschen seiner Ladung losgerissen und eine riesige Öllache schwamm auf Eilats Korallengärten und Badestrände zu.

Ich saß in etwa 12 Metern Tiefe und sah den Monsterpropeller seitwärts vorbeigleiten. Die Öllache überholte mich – es wurde stockfinster. Hätte ich die Unterwasserlandschaft nicht wie meine Westentasche gekannt, hätte ich leicht in Panik geraten können. Wenn meine Atemluft oben gegen die Ölschicht stieß, ging ein Lichtfenster auf, das sich alsbald wieder schloss.

Am Rand meines schwarzen »Himmels« sah ich ein opalisierendes weißes Band von unglaublicher Schönheit.

Eine Luftblase, die durch die Ölschicht entweicht – und für eine Sekunde die Sonne durchscheinen lässt.

Dort bildeten sich auch fantastische Ölgrafiken, die beständig ihre Formen änderten. Ich fotografierte und filmte dieses surreale Geschehen – es war ein ästhetischer Genuss. Ich sah aber auch eine hässliche dunkelbraune Brühe, die sich aus dem Schwarz der Wolke löste und zum Boden trieb. Ich wurde Katastrophenprofiteur, weil ich durch die Ölbilder Geld verdiente – bei jedem Tankerunfall wird weltweit Bild- und Filmmaterial von den Agenturen angefragt.

Durch diesen Zwischenfall konnte ich live miterleben, was dabei biologisch passiert. Die hier häufigen Sprottenschwärme stoppten an der »Ölkante« und trauten sich nicht in die Finsternis. Und umgekehrt verließen die ansässigen Bodenbewohner ihre Reviere. Die braune hässliche Wolke gefiel mir nicht. Später, bei einem anderen Tanker-Zwischenfall, nahm ich eine Probe und goss sie auf eine Koralle; ein Feldversuch, den Professor Yossi Loya, Israels bekannter Korallenforscher, schon im Labor simuliert hatte. Ich löste eine Frühgeburt aus, die Koralle entließ nicht lebensfähige Larven – eine chemisch verursachte Abtreibung hatte stattgefunden. Statistiken weisen nach, dass sich in zwei Jahren knapp 200 solcher Öl-Kleinkatastrophen in Eilat ereigneten. Dies hat dramatische Folgen, wie Professor Loya später in seinen Forschungen bewies.

Ich hatte eine andere große Sorge, während ich unter der Öldecke schwamm. Wie sollte ich das Ufer erreichen? Mein Neoprenanzug würde bei Ölkontakt Schaden nehmen. Ich zog meine Flossen aus, wedelte von unten das an der Oberfläche schwimmende Öl weg und bahnte mir so einen Weg. Am Ufer hatten sich viele Zuschauer versammelt, die wahrscheinlich meine Luftblasen an der Oberfläche gesehen hatten. Auch die Medien waren bereits da. Ich bemerkte Dov Neumann, einen liebenswürdigen Mann, der bei der Ölgesellschaft tätig war. Als ich wie Phönix aus der Asche vor den Leuten stand, sagte ich zu Dov mehr im Scherz: »Ich erkläre der Ölgesellschaft den Krieg.« Dov antwortete: »Das kannst du ruhig machen. In Saudi Arabien, auf der anderen Seite des Golfs, würde man dir dafür auf der Stelle die Eier abschneiden.« Alle lachten, ich auch, und der Wind war aus den Segeln genommen.

Vor dem Aqua Sport Diving Center hatte sich auch durch den Abwasserkanal eines Restaurants die Unterwassersituation dramatisch verschlechtert. Auch mein Arbeitsgebiet war betroffen, also startete ich 1976 eine Unterschriftensammlung, die von Tauchern aus vielen Ländern unterzeichnet wurde. Ich schickte die Petition an den Bürgermeister von Eilat, an die Presse und das Touristenministerium. Eine Antwort erhielt ich nicht!

Israel hatte 1979 den Sinai an Ägypten zurückgegeben und touristisches Tauchen war nur noch an acht Kilometern Küste möglich. Der Umweltstress durch erhöhte Tauchaktivität musste aber trotzdem noch minimiert werden. Eine Maßnahme waren Briefings der Tauchschüler, um Korallenbeschädigungen und Sedimentbewegung durch unkontrollierte Flossenbewegungen zu vermeiden. Keiner durfte ein Tauch-Messer tragen und auch Handschuhe wurden verboten, um das Berühren von Korallen zu verhindern. Man zählte auch die Zahl der Taucher, die ins Korallenriff stiegen, und kam auf stattliche 250 000 im Jahr. Später schloss die Naturschutzbehörde das Riff und die Lagunenzone ganz für den Publikumsverkehr. Die kommunalen Abwassereinleitungen ins Meer wurden verboten, wie auch das Einleiten der heißen Laugen der Meerwasserentsalzungsanlage. Schon als ich dort 1970 getaucht war, hatte ich eine Wüste vorgefunden. Der Meeresbiologe Doktor J. Dafne entdeckte später verkrüppelte *Tripneutes*-Seeigel mit massiven Skelettdeformationen, ihre Körperachse war ungewöhnlich in die Länge gewachsen.

Im Hafen von Eilat wurden mittlerweile auch riesige Röhren installiert, um Phosphatwolken, die beim Verladen entstanden sind, abzusaugen. In den 70er-Jahren war das Meer vor dem Hafen mit dem Phosphat beständig gedüngt worden, was die Zusammensetzung der benthischen Gesellschaften verändert hatte. Nirgends sonst hatte ich so hohe Populationsdichten von Seegurken gefunden, Algen wucherten überall. Teilweise sah ich tote weiße Korallen. Vom Wind verdriftet, hatten die Phosphatfahnen bis zum Japanischen Garten gereicht.

Ich konnte meine vielen Messungen von 1969 bis 1971 benutzen, um sie mit den heutigen Verhältnissen zu vergleichen – und gewissermaßen zu einem Dokumentaristen der Veränderungen werden. Ich hatte in den frühen 70er-Jahren außerdem eine ZDF-Dokumentation, *Adieu Paradies,* gedreht, die weltweit

Beachtung gefunden hatte, in Israel aber kritisch aufgenommen
worden war. Alle Einflüsse auf das Riff in den frühen 70er-Jahren
waren dargestellt. Heute waren diese Einflüsse größtenteils beseitigt, und ich könnte an denselben Orten mit denselben Methoden von damals – gewissermaßen wie ein Mediziner – den heutigen Zustand des Riffes diagnostizieren.

Ich hatte Glück, die EU hatte gerade in Israel das Assemble-
Programm etabliert und übernahm die Fahrt- und Aufenthalts-
kosten für Gastforscher anderer Länder. Amatzia Genin, mein
früherer Kursstudent, Freund und jetziger Direktor des Interuniversity Institutes, kurz IUI, lud mich nach Eilat ein.

Es war bereits Anfang November. In Ben Gurion mietete ich
ein Auto und ließ mich in nostalgischer Stimmung durch die be-
lebten Straßen Tel Avivs in Richtung Beersheva treiben. Israel
machte auf mich einen prosperierenden Eindruck. Die Straßen
waren formidabel, Markierungen überall, die es vor 20 bis 30 Jahren nicht gegeben hatte. Die Dämmerung brach an. Überall gab
es Licht! Das letzte Mal war ich hier mit meinem Landrover unterwegs gewesen, unser Tauchboot GEO im Schlepp. An die steile
Abfahrt zum Toten Meer auf der kurvenreichen Straße konnte ich
mich noch gut erinnern, auch an die Abfahrt in die Arava-Wüste
in Richtung Eilat. Jetzt war die Arava überall beleuchtet. Ich verstand die enorme Energieverschwendung wirklich nicht. Ich vermisste die Stille der Wüste, nirgends war man mal für ein paar
Minuten alleine, ständig sausten Autos vorbei.

Im Kibbuz Yotwata hatte ich früher mit meinen Kindern immer eine Tütenmilch getrunken, jetzt erkannte ich nichts mehr.
Dann in der Ferne Eilat, ein nervöses Lichtermeer. Erst am Strand
vor dem IUI fand ich den ersten Ort im Land, wo ich mich wohl-
fühlte. Auch Akaba war gewachsen und hell erleuchtet. Mich
störte die gewaltige Lichtverschmutzung, ich konnte kaum die
Sterne am nächtlichen Himmel sehen. Mir wurde bewusst, dass

sich auch die Umwelt an Land nicht unbedingt zum Guten verändert hatte.

Ich hatte großes Glück. Als ich ankam, fand nämlich gerade der 50. Geburtstag der Gründung des Israelischen Tauchsports statt, und alles, was in der Branche Rang und Namen hatte, war anwesend, auch zahlreiche ausländische Gäste. Ich fragte sie nach den Erinnerungen an ihre ersten Eilat-Taucherlebnisse und besonders nach dem Zustand der damaligen Riffe. Alle bestätigten mir, dass damals unwissentlich ein ziemlicher Raubbau an den Korallen betrieben wurde. Man hatte sie zu Hause als Dekoration benutzt. Ich erhielt Fotos mit Tauchern, die Hammer und Beutel mit sich trugen.

Ich hatte den Japanischen Garten fast fünf Dekaden lang immer wieder unter Beobachtung gehabt. Langzeitstudien an solchen »kontaminierten« Lebensräumen hielt ich für wichtiger als Studien an unberührten Riffen. Vielleicht fanden wir heraus, was genau geschehen war, und vielleicht fanden wir auch die richtige Medikation für einen nachhaltigen Schutz.

Zusammen mit Münchner Freunden hatte ich 1969 das Gebiet des Japanischen Gartens vor dem Aqua Sport Diving Center detailliert kartografiert, ein Luftbild half uns damals dabei. Diese Karte hatte ich wasserdicht in eine PVC-Folie eingeschweißt und begann nun, die einzelnen Korallenblöcke von damals zu suchen. Ich fotografierte jeden Block und jede Einzelkoralle und bestimmte auch die GPS-Positionen, sodass spätere Generationen diese Orte leicht wiederfinden konnten.

Einige Korallen prosperierten, ihre lebende Oberfläche war sogar größer als 1969. Andere Einzelkorallen waren weg, abgestorben und zu Korallensand erodiert. Bei den größeren Korallenblöcken gab es viele, die sich überhaupt nicht verändert hatten, nur zeigten sie manchmal durch Taucher abgetretene Stellen. Einige früher fast tote Blöcke hatten eine erfrischende Neubelebung erfahren, wir hatten ihnen damals Namen gegeben: Hufeisenriff, Ankerseil oder Bojenblock.

Etwas war auffällig. Wir fanden riesige neue *Acropora*-Platten und eine Menge großer *Turbinaria*-Korallen, auch *Stylophora*-Korallen wuchsen wie Unkraut am Grund. 1969 hatten wir zehn große *Acroporas* kartografiert – sie waren 2012 alle tot, nur ihre Skelette waren übrig geblieben. Das Riff war generell artenärmer, aber es gab neue, schnell wachsende Arten.

Was die Fische anging, erhielt ich ein unerwartet erfreuliches Ergebnis. Zu meiner Konrad-Lorenz-Zeit war ich viele Strecken in unterschiedlichen Riffzonen geschwommen und hatte notiert, was mir begegnete. 1969 war der professionelle Korallen-

polypen-Fresser *Chaetodon trifascialis,* der auch unter dem Namen *Megaprotodon* firmiert, auf meinen langen Schwimmtouren nicht zu finden gewesen. Jetzt machte er 17 Prozent aller dokumentierten Schmetterlingsfische aus. Ich hatte die Verteilung dieses Korallenfressers auch in anderen Sinai-Riffen, in Coral Island, Ras Burka, Nueba und Dahab, studiert. In allen Testgebieten war die Anzahl der Korallenfresser drastisch gestiegen, nur in Dahab war sie mehr oder weniger gleich geblieben. Woran lag das? Was hatte sich geändert?

Eine Teilantwort lieferte vielleicht die Heimat von Nemo, dem Darling des Walt-Disney-Films *Findet Nemo.* Nemos Zuhause sind die Seeanemonen. Ihre Verbreitung hatte ich studiert und festgestellt, dass ihre Zahl im Japanischen Garten innerhalb von 45 Jahren von 124 Individuen auf 48 gesunken war. Dazu muss man wissen, dass Seeanemonen durch ihre Oberfläche gelöste organische Substanzen aufnehmen. 2014 waren also weniger dieser gelösten Substanzen in der Wassersäule vorhanden, das Wasser war also sauberer, es gab weniger Pollution. Hatte das den Vormarsch der schnell wachsenden *Acroporas* beflügelt, und war somit mehr Nahrung für den korallenpolypenfressenden *Chaetodon trifascia-*

lis vorhanden? Manchmal helfen auch solche Mess-Umwege der Wahrheitsfindung.

Die nächste Beobachtung jedoch sprach wieder dagegen. Ich war in meiner Jugend – wie im ersten Kapitel beschrieben – wegen der ominösen Röhrenaale nach Israel gereist. Ich verfolgte damals diese hochinteressanten, in Sandröhren lebenden Fische und kartografierte auch ihre Verbreitung. 1969 verteilten sich 1100 Individuen auf 665 Quadratmetern, 2012 auf einem angewachsenen Territorium 6400 Individuen, also 5,8 mal so viele. Da Röhrenaale ja Planktonfresser sind, musste es eigentlich mehr organische Partikel im Wasser geben. Das war aber nicht der Fall. Ich will ehrlich sein und zugeben, dass ich bisher keine plausible Erklärung für das Anwachsen der Röhrenaal-Population gefunden habe.

Die Biodiversität der Korallenfauna hatte augenscheinlich deutlich abgenommen. Besonders an den großen *Porites*-Blöcken oder auch an den Riffkanten waren Trittspuren durch Taucher zu sehen. Es waren aber große *Acropora*- und *Turbinaria*-Korallen und zahlreiche *Stylophora*-Korallen gewachsen. Es war eine neue Riffformation entstanden, und die Rückkehr der Korallenfresser könnte glauben machen, dass das Korallenriff heute in einem besseren Zustand sei als vor einem halben Jahrhundert. Aber nein, der Zustand war nicht *besser,* er war nur *anders* als früher – es entstand eine neue Riffgemeinschaft; so wie es draußen an Land auch geschieht, wenn sich durch Naturkatastrophen oder menschliche Maßnahmen neue Siedlungsräume öffnen. Das ist gewissermaßen evolutionsbiologischer Alltag.

Am allerletzten Tag meiner Studien musste ich noch ein Instrument ablesen, das etwa 200 Meter von mir entfernt war. Ich merkte, dass der Atemwiderstand meines Luftregulators höher war, mein Luftvorrat ging zu Ende. Und doch glaubte ich, diese letzte Arbeit noch schnell erledigen zu können. Es wurde knapp.

Ein gleicher Korallenblock 1969 und 45 Jahre später.

Am Ende saugte ich die Luft förmlich aus der Flasche und schaffte es gerade noch an der Riffkante aufzutauchen. An der Oberfläche trat Drehschwindel auf. Ich hatte durch das Luftsaugen in der Lunge Unterdruck erzeugt, der eine Lungenembolie auslöste. Ich ahnte, was passiert war, begann stoßweise zu husten und kämpfte gegen die einladende Vorstellung an, mich einfach fallen zu lassen. Der Sensenmann griff nach mir – ich wäre beinahe ertrunken. Ich schaffte es noch zu einer Boje, hielt mich fest und hustete so lange bis ich langsam wieder Luft bekam. Ein kleiner Zwischenfall, der böse Folgen hätte haben können.

Ich ärgerte mich, dass mir als erfahrenem Unterwassermenschen mit einigen Tausend Tauchabstiegen ein so leichtsinniger Fehler hatte passieren können. Und einmal mehr war ich meinen Schutzengeln dankbar, die mich schon einige Male vor Schlimmerem bewahrt hatten und immer ihre rettende Hand über mich hielten, wenn ich aus reiner Neugier im blauen Universum unterwegs war.

20 Ein ganz privates Nachwort

Gestern kam sie vom Oceaneum in Stralsund, wo sie jahrelang ausgestellt war, zurück nach München, ins Deutsche Museum. Die riesige Ladeluke eines Lkws öffnete sich und da stand sie: die alte GEO. Lange hatte ich sie nicht gesehen, ein bisschen verlassen und klein kam sie mir vor. Sie hatte es geschafft, sie war gewissermaßen heimgekehrt. Aufgeregt war ich nicht, aber spürte eine stille Freude. Der Beginn eines inneren Ordnungsschaffens, ein Aufräumen. Auch im Büro hatte ich begonnen, meine vielen LEITZ-Ordner aufgestapelt auf dem großen Tisch zu sortieren, um das Papierchaos zu beseitigen.

Ich blätterte mich anhand des dicken Ordners mit meinen Korrespondenzen durch meine eigene Historie. Die vielen liebenswürdigen Briefe von Konrad Lorenz, mit Niko Tinbergen und Karl von Frisch, die Nobelpreisträger von 1973. Dann Sarasota und das Cape Haze Marine Laboratory auf Key Largo in Florida, Sylvia Earle und Eugenie Clarke. Die denkwürdige mitternächtliche Begegnung in der Gastküche des MPI Seewiesen mit dem Nobelpreisträger Max Perutz.

Auch die Baupläne von GEO fand ich, die Einladung zum Tauchen von Jacques Piccard. Und die Bauplanungen des Tiefseeboots BAVARIA mit detaillierten Einsatzberechnungen und Kostenvoranschlägen – ein ambitioniertes Projekt, das ich mit meinem langjährigen Freund und Tauchbootpiloten Jürgen Schauer in Angriff genommen hatte, aus dem aber nie etwas geworden ist. Wo hatten wir nur die Zeit hergenommen, wie hatten wir – damals Ahnungslose – uns so minutiös in Technik, Planung und Sponsoring vertiefen können?

Ich war fasziniert von Jürgens Beitrag, seinen unglaublich sauberen Zeichnungen, seinem Enthusiasmus und seinem Glauben an die Sache. Auch an meinen Freund und Gönner Heinrich Vischer aus Basel dachte ich, der mir bei der Finanzierung des Bootes unter die Arme greifen wollte. In Erinnerung sind mir Gespräche mit dem begnadeten Konstrukteur Ludwig Bölkow von MBB in München über den Bau dieses neuartigen Tiefseebootes aus Kohlenstofffasern, ein völliges Novum in dieser Branche. Zu Fall kam die BAVARIA durch das Finanzamt, das die finanzielle Unterstützung meines Freundes Vischer verhinderte.

Auch schwebte damals ein Damoklesschwert über allem, die drohende Schließung der wissenschaftlichen Kultstätte Seewiesen, das Zuhause unserer Tauchboote. Die Max-Planck-Gesellschaft hatte mir einen Hangar für GEO und JAGO gebaut und förderte meine Forschung großzügig. Ich schrieb damals Briefe an den Präsidenten der Max-Planck-Gesellschaft, Professor Markl, an den bayrischen Ministerpräsidenten Stoiber und viele andere Persönlichkeiten. Ich hatte Angst, dass jetzt die deutsche bemannte Tauchbootforschung mit der Schließung endgültig ein Ende fände.

Ein dicker Ordner über die NERITIKA, unser Haus im Roten Meer, fiel mir in die Hände. Ich staunte auch hier über unseren Eifer, unseren festen Glauben an das Gelingen, aber auch die immer wiederkehrenden Ängste vor möglichen Unfällen fielen mir ein, denn ich trug damals die volle Verantwortung und haftete

Das Tauchen liegt in der Familie: die beiden jüngsten
Fricke-Generationen mit GEO.

mit meinem ohnehin nur spärlichen Besitz. Und jetzt stand ich im Vorhof des Deutschen Museums in München und ich merkte, dass die aufregenden Jahre mit der GEO endgültig vorbei waren. Doch ich trauerte nicht – es war eher ein freundliches natürliches Abschiednehmen aus einer spannenden Lebensphase, in der ich die ersten Schritte in die Dämmerungszone des Ozeans gewagt hatte. Neue Forschungsreisen stehen jetzt bevor, denn aufhören werde ich nicht.

Niko war mit mir beim Deutschen Museum und fotografierte im Auftrag der *Süddeutschen Zeitung* die Ankunft von GEO an der Rückseite des Museums am Ufer der Isar. Die große Flugzeughalle wurde geöffnet, GEO erhob sich in der Gabel eines Gabelstaplers und gesellte sich in die Gemeinschaft der großen Fluggeräte. Dann eilte er nach Hause und holte Fridolin, seinen fünfjährigen Sohn, er sollte GEO sehen, hatte er doch schon einige Tauchboote mit seinen Legosteinen zusammengebastelt.

Bald erschienen Arbeiter und schoben GEO auf ihrem fahrbaren Untergestell ins Labyrinth von Werkstätten und Kellergeschossen. Fridolin schien das alles nicht geheuer, er war merkwürdig still: Das U-Boot rollte die letzten Meter bis zur Meeresforschungsausstellung mit der Piccard'schen Weltrekordkugel im Zentrum. GEO stand nun vor einer hellgrünen Wand, wohl ihr letzter Standort für die nächsten Dekaden.

Drei Fricke-Generationen betrachteten das vertraute Gefährt, Großvater, Sohn und Enkel. Niko hob Fridolin auf die GEO und kroch dann mit ihm durch die Luke nach innen – Fridolins Traum ging in Erfüllung. Als er wieder »auftauchte« und aus der Luke kroch, meinte er, es würde darin stinken. Er hatte recht. Da war ein besonderer U-Boot-Geruch. GEO war lange nicht gelüftet worden. Und doch merkte ich am stolzen Gesicht des Kleinen, dass da ein Funke übergesprungen war, der ihn vielleicht einmal zu einem Meeresforscher werden lassen würde.

Dank an ...

Anja, Niko, Sebastian und Simone Fricke

Jörg Albrecht, Hans Jürgen Appelrath, Dietmar Baier,
Peter Bartsch, Yochai Ben Nun, Klaus Brogiato,
Itzik Bruckman, Andrew Buchanan, Horst Bust,
Franz Brümmer, Mike Bruton, Joseph Chaimowitsch,
Eugenie Clarke, Glenn Dalby, Eckhart Dege, Christian Dullo,
Sylvia Earle, Shraga Elam, Mark Erdmann, Rainer Eiselt,
Richard Faust, Jürgen Fricke, Herbert Frei, Peter Forey,
Rainer Froese, Rudolf Gantenbrink, Henry Gee,
Amatzia Genin, Hans Graetz, Pia Graf, Walti Guggenbühl,
Klaus Günther, Willy Halpert, Jerome Hamlin,
Arild Hansen, Gustav Hassenpflug, Phil Heemstra,
Gerd Helmers, Karen Hissmann, Walter Hoffmann, Edith
und Sebastian Holzberg, Christian Howe, Moshe Jacobi,
Peter Jahn, Lutz Kasang, Wolfgang Kerler, Bernhard Kley,
Barbara Knauer, Wulf Koehler, Heiko Kolbe, Uli Kunz,
Günter Landmann, Horst Laskowski, Hans Lechleitner,
Konrad Lorenz, Renate Marel, Joe McIness, Urs Möckli,
Charles Maxwell, Halver Mohn, Steward Nelson,
Victor Pfaffhauser, Jacques Piccard, Pitt Pieper, Manfred Pose,
Erich Pröll, Owen Prumm, Raphael Plante, Detlef Reimann,
Olaf Reinecke, Tony Ribbink, Muhammed Salem,
Jürgen Schauer, Manfred Schartl, Hans Scherz,
Diedrich Schlichter, Uli Schliewen, Petra und Rolf Schmidt,
Alfred Schmitt, Annette Schommers, Norbert Schuch,
Helmut Schuhmacher, Karl Stetter, Robin Stobbs, Sonya
und Martin Stuchtey, Ingo Rippl, Katsumi Tsukamoto,
Henry Ullendorf, Eckehard Vareschi, Heinrich Vischer,
Petra Wäldchen, Wolfgang Wickler, Gerhard Zauner

Bildnachweis

»Hirschgeweih« auf S. 9 © Horst Bust, »Konrad Lorenz« auf S. 54 © Dieter Schmidl, »Gezeitenstrom Aldabra« auf S. 87 und »Taucher Fontaine-de-Vaucluse« auf S. 294 © Christoph Gerigk, Zeichnung »Doktorfisch-Toilette« auf S. 117 © mit freundlicher Genehmigung von Roland Krone, »Pyjama-Schnecke« auf S. 123 © Herbert Frei, »Hans Fricke mit Quastenflosser« auf S. 149 © Raphael Plante, »Quastenflosser« auf S. 154 unten, »Flugzeugwrack Allemania« auf S. 197 und »Glasaal« auf S. 220 unten © Jürgen Schauer, »Jürgen Schauer und Hans Fricke« auf S. 163 © Lutz Kasang, »Mine im Toplitzsee« auf S. 180, »Steinnachrichten am Beverlysund« auf S. 256 und »Fundstelle Trapper« auf S. 257 © Urs Möckli, »Cueva de la Sardina« auf S. 211 und »Pesca de la Sardina« auf S. 215 © Walter Hoffmann, »Weidenblattlarve« auf S. 220 oben und »Aalei« auf S. 237 © Katsumi Tsukamoto, »Brunnen Kaiserburg« auf S. 298 sowie »Lampenflora« und »Brunnenschacht« auf S. 309 © Uli Kunz, »Kyffhäuserburg« auf S. 306 und »Kyffhäuser Gelände« auf S. 307 © Sebastian Fricke.

Alle anderen Bilder sind gemeinfrei oder stammen aus dem Archiv des Autors.

Register *wichtiger Namen und Begriffe*

342

343

344

347

Verlag Kiepenheuer & Witsch, FSC® N001512

1. Auflage 2020

Verlag Galiani Berlin
© 2020, Verlag Kiepenheuer & Witsch, Köln
Alle Rechte vorbehalten.
Umschlaggestaltung Manja Hellpap und Lisa Neuhalfen, Berlin
Umschlagmotiv © gettyimages / Hoiseung Jung / EyeEm
Lektorat Wolfgang Hörner / Olivia Kuderewski
Gesetzt aus der Scala und der Scala Sans
Satz Buch-Werkstatt GmbH, Bad Aibling
Druck und Bindung CPI books GmbH, Leck
ISBN 978-3-86971-202-4

Weitere Informationen zu unserem Programm
finden Sie unter *www.galiani.de*

>>Der größte ungelöste Krimi
der Wissenschaftsgeschichte.<<
Süddeutsche Zeitung

Gebunden, 300 Seiten

Matthias Glaubrecht geht den Fakten und Gerüchten um
den unbekanntesten aller Titanen der Wissenschaftsgeschichte
nach – das erste Buch über Wallace in Deutschland, ein
Augenöffner für den Leser.

>>Wallace war ein vielseitiger, widersprüchlicher, aber auch
visionärer Forscher – vielleicht sogar ein Vorläufer der
Ökologiebewegung. Dies macht Glaubrecht dem deutschen
Leser in seiner gründlich recherchierten, gut lesbaren
Biografie endlich zugänglich.<< *dpa*

www.galiani.de